寒区密闭养殖舍通风与环境调控技术

吴志东　王丽婧　林钰川　著

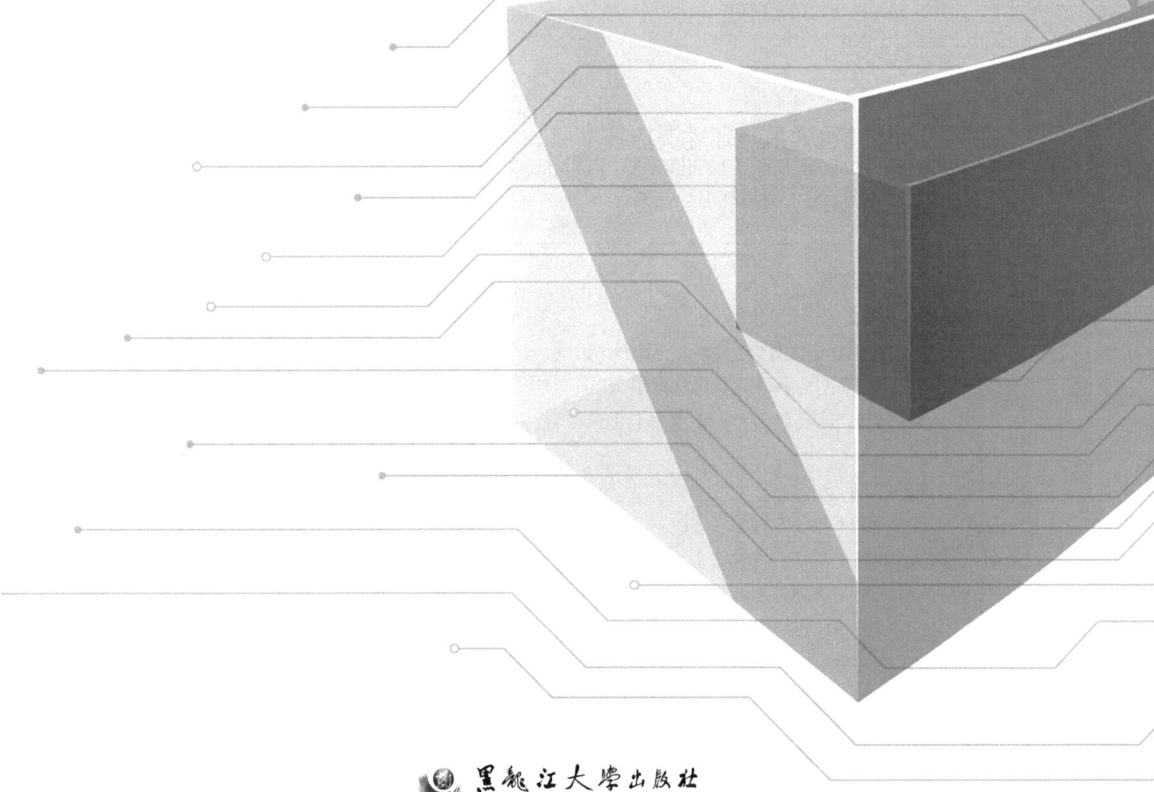

黑龍江大學出版社
HEILONGJIANG UNIVERSITY PRESS
哈尔滨

图书在版编目（CIP）数据

寒区密闭养殖舍通风与环境调控技术 / 吴志东，王丽婧，林钰川著．-- 哈尔滨 ：黑龙江大学出版社，2023.12

ISBN 978-7-5686-1026-1

Ⅰ．①寒… Ⅱ．①吴… ②王… ③林… Ⅲ．①寒区－密闭构造－畜禽舍－通风系统－研究－东北地区②寒区－密闭构造－畜禽舍－环境管理－研究－东北地区 Ⅳ．①S815.9

中国国家版本馆 CIP 数据核字（2023）第 171313 号

寒区密闭养殖舍通风与环境调控技术
HANQU MIBI YANGZHISHE TONGFENG YU HUANJING TIAOKONG JISHU
吴志东　王丽婧　林钰川　著

责任编辑　于晓菁
出版发行　黑龙江大学出版社
地　　址　哈尔滨市南岗区学府三道街 36 号
印　　刷　天津创先河普业印刷有限公司
开　　本　720 毫米 ×1000 毫米　1/16
印　　张　19
字　　数　311 千
版　　次　2023 年 12 月第 1 版
印　　次　2023 年 12 月第 1 次印刷
书　　号　ISBN 978-7-5686-1026-1
定　　价　76.00 元

本书如有印装错误请与本社联系更换，联系电话：0451-86608666。

前　　言

寒区包括严寒地区和寒冷地区，涉及我国北方大部分地区。我国东北地区作为养殖潜力增长区，养殖设施工程正在向标准化、智能化发展，但养殖设施通风与保温之间的矛盾突出。为缓解或解决该问题，我们提出一种新的送排风管道组合通风技术，以实现对寒区密闭养殖舍环境的自动化监测和智能化调控，不仅可以强化养殖设施工程技术，而且可以进一步推动我国养殖业的发展。

本书围绕寒区密闭养殖舍通风模式进行研究，立足试验地区实际情况，以保育阶段仔猪为例，在综合分析国内外通风模式的基础上，采用现场调研、数值模拟、数据分析、试验验证等方法，探究管道送风均匀性原理，设计送排风管道组合通风系统，并通过性能评价验证该系统可以有效地调控猪舍环境。希望本书的出版能够为寒区规模化养殖提供技术支持。

本书在齐齐哈尔市科学技术计划重点项目（ZDGG－202202）、黑龙江省自然科学基金联合引导项目（LH2021F057）、黑龙江省微纳传感器件重点实验室开放课题项目（WNCGQJKF202102）、黑龙江省高等教育教学改革项目（SJGY20220410）、齐齐哈尔大学教育科学研究项目（GJQTYB202212）的基础上，结合笔者博士、硕士研究生期间的研究成果，并参阅大量国内外相关文献撰写而成。本书比较系统地介绍了养殖通风技术和寒区养殖环境通风调控方法。本书分为7章：第1章介绍养殖通风模式、养殖舍小环境模拟技术以及养殖环境监测与调控技术研究现状；第2章以热平衡为基础，介绍养殖环境采暖系统和通风系统；第3章介绍试验猪舍环境，设计监测系统并对监测数据进行分析，确定通风量计算方法，综合分析影响猪舍热平衡的因素；第4章创新设计送排风管道组合通风系统；第5章通过计算流体力学（computational fluid dynamics，

CFD）数值模拟与结果分析优化通风系统结构，并测试验证；第 6 章以模糊控制方法为基础建立通风自动调控系统；第 7 章通过对比分析通风均匀性、温湿度指标、换气效率、能耗、经济性、保育猪生长状态等建立综合评价体系。本书针对实际需求和技术问题，综合分析国内外相关技术研究、应用现状，突出技术创新和学科融合，以较为客观的角度介绍相关技术的应用。

本书由吴志东、王丽婧、林钰川撰写，具体分工如下：吴志东撰写第 3.2 至 3.5 节、第 4 章至第 7 章，以及部分参考文献，共计约 12 万字；王丽婧撰写第 2 章和辅文，共计约 11 万字；林钰川撰写第 1 章、第 3.1 节，以及部分参考文献，共计约 8.1 万字。在撰写本书的过程中，笔者参考了大量文献，在此向这些作者表示衷心的感谢。本书介绍的研究方向和内容发展迅速，理论方法和相关技术不断创新，由于笔者水平有限，因此本书难免存在疏漏之处，恳请各位读者批评指正。

吴志东　王丽婧　林钰川

2023 年 6 月

目　　录

第1章
养殖通风技术及研究现状

1.1　通风模式研究现状

按照动力的不同,通风分为自然通风和机械通风。自然通风主要以开窗、开门等形式进行,气流速度较小时,换气效率低。机械通风通常采用风机引流的形式进行,换气效率高。按照风压的不同,通风分为正压通风、负压通风和等压通风。按照风机安装位置和气流方向的不同,通风分为横向通风、纵向通风和垂直通风。为满足不同的通风量需求,规模化畜禽养殖场通常采用多种通风模式组合的形式,以有效地调控养殖环境。

1.1.1　横向通风

横向通风模式一般应用于跨度较大的养殖舍,如大型牛舍或鹅舍。在我国北方,养殖舍一般在南、北墙设置较多的窗户,便于夏季开窗形成横向通风,更重要的是可以在冬季最大限度地吸收太阳辐射热量。寒冷地区的养殖舍多采用低屋面横向通风设计,可以有效降低通风热损耗。其中,低屋面横向通风牛舍的设计与建造以参照已有养殖舍为主,对大型牛舍横向通风结构优化的研究较少。

邓书辉等人先后以低屋面横向通风牛舍为研究对象,针对挡风板、矮墙、风速等对舍内气流和温湿度场的影响进行研究,阐明了不同工况下舍内环境变化的规律,并对牛舍横向通风结构进行优化。

姚家君等人在 42 m 长的鹅舍主梁下端安装多个可拉伸卷膜(安装高度相同且与气流方向呈一定倾角),可以有效提高气流均匀性和流动速度,大幅度减少通风死角,改善了鹅舍内部环境。

Chen 等人提出在奶牛舍屋顶安装导流板的方案,探究了舍内空气流场分布规律,分析了适宜的导流板安装高度和间距,结果表明其设计可以使动物所在区域的风速增大,有效提升换气效率,比较适用于大规模养殖环境。

与牛舍和鹅舍相比,猪舍较小,横向通风模式需按照猪舍规模进行改进,但与纵向通风模式相比,横向通风模式的通风效果较差。

王鹏鹏等人以内蒙古本地区母猪舍为研究对象,对横向通风模式和纵向通风模式下猪舍的空气流场与温度场进行数值模拟,结果表明横向通风时猪舍温度变化小,适合北方冬季猪舍保温,但气流均匀性比纵向通风模式差且通风死角多,会导致舍内污浊空气不能被有效排出。

穆钰等人针对猪舍内病毒颗粒分布的影响规律进行研究,结果表明,在送风量、压力和颗粒特性相同的情况下,与纵向通风模式相比,横向通风模式可以更好地控制病毒颗粒扩散,而纵向通风模式具有更高的排污效率,能够减少颗粒悬浮。从防止病毒颗粒扩散和避免生猪产生病菌交叉感染的角度分析,横向通风模式更具有优势。

综上所述,养殖舍跨度较小时(如猪舍),为了避免病毒扩散,较适合采用横向通风模式;养殖舍跨度较大时(如牛舍、鹅舍),若采用横向通风模式,为了避免舍内温度和气流分布不均,则需要对舍内结构进行改进。

1.1.2 纵向通风

纵向通风模式是指在养殖舍一侧山墙安装排气风机,另一侧山墙设置进风口,形成负压纵向通风。一般鸡舍跨度较大,养殖密度高,较适合采用纵向通风模式。但是,在纵向通风模式下,大跨度养殖舍的通风效率较低,涡流和通风弱区较多。

Cheng 等人在纵向通风模式下,通过加大叠层笼养鸡舍的进风口与鸡笼间距,使鸡群活动区域的通风死角和通风弱区减少。

程琼仪等人进一步研究和分析了进风位置对纵向通风叠层鸡舍气流和温度的影响,结果表明,当进风口设置在山墙一侧且进风口与鸡笼区域无重合时,可以使气流充分扩散到鸡笼区域,有助于减少笼内通风弱区及涡流区域。

陈昭辉等人先期对纵向通风模式下夏季肉牛舍的环境进行模拟和研究,发现舍内气流分布不均,而且高风速区较为集中。为了改善这些问题,陈昭辉等人安装吊顶优化牛舍内的气流分布,使肉牛活动区域的风速适宜,舍内环境适宜肉牛生长。

严敏等人为优化设计冬季鸭舍通风系统,以长50 m、宽15 m的两层两列式网床肉鸭舍为研究对象,通过对比纵向通风模式、横向通风模式与混合通风模式下的鸭舍环境,以及分析肉鸭的生长状态,得出结论:对于寒冷季节的网床肉鸭舍,纵向通风是最为经济且有效的通风模式。

贺成等人针对同一猪舍建立了纵向通风和横向通风两种模式下的猪舍模型,研究结果表明:在横向通风模式下,靠近出风口处气流扩散明显,气流速度增大,温度较低;在纵向通风模式下,气流速度和温度分布较为均匀,通风死角较少。

综合关于横向通风模式和纵向通风模式的国内外研究成果可知,与横向通风模式相比,纵向通风模式具有通风效率高、通风死角少、有利于卫生防疫等优点,但进出风口处空气的温度和流速存在较大的不均匀性,需要增加附属结构优化通风性能。

传统的横向通风模式和纵向通风模式往往存在通风弱区、贼风、通风死角等,已经无法完全满足畜禽健康生长的需求。大量研究与应用结果表明,优化通风结构可以有效降低养殖舍内气流的不均匀性,比如在原有通风结构的基础上进行通风角度、位置等方面的改造,或者增加附属结构(如导流板、通风管道等)。

1.1.3　垂直通风

垂直通风模式一般是指将风机或者排风口安装在屋顶,新鲜空气由侧墙进气口进入。垂直通风模式成本较高,一般用于中、小规模养殖舍。垂直通风模式利用热压作用可以产生较好的自然通风效果,具有良好的气流运动特征,适用于气候温和地区。在寒冷地区的冬季,密闭式养殖舍多在棚顶开口以实现垂直通风。为了避免因通风量过大而导致热量损耗过多,所以棚顶开口面积较小,而且开口数量较少,但是由于舍内外温差较大,因此通风口处会产生大量冷凝水,致使舍内湿度增大。在垂直通风模式下,温度和新鲜空气分布得更加均匀,通风死角少,而且可以对环境进行局部调控,所以垂直通风是目前较为常用的通风模式。

Seo 等人以大型鸡舍为研究对象,分别在烟囱进风、屋顶底部风管进风、侧墙进风口进风及檐下侧墙进风口进风四种形式下,对舍内的气流分布和通风效率进行分析,结果表明,在采用烟囱进风结合散布器的垂直通风模式下,气流分布和通风效率为最优状态。

解天等人设计了立柱通风模式,以垂直通风立柱通风代替猪舍棚顶通风,在猪舍各围栏内设立通风立柱,可以保证各区域空气流场轨迹独立、温度分布均匀和空气新鲜。

付鹏等人深入研究了通风立柱通风角度对猪舍环境的影响,对比分析了不同通风立柱倾斜角度下猪舍内气流场和温度场的分布,通过数据分析发现倾斜角度为45°时,猪舍内气流速度和温度场的分布更加合理,猪舍的通风效果得到较大改善。

通风立柱的设计与应用进一步体现了垂直通风模式气流均匀、可局部调控环境的优点。通风立柱倾斜角度对养殖舍环境的影响说明优化通风结构可以有效改进通风效果。

1.1.4 其他常用通风模式

随着生猪养殖规模化的快速发展,大跨度猪舍和联排猪舍较为普及。单一的横向、纵向或垂直通风等模式虽然成本较低,但是已经不能满足生猪健康生长的需求,相关学者和专家根据地域、气候及环境的变化,研究和设计了多种通风模式,如地道通风、吊顶通风、管道通风、进排气组合通风等。

袁月明等人对采用地道通风模式的太阳能猪舍进行研究,分别分析其在正压通风、负压通风和无风机工况下的通风效果,结果表明地道通风可以有效降低舍内地面湿度。

有研究人员建立了一个生猪育肥舍的等比例模型,通过研究发现,在通风量保持不变的情况下,采用进风窗和地道风机都位于猪舍中间位置的通风模式可以使生猪活动区域的气流场分布均匀。

李修松等人在广西冬季规模化保育猪舍进行现场测试,并分析地道通风和吊顶通风两种模式对舍内环境的影响,结果表明,冬季采用地道通风模式的猪舍环境质量较优。

我国南方冬季冷空气温度一般不低于 0 ℃,养殖舍较适合采用地道通风模式和吊顶通风模式,这样外界新鲜空气可直接进入舍内。但在北方,冬季气温较低,地道通风会使大量冷空气进入,导致舍内温度迅速降低,造成仔猪发生冷应激,也可能导致粪道结冰,致使粪便无法正常排出。寒区冬季多采用屋顶垂直通风模式,利用房顶与舍内棚顶之间的空间对冷空气进行预热,这种方式为弥散通风,具有较好的通风均匀性。

Kwon 等人基于 CFD 理论对保育猪舍管道通风系统进行模拟和研究,结果表明,采用管道通风系统可以有效改善猪舍内环境质量。

吴中红等人为缓解妊娠猪夏季热应激,采用湿帘冷风机 - 纤维风管通风系统定点送风,并以开孔喷射出风的模式将冷风输送至妊娠猪活动区域,以采用自然通风模式的猪舍作为对照,结果表明,定点送风可以更有效地控制局部温度和通风状态,证明了管道通风的可行性。

Mostafa 等人为保证鸡舍在寒冷天气还能在通风状态下保持适宜的温度,利用管道对冷空气进行加热,并设计了 4 套通风系统,保证通风量和温度的均匀分布,结果表明,相较于横向通风和纵向通风,采用管道均匀开口送风能够增大通风面积,提高空气的均匀性,可以更有效地避免贼风或通风死角的出现。

大量研究结果表明了管道通风的可行性,无论是通过管道通风降温还是通风升温,均可以有效地调控养殖舍局部环境,并保证养殖舍内气流的均匀性。

Mondaca 等人以管道通风模式下的牛舍为研究对象,分析了导流板对牛舍内气流场的影响,发现运用导流板可以保证射流范围集中于奶牛活动区域,从而有效调节奶牛生活区域的环境。

曹孟冰等人通过模拟分析了不同进风口形式对猪舍空气龄和二氧化碳分布的影响，通过数据对比和分析发现，进风口高度和导流板角度对猪舍内空气龄与二氧化碳分布的影响较大。

王小超等人以冬季猪舍为研究对象，采用模型模拟实际猪舍生产情况，通过分析发现，通风角度对气体交换和温度分布均会产生较大的影响，当通风角度为45°时，舍内温度分布较均匀，且舍内气体交换较充分。

以上研究结果表明，在相同的通风模式下，通风口的高度和角度均对养殖舍内空气流场分布产生重要的影响。

高云等人基于多环境参数控制方法设计生猪养殖箱，并在箱体上部设计3个进风口导入新鲜空气，在箱体下部设置1个出风口排出箱内污浊空气，采用多风机控制空气流动，以达到快速通风换气的效果，结果表明，采用这种通风调控模式可以使通风无死角，且温度、湿度等环境参数便于控制。

有研究人员采用进排气组合通风模式，调整进风口和排风口布置方式，以实现均匀送风，其产生的气流可以有效地排出粉尘，改善区域内的空气质量。进排气组合通风模式可以实现养殖舍内小区域的局部通风，避免横向或者纵向大面积通风时带走过多的热量，从而有效降低通风热损耗。虽然相较于纵向通风、横向通风和垂直通风模式，进排气组合通风模式的一次性投入成本较高，但这种模式更符合仔猪保育阶段对环境的严格要求，其通风气流场分布更均匀，换气效率更高，而且更易于控制。

周忠凯等人对冬季猪舍氨气、一氧化二氮、甲烷和二氧化碳的排放进行了测定，结果表明，通风量的大小决定了氨气和温室气体的排放率。

Riskowski 等人通过试验和对比发现，养殖环境的风速对保育猪饲料消耗量、日增重的影响较为明显，从而影响保育猪的生长状态。

Scheepens 等人通过研究和分析发现，在风速较高的环境下，保育猪会出现咬耳、咬尾、打斗等现象，进而说明风速对保育猪的福利影响明显。

通风量和气流速度是影响通风调控效果的主要因素，对生猪的健康成长影响较大，所以在进行通风设计时，通风量和风速的确定是极为重要的。

寒区冬季养殖舍内外温差大,导致通风热损耗较大,因此需要重点考虑如何降低热损耗或回收排风热量,以实现节能目的。建造养殖场时,可在水泡粪粪池底下埋设管道或在粪池侧面地下通风道加设换热板,利用粪尿中的热源与排风的热量(热回收)加热新进入的新鲜空气,当地道长度为 30 m 时温度提升明显。

有研究人员以兔舍热回收通风系统为研究对象,利用排风的热量对新风进行预热,可以有效降低通风对舍内温度的影响,而且热回收通风系统可以在 -25 ℃的低温环境下正常运行,舍内温度基本满足兔的生长需求,可以为采暖系统节省能耗。

管道内新风预热和热回收通风系统的设计对寒区冬季养殖舍的通风节能有重要意义,可以为本书研究通风模式的节能优化设计提供创新思路和理论基础。但是,寒区冬季气温过低,粪池预热效果欠佳,若铺设管道过长,则投入成本过高,而单一使用热交换器对新风预热又无法完全满足养殖舍内的温度要求。因此,可以采用进排气组合通风模式,进风与排风同时进行,利用热交换系统对新风预热,同时保留排风带走的热量。同时,由于空气在管道内部以贴壁射流的形式运动,所以当冷空气进入舍内管道后,舍内热空气也会对管道冷空气起到预热作用,间接实现回收热量的作用。

综合以上研究成果可知,地道通风、吊顶通风、管道通风、进排气组合通风等是目前猪舍常用的通风模式。相比较而言,进排气组合通风和管道通风模式更能够保证气流的均匀性。冬季进风温度低时,气流以射流形式进入舍内,然后与进风口周围的气体迅速混合,在通风区域形成气流循环,使舍外气流和舍内气流进行热与质的交换,这样是较为理想的进风形式。若能融合各通风模式的优点形成新型通风模式,则将更易于调控养殖环境。在创新设计通风模式的过程中,需重点分析通风位置、通风角度、通风量、气流速度对养殖舍温度和空气流场分布的影响规律,探究降低通风热损耗的方法,优化设计通风结构,保证保育阶段仔猪健康生长。

1.2 养殖舍小环境模拟技术及研究现状

1.2.1 CFD 应用

CFD 技术是指通过计算机进行数值模拟，分析流体流动和传热等物理现象。运用 CFD 技术，可通过计算机显示并分析流场中的现象，从而在较短的时间内预测流场。CFD 模拟能帮助研究人员理解流体力学问题，为试验提供指导，为设计提供参考，从而节省人力、物力和时间。

根据流体力学知识，自然界不涉及化学反应的单相流动现象都可以用两个方程来描述：连续性方程（即质量守恒方程）和纳维－斯托克斯（Navier－Stokes）方程（即动量守恒方程）。理论上，如果已知某一时刻流场的参数（如速度分布），将之设为初值，然后代入这两个方程中直接求解，则可求得任一时刻、任一地点流场的参数。然而，基于纳维－斯托克斯方程本质的非线性，以及边界条件处理存在的困难，除少数简单的问题外，解析和求解纳维－斯托克斯方程都是极具挑战性的任务。

实际上，对于湍流，直接求解三维非稳态的控制方程对计算机的内存和中央处理器（central processing unit，CPU）要求非常高，目前还无法应用于工程计算。在工程中，为降低计算过程对计算机内存和 CPU 的要求，一般需对非稳态的纳维－斯托克斯方程做时间平均处理，从而得到时间平均流场。但是，对纳维－斯托克斯方程做时间平均处理后，控制方程组并不封闭（即方程组的未知数大于方程数），因此需要人为构造额外的方程使方程组封闭，这个构造额外方程的过程就是建立湍流封闭模式（即建立湍流模型）的过程。这样，采用目前计算机求解处理后的时均化的控制方程，求解速度就可以接受，可应用于工程问题的计算。这就是当前商业软件（如 Fluent、CFX 和 Stardust 等）广为采用的 CFD 处理方法。

CFD 是流体力学的一个分支。当前，研究流体力学问题有 3 类方法，即试验测量、理论分析和 CFD 模拟。

试验测量的结果较为真实可信，它是研究流体力学问题的基础。CFD 新算法的提出和理论分析结果都需要通过具体的试验测量进行验证。目前，试验测量仍是研究流体力学问题的重要方法。然而，试验测量耗时长、成本高，而且受到测量方法的限制，测量设备难免会对真实流场造成干扰，从而使得从试验设备（如风洞）中获得某些细部数据较为困难。

理论分析的结果一般具有普遍性，可以为试验设计和新 CFD 算法提供理论基础。目前，对于流体力学问题（尤其是湍流问题）机制方面的研究进展较缓慢。虽然每个湍流新理论（如普朗特的边界层理论等）的提出都会推动湍流研究取得新的进展，但是要对湍流这个复杂的随机流动过程做出新的机制方面的解释仍然十分困难。

CFD 克服了试验测量和理论分析的某些缺点，而且具有一定的优势，如成本低，耗时短，获得流场中的数据比较容易。在计算机上进行一次 CFD 分析，就好比在计算机上进行一次虚拟的流体力学试验。如果采用的 CFD 方法合理，则 CFD 分析就可以在省时又省力的情况下对流动过程进行准确的预测。然而，目前 CFD 方法的选择还没有标准，即对于某种流动现象采用什么模型、什么网格、什么方法处理，还没有形成标准化的依据。因此，一方面，应该把 CFD 看作一种研究手段、一个工具，将 CFD 技术与试验测量、理论分析结合起来，发挥分析人员的主观能动性，这样才可能比较顺利地解决问题；另一方面，CFD 分析人员应该加强对 CFD 基本理论的学习并积累应用经验，提高职业水平，合理、充分地使用好这个强大的工具。

总而言之，这 3 类研究方法各有优势，不能武断地认为 CFD 未来会取代试验测量和理论分析。CFD 虽然克服了试验测量和理论分析的某些劣势，但其只是研究流动问题的方法之一，三者应该相辅相成，共同为研究流体力学问题服务。

CFD 在近几十年内得到了飞速的发展，其与计算物理、计算化学、计算力学一样，都是计算科学领域的学科。随着近几十年来计算机技术的进步，计算机处理速度有了飞速的提高，从而使运用计算机对工程现象进行数值模拟分析成为可能。流体力学工作者基于计算条件的飞速发展,开发了适合当前计算机处理速度的湍流模型和计算方法。目前,学术界和工业界都已公认 CFD 是解决流动、传热相关问题的强有力的工具。总之,CFD 学科的发展与计算机处理速度的进步是密不可分的。正是计算速度的大幅度提升刺激了 CFD 技术的快速发展,也正是 CFD 数值处理方法的进步使得利用超级计算机、工作站等计算设备求解实际工程问题成为可能。

CFD 的应用如今已遍及众多领域。从高层建筑结构通风到微电机散热,从发动机、风扇、涡轮、燃烧室等机械到整机的外流气动分析,可以认为,只要是有流动存在的场合,都可以利用 CFD 进行分析,具体的工程应用场合涉及但不限于以下行业。

①汽车与交通行业:分析行驶中汽车的外流场、两车相撞过程、地铁进站过程、车用空调效果、汽车内燃机燃烧效果,以及模拟汽车尾气处理设备化学反应等。

②航空航天行业:分析飞机外流场、导弹发射过程、航空发动机燃烧效果、飞行器内空调效果,以及设计机翼等。

③土木与建筑行业:分析建筑群风场,计算风工程问题,分析风荷载对建筑的影响、室内气流组织、排烟情况以及隧道通风、建筑自然通风效果等。

④热科学与热技术行业:分析电子仪器散热效果、传热与流动过程、工业热交换器效果、导热过程、辐射换热过程等。

⑤热能工程、化工及冶金行业:分析燃烧过程,模拟加热炉与锅炉,分析工业窑炉工作过程,以及模拟钢锭浇铸过程等。

⑥流体机械行业:对水轮机、风机、泵等流体机械进行内部流动分析等。

⑦环境工程行业:分析河流中污染物的扩散、工厂排放污染物在气体中的扩散过程,设计污水处理厂,以及模拟旋转搅拌器等。

⑧舰船行业:进行舰船推进器非稳态流动分析等。

⑨生物技术行业:模拟血管内血液的流动过程、旋转生物反应器内的多相流等。

过去主要靠经验与试验获得设计需要参考的数据,而今可采用 CFD 技术寻找更快捷、全面的解决方案，而且CFD技术的应用领域还在迅速扩展，可以认为，只要有流动、传热、化学反应、多相流、相变存在的过程，都可以尝试运用CFD技术进行模拟分析。

采用CFD解决某一实际问题分为3步：前处理、求解、后处理。下面对这3个过程进行具体说明。

（1）前处理

前处理的目的是将具体问题转化为求解器可以接受的形式，求解器可以接受的形式就是计算域和网格，即前处理需要建立计算域并划分网格。二者虽然只是求解过程的准备工作，但都很耗时，而且对求解结果的精确度有决定性的影响。

计算域即CFD分析的区域，一般为流动区域。对计算域进行合理的处理可以极大地减少计算量。如果是具有对称性的流动，则可以设置一个含对称面（或对称轴）的计算域进行处理。如果只关心流场的某一细部，则通过合理设置边界条件和该细部的计算域，可只对该细部的计算域进行CFD分析，无须求解整个流场。

网格即对计算域划分的单元。网格的数目和质量对求解过程有重要的影响。网格的数目应该足够多，以确保能合理地描述流动过程。但是，网格的数目不应过分地多，以免浪费计算资源。在网格的质量方面，应该尽量使用结构化网格。对于二维流动的模拟，应尽量使用四边形网格；对于三维流动的模拟，应尽量使用六面体网格，以提高求解精度。网格划分时间通常占CFD总体模型与参数设置时间的40%以上。对实际模型划分高质量的结构化网格，需要进行专门的网格划分训练和经验积累。

对计算域划分好网格后，可定义边界条件。边界条件定义好后即完成前处理，此时可以输出网格文件供求解器计算。

（2）求解

求解器读取前处理生成的文件，设置好各种模型和参数后，就可以开始进行迭代计算。

在求解器界面中，读入前处理生成的文件后，应先检查该文件的网格质量是否符合求解器的要求，网格是否出现负体积。确认网格没有问题后，应检查计算域单位（如尺寸单位、参数单位等），设置求解器，比如确定是定常问题还是非定常问题，是显式格式还是隐式格式，等等；设置各类模型，如湍流模型、多相流模型、组分传输模型、化学反应模型、辐射模型等；设置流体的物性，如密度、比热、导热率、黏性等；具体设置计算域的边界条件；设置压力与速度耦合方式、离散格式、欠松弛因子。最后，对计算域进行初始化，并设置关键位置的求解参数监视器，开始迭代计算。

(3)后处理

后处理即对已经计算、收敛的结果继续处理，以获得直观、清晰、便于交流的数据和图表。后处理可以利用商业软件求解器自带的功能进行，如 Fluent 和 CFX 都自带较为完善的后处理功能，可以获得计算结果的矢量图、等值线图、迹线图等。后处理也可以利用专业的后处理软件完成，常用的后处理软件有 Tecplot、Origin、FieldView 等。

1.2.2 Fluent 应用

Fluent 软件是当今世界 CFD 仿真领域最为全面的软件包之一，拥有大量的物理模型，能够快速、准确地得到 CFD 分析结果。Fluent 软件可以模拟流动、湍流、热传递和化学反应等众多现象，在工业上应用广泛，从流过飞机机翼的气流到炉膛内的燃烧，从血液流动到半导体生产，从鼓泡塔到钻井平台，均可以运用 Fluent 软件进行模拟，还可以用于设计无尘室、污水处理装置，等等。Fluent 软件中的专用模型可以用于开展缸内燃烧、空气声学、涡轮机械和多相流系统的模拟工作。

现今，全世界范围内众多公司将 Fluent 与产品研发过程中的设计和优化阶段相整合，并从中获益。先进的求解技术可提供快速、准确的 CFD 结果，实现灵活的移动和变形网格，以及出众的并行可扩展性。用户自定义函数可以构建全新的用户模型和扩展现有模型。Fluent 中交互式的求解器设置及其求解、后处理能力可以让用户快速暂停计算过程，利用集成的后处理检查结果改变设置，并用简单的操作继续执行计算。

Fluent 是用于模拟具有复杂外形的流体流动以及热传导的计算机软件。它实现了网格灵活性,用户可以使用非结构化网格(如二维三角形或四边形网格、三维四面体/六面体/金字塔形网格)来模拟具有复杂外形的流动,甚至可以使用混合型非结构化网格。Fluent 允许用户根据解的具体情况对网格进行修改(细化/粗化)。

对于大梯度区域(如自由剪切层和边界层),为了非常准确地预测流动,自适应网格是非常有用的。与结构化网格和块结构化网格相比,自适应网格可以很明显地缩短产生“好”网格所需的时间。对于给定精度,解适应细化方法使网格细化变得很简单,因为网格细化仅限于那些需要更多网格的求解域,所以大大减少了计算量。

Fluent 采用 C 语言编写,因此具有很大的灵活性,可以实现动态内存分配、高效数据结构和灵活解控制。除此之外,为了高效地执行、交互地控制,以及灵活地适应各种机器与操作系统,Fluent 使用客户端/服务器结构,因此它允许同时在用户桌面工作站和强有力的服务器上分离地运行程序。

1.2.2.1　Fluent 启动

启动 Fluent 应用程序有直接启动和在 Workbench 中启动两种方式。下面以 Windows 系统为例介绍 Fluent 启动的步骤。

(1)直接启动

只要执行“开始”→“所有程序”→ANSYS 2020 R1→Fluid Dynamics→Fluent 2020 R1 命令,便可启动 Fluent,进入软件主界面。或者,在 DOS 窗口中输入“C:\Program Files\ANSYS Inc\v201\fluent\ntbin\win64\fluent.exe”命令(根据安装位置),即可启动 Fluent。

(2)在 Workbench 中启动

在 Workbench 中启动 Fluent 首先需要运行 Workbench 程序,然后再导入 Fluent 计算模块,进入程序。步骤如下。

①执行“开始”→“所有程序”→ANSYS 2020 R1→Workbench 命令,启动 ANSYS Workbench 2020 R1,进入图 1-1 所示的主界面。

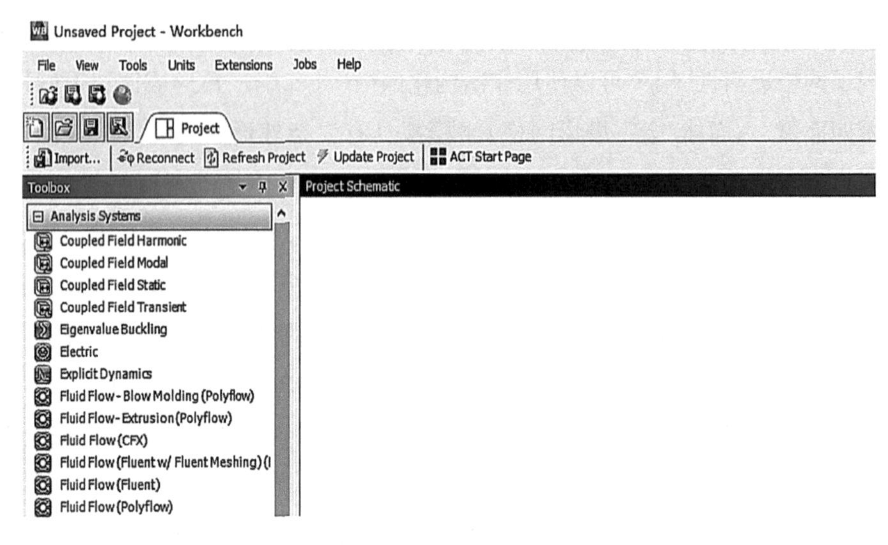

图 1－1　Workbench 主界面

②单击主界面 Toolbox（工具箱）中的 Analysis Systems，双击 Fluid Flow（Fluent）选项，即可在项目管理区创建分析项目 A，如图 1－2 所示。

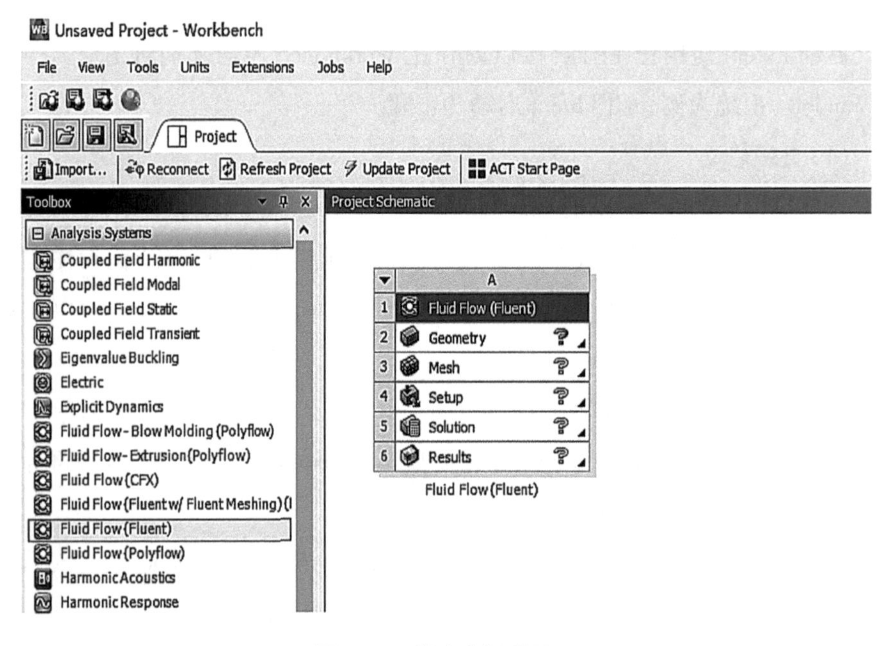

图 1－2　创建分析项目 A

③双击分析项目 A 中的 Setup，直接进入 Fluent 软件。Fluent 软件启动后，进入 Fluent Launcher 界面，如图 1－3 所示。

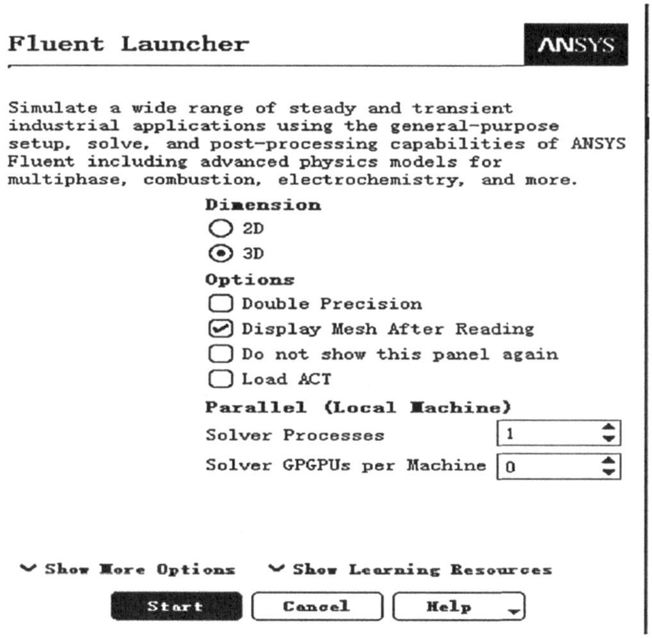

图 1－3　Fluent Launcher 界面

④通过 Fluent Launcher 界面可以设置计算问题是二维问题还是三维问题、计算的精度是单精度还是双精度、计算过程是串行计算还是并行计算，以及设置项目打开后是否直接显示网格等功能。

Meshing Mode 是 Fluent 2020 R1 自带的网格功能，勾选此选项可以进入 Fluent 的网格划分模式。

提示：Meshing Mode 只有在三维模型下才可选，因为 Fluent 整合的 Meshing 功能只能划分三维体网格。

1.2.2.2　Fluent 用户界面

Fluent 用户界面用于定义并求解问题，包括导入网格、设置求解条件和进行求解计算等。Fluent 可以导入的网格类型较多,包括 ANSYS Meshing 生成的网格、CFX 网格工具生成的网格、CFX 后处理中包含的网格信息、ICEM CFD 生成的网格、Gambit 生成的网格等。Fluent 内置了大量材料数据库,包括各种常用的流体、固体材料(如水、空气、铁、铝等),用户可以直接使用这些材料定义求解问题,也可以在这些材料的基础上进行修改或创建一种新材料。

Fluent 中可以设置的求解条件很多,包括定常/非定常问题、求解域、边界条件和求解参数等。Fluent 界面大致分为以下几个区域。

①Ribbon 选项卡:Fluent 遵循常规软件的方式,主菜单包含软件的全部功能。

②模型设置区:涉及 Fluent 计算分析的全部内容,包括网格、求解域、边界条件、后处理、显示等。

③设置面板:在模型设置区某一功能被单击选中后,设置面板用来对这一功能进行详细设置。

④其他:Fluent 界面右半部分分为上、下两个区域,上面是图形区,以图形方式直观地显示模型,下面是文本信息区。

1.2.2.3 Fluent 计算类型及应用领域

Fluent 计算类型及应用领域主要包括以下内容。

①任意复杂外形的二维/三维流动计算。

②可压缩、不可压缩流动计算。

③定常、非定常流动计算。

④无黏性流、层流和湍流计算。

⑤牛顿、非牛顿流体流动计算。

⑥对流传热(包括自然对流传热和强制对流传热)计算。

⑦热传导和对流传热相耦合的传热计算。

⑧辐射传热计算。

⑨惯性(静止)坐标、非惯性(旋转)坐标下的流场计算。

⑩多层次移动参考系问题,包括动网格界面和计算动子、静子相互干扰的混合面等问题。

⑪化学组元混合与反应计算，使用的模型包括燃烧模型和表面凝结反应模型。

⑫源项体积任意变化的计算，源项包括热源项、质量源项、动量源项、湍流源项和化学组分源项等。

⑬颗粒、水滴和气泡等弥散相的轨迹计算，包括弥散相与连续项相耦合的计算。

⑭多孔介质流动计算。

⑮用一维模型计算风扇和热交换器的性能。

⑯两相流计算，包括带空穴流动计算。

⑰复杂表面问题中带自由面流动的计算。

1.2.2.4　Fluent 求解步骤

Fluent 是一个 CFD 求解器，在计算、分析之前要先在头脑中勾勒出一个计划，然后按照计划进行工作。

(1)制定分析方案

制定分析方案之前，需要了解下列问题。

①确定工作目标：明确计算的内容和计算结果的精度。

②选择计算模型：如何划定流场；如何定义边界条件；是否可以用二维进行计算；确定流场的起、止点；确定采用的拓扑结构；等等。

③选择物理模型：流动是无黏性流、层流还是湍流；流动是可压缩的还是不可压缩的；是否需要考虑传热问题；流场是定常的还是非定常的；计算中是否还要考虑其他物理问题。

④确定求解流程：要计算的问题能否采用系统默认的设置简单地完成；是否可以加快计算的收敛；计算机的内存是否够用；计算需要多长时间。

仔细思考上述问题可以更好地完成计算，否则在计算的过程中会经常遇到意想不到的问题，造成返工、浪费时间、降低效率。

(2)求解

确定待解决问题的特征之后，需要进行以下几个基本的步骤来解决问题。

①创建网格。

②运行合适的解算器:2D、3D、2DDP、3DDP。

③输入网格。

④检查网格。

⑤选择求解格式。

⑥选择需要解的基本方程:层流、湍流还是无黏性流;化学组分还是化学反应;热传导模型;等等。

⑦确定需要的附加模型:风扇、热交换、多孔介质。

⑧指定材料的物理性质。

⑨指定边界条件。

⑩调整求解控制参数。

⑪初始化流场。

⑫计算求解。

⑬检查结果。

⑭保存结果。

⑮根据结果对网格做适应性调整。必要的话,细化网格,改变数值和物理模型。

Fluent 计算步骤及对应的 Ribbon 选项卡项见表 1 - 1。

表 1 - 1　Fluent 计算步骤及对应的 Ribbon 选项卡项

Fluent 计算步骤	对应的 Ribbon 选项卡项
输入网格	File→Read
检查网格	Domain→Mesh
选择求解格式	Physical→Solver
选择需要解的基本方程	Physical→Models
指定材料的物理性质	Physical→Materials
指定边界条件	Physical→Zones

续表

Fluent 计算步骤	对应的 Ribbon 选项卡项
调整求解控制参数	Solution→Solution
初始化流场	Solution→Initialization
计算求解	Solution→Run Calculation
检查结果	Results→Reports
保存结果	File→Write
根据结果对网格做适应性调整	Domain→Adapt

1.2.3　网格处理

CFD 分析的第一步是划分网格，用学术语言表达为使计算区域离散化，即将空间上连续的计算区域划分为许多子区域，并确定每个区域中的节点。数学上，生成网格后（即离散化后），就是将连续的控制方程进行了离散，即将描述流动与传热的偏微分方程转化为各个节点上的代数方程组。划分网格的本质是用有限个离散的单元体来代替原来的连续空间。

网格划分结束后，可以得到以下 5 种几何要素，如图 1－4 和图 1－5 所示。

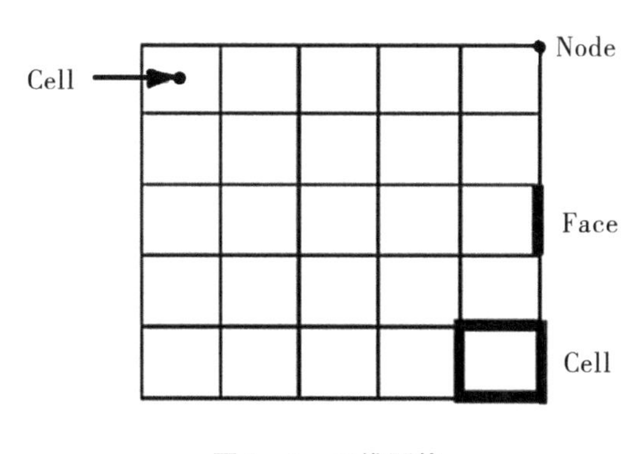

图 1－4　二维网格

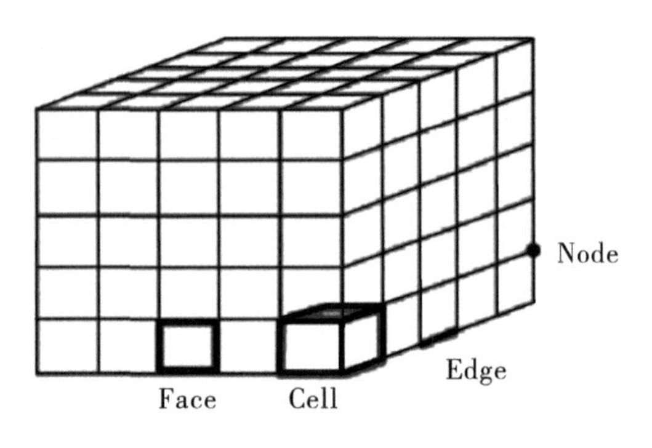

图 1-5　三维网格

①Cell：单元体，离散化的控制体计算域，由表征流体和固体区域的网格确定。

②Face：面，Cell 的边界。

③Edge：边，Face 的边界。

④Node：节点，Edge 的交汇处/网格点。

⑤Zone：区域，一组节点、面和（或者）单元体。

边界条件数据存储在 Face 中；材料数据和源项存储在 Zone 的 Cell 中。

1.2.3.1　网格形状

在二维模拟中，Fluent 可以使用三角形单元和四边形单元以及它们的混合单元构成网格。在三维模拟中，Fluent 可以使用四面体、六面体、棱锥和楔形单元构成网格。三维实体的四面体、六面体网格生成算法现在还远远没有成熟。部分四面体网格生成器虽然已经进入了实用阶段，但是对任意几何体进行自动剖分的问题仍然没有解决。现在多采用分区处理的办法，将复杂的几何区域划分为若干个简单的几何区域，然后分别剖分再合成。对不规则几何体的处理也是如此。

六面体网格生成技术主要采用的是间接方法，即由四面体网格剖分作为基础，然后生成六面体。这种方法生成网格的速度比较快，但是很难实现生成的网格全部都是六面体，会剩下部分四面体网格，四面体网格和六面体网格之间需要由金字塔形的网格来连接。现在还没有比较成熟的直接生成六面体网格的方法。六面体网格更容易实现壁面处的正交性原则,因而计算精度较高,求解收敛性好,但是型面逼近效果较差。四面体网格的优点在于容易生成网格,型面逼近效果较好。但是,四面体网格计算精度不高,且生成的网格数量较多,因而计算量较大。

选择哪种类型的单元取决于用户的应用。选择网格类型时应当考虑以下问题。

①设置时间(Setup Time)。

②计算成本(Computational Expense)。

③数值耗散(Numerical Diffusion)。

对于二维网格,Fluent 可以接受三角形或四边形单元,如图 1 - 6 所示。对于三维网格,四面体、六面体、棱柱形、金字塔形或多面体单元都可以使用,如图 1 - 7 所示。此外,Fluent 还可以接受块结构化网格、三角形与四边形的混合网格、四面体与六面体的混合网格。

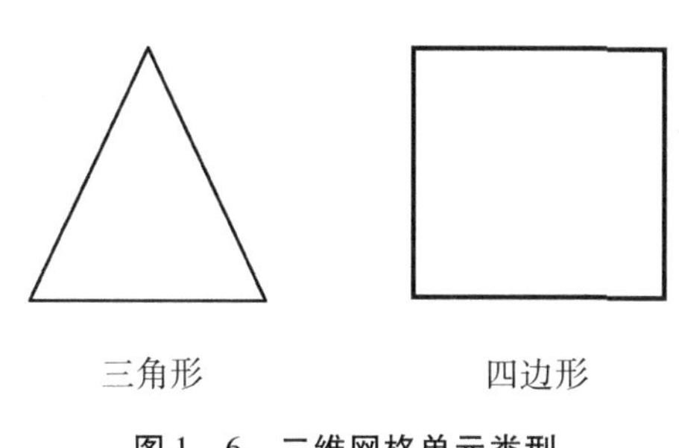

图 1 - 6　二维网格单元类型

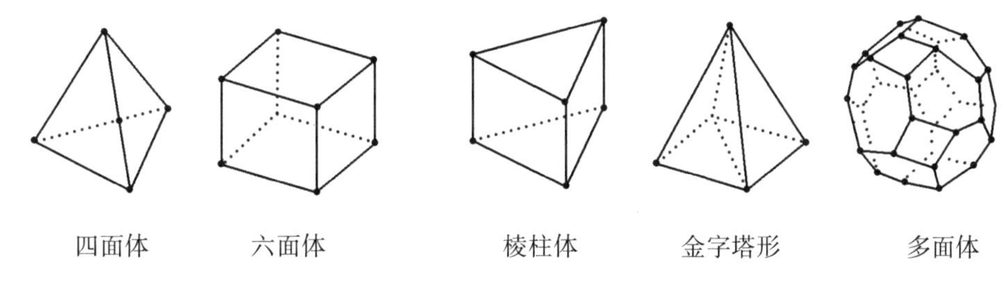

图 1 - 7　三维网格单元类型

1.2.3.2 结构化与非结构化网格

(1)结构化网格

从严格意义上讲,结构化网格是指网格区域内所有的内部点都具有相同的毗邻单元。结构化网格是正交处理点的连线,意味着每个点都具有相同数目的邻点。结构化网格主要有以下优点。

①可以很容易地实现区域的边界拟合,适用于流体和表面应力集中等方面的计算。

②分区完成后,网格生成的速度快。

③网格生成的质量好。

④数据结构简单。

⑤对曲面或空间的拟合大多数采用参数化或样条插值的方法,区域光滑,与实际的模型更接近。

结构化网格典型的缺点是适用范围比较小,尤其是随着近年来计算机和数值方法的快速发展,用户对求解区域的复杂性要求越来越高。在这种情况下,结构化网格生成技术就显得力不从心。结构化网格生成技术主要是代数网格生成方法,主要采用参数化或样条插值的方法,处理简单的求解区域十分有效,而偏微分方程网格生成方法则主要用于空间曲面网格的生成。

(2)非结构化网格

与结构化网格的定义相对应,非结构化网格是指网格区域的内部点不具有相同的毗邻单元,即与网格剖分区域内部不同内部点相连的网格数目不同。对于非结构化网格来说,每个点周围点的数目是不同的,也就是形成不规则的连接。图 1 – 8 至图 1 – 17 为 Fluent 可以接受的几种结构化网格和非结构化网格。

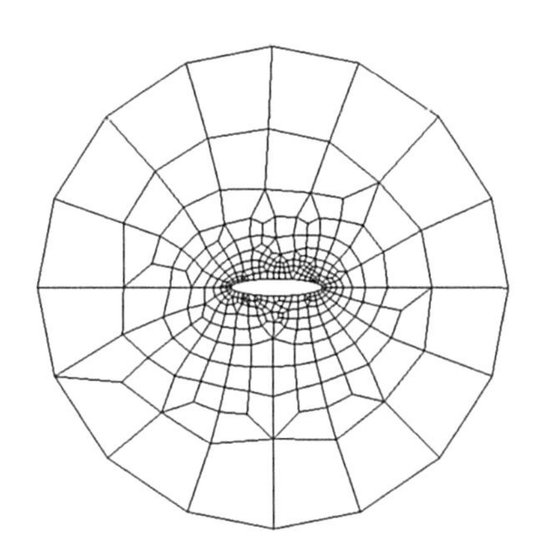

图 1－8　翼形结构化四边形网格

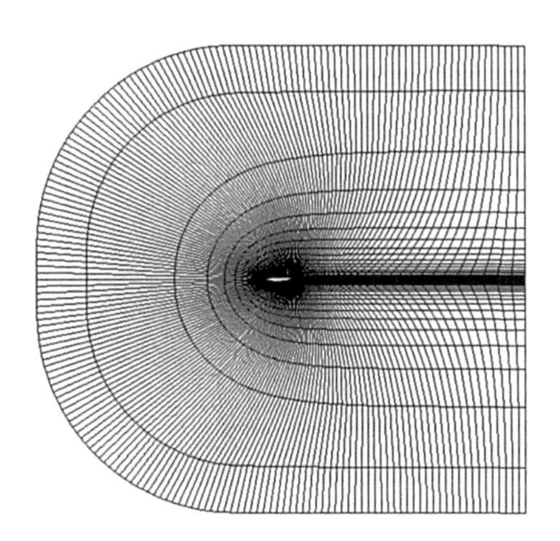

图 1－9　非结构化四边形网格

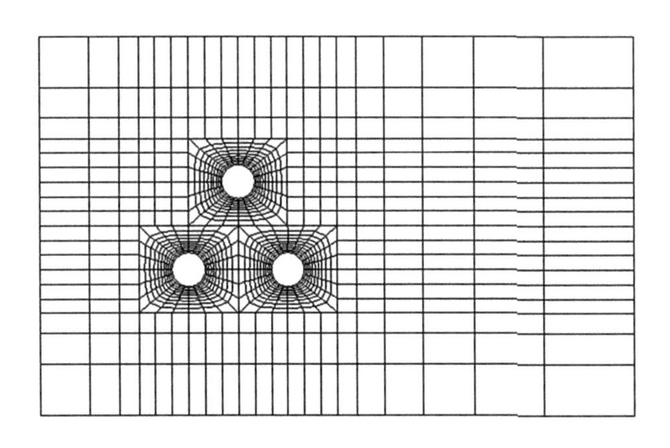

图 1－10　块结构化四边形网格

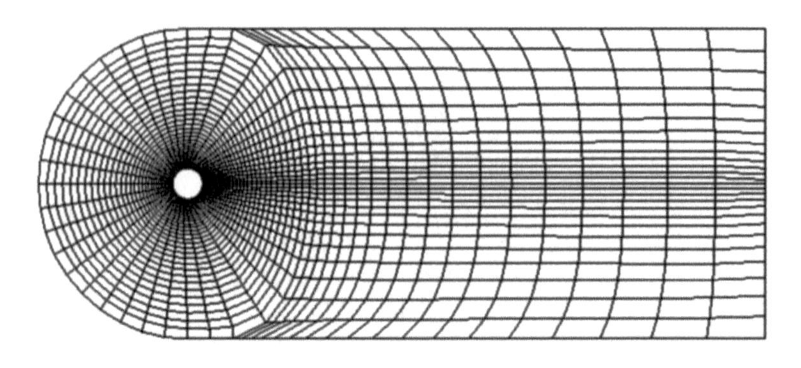

图 1－11　O 形结构化四边形网格

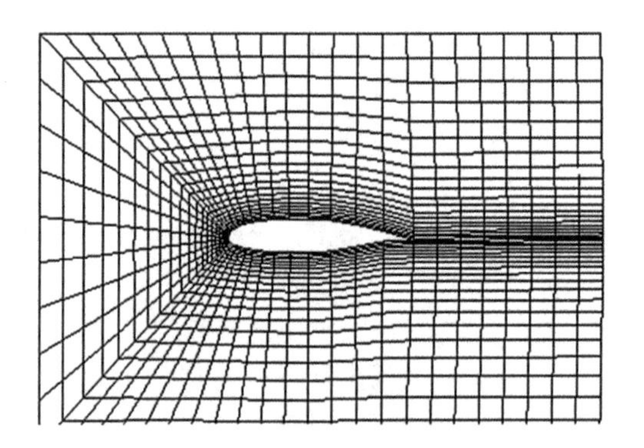

图 1－12　C 形结构化四边形网格

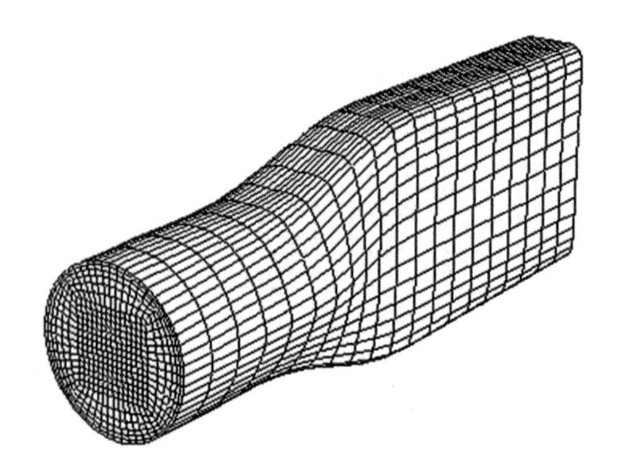

图 1－13　三维块结构化网格

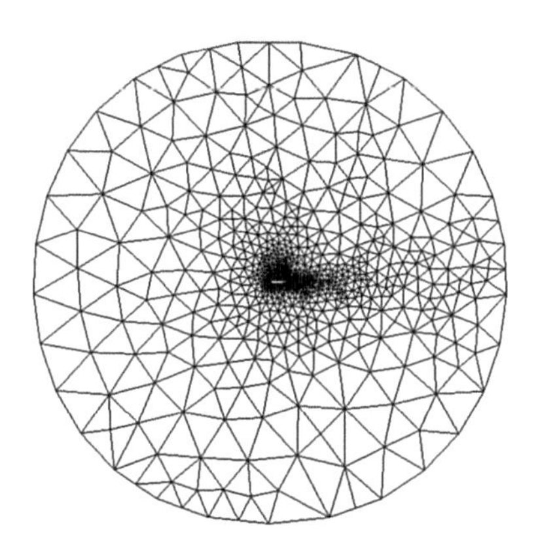

图 1－14　翼形非结构化三角形网格

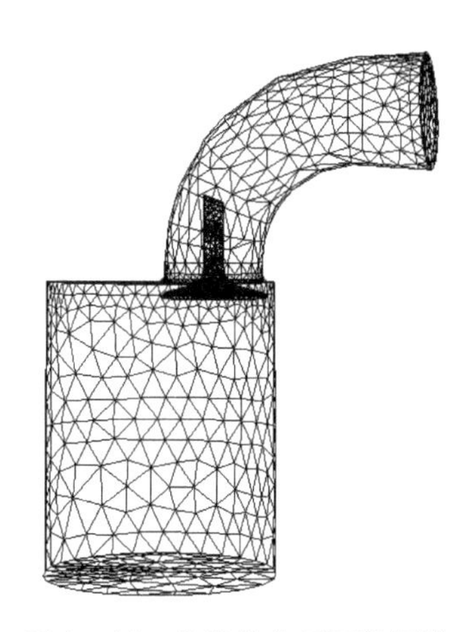

图 1－15　非结构化四面体网格

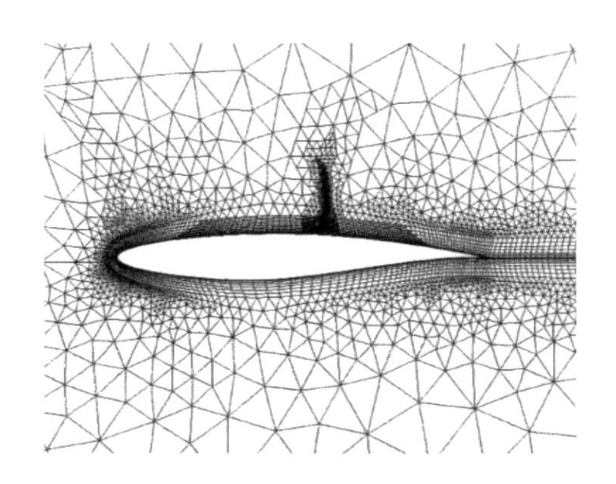

图 1－16　三角形与四边形混合网格

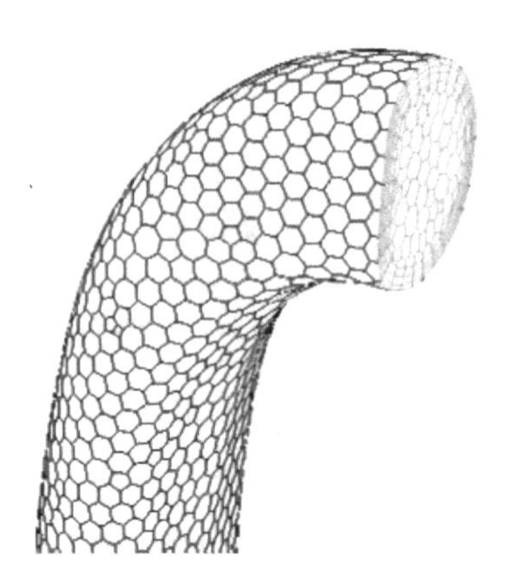

图 1－17　多面体网格

1.2.3.3　壁面边界层与壁面函数

通常使用的湍流模型对于充分发展的湍流才有效，它们只适用于高雷诺数（Re）的湍流模拟。壁面区附近雷诺数较低，湍流发展并不充分，湍流的脉动影响不如分子黏性的影响大，该区域不能使用高雷诺数的湍流模型，必须采用特殊的处理方法，而且在网格划分上也要进行特殊的处理。

对于有壁面的流动，当主流为充分发展的湍流时，根据与壁面法线距离的不同，可将壁面边界层划分为壁面区（或称内区、近壁区）和核心区（或称外区），如图 1－18 所示。核心区是完全湍流区，其流动为充分发展的湍流。在壁面区，由于受到壁面的影响，因此其流动与核心区不同。壁面区可分为 3 个子层，即黏性底层、过渡层、对数律层。

黏性底层是一个紧贴壁面的极薄层，在动量、热量和质量的交换过程中，黏性力发挥主要作用，而湍流切应力可以忽略，因此其流动几乎可以看作层流流动，且平行于壁面方向上的速度分量沿壁面法线方向呈线性分布。

过渡层处于黏性底层之外。在此层中，黏性力和湍流切应力的作用相当，流动状况较为复杂，很难用公式或定律表述。在实际工程计算中，由于过渡层厚度极小，因此可不考虑此层，直接按对数律层处理。

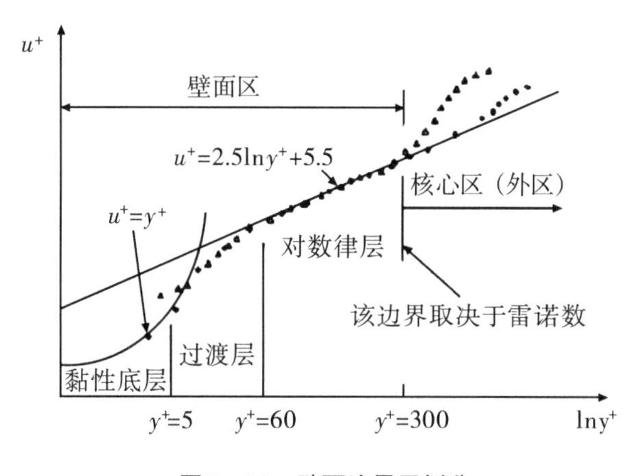

图 1 - 18　壁面边界层划分

对数律层处于壁面区的最外层，黏性力的影响不明显，湍流切应力占主要地位，流动为充分发展的湍流，流速分布接近对数律。

对于壁面区内不同子层的高度和速度，可以用沿壁面法向的无量纲高度 y^+ 和无量纲速度 u^+ 表达。

$$u^+ = \frac{u}{U_t} \tag{1-1}$$

$$y^+ = \frac{yU_t}{\nu} \tag{1-2}$$

式中：u——流体的时均速度；

U_t——壁面摩擦速度，$U_t = \sqrt{\frac{t_w}{\rho}}$，$t_w$ 为壁面切应力；

y——壁面的垂直距离；

ν——流体的动力黏性系数。

图 1 - 18 是以 y^+ 的对数为横坐标、以 u^+ 为纵坐标所作的曲线，表示壁面区内 3 个子层及核心区的流动。图 1 - 18 中的三角形及圆形代表在两种雷诺数下试验测得的速度值 u^+；直线为对速度进行拟合后的结果。当 $y^+ < 5$ 时，流动处于黏性底层，此时速度沿壁面法线方向呈线性分布，即 $u^+ = y^+$。当 $60 < y^+ < 300$ 时，流动处于对数律层，此时速度沿壁面法线方向呈对数律分布，即 $u^+ = 2.5\ln y^+ + 5.5$。

在处理壁面区流动问题时，通常采用的是壁面函数法，实际上是利用上述半经验公式，将壁面上的物理量与湍流核心区内待求解的未知量直接联系起来。壁面函数法要与高雷诺数 $k-\varepsilon$ 模型配合使用。壁面函数法的本质是，对于湍流核心区的流动使用 $k-\varepsilon$ 模型求解，而在壁面区并不进行求解，直接根据半经验公式得出该区域的速度等物理量。

Fluent 提供了多种壁面函数处理方式，如标准壁面函数法、非平衡壁面函数法和增强壁面处理。标准壁面函数法采用对数校正法提供必需的壁面边界条件（对于平衡湍流边界层）。非平衡壁面函数法用来改善高压力梯度、分离、再附着和滞止等情况下的结果。标准壁面函数法和非平衡壁面函数法都允许在近壁面区域使用相对较粗的网格。对于大多数高雷诺数情况，均可采用标准壁面函数法和非平衡壁面函数法。增强壁面处理把混合边界模型和两层边界模型结合起来，对低雷诺数流动或者复杂近壁面现象很适合，可以使湍流模型在内层上得到修正。表 1－2 所列为几种壁面处理方法的比较。

表 1－2　几种壁面处理方法的比较

方法	优点	缺点
标准壁面函数法	应用较广，计算量小，有较高的精度	适合高雷诺数流动，对低雷诺数、有压力梯度、大体积力和高速三维流动问题不适合
非平衡壁面函数法	考虑压力梯度，可以计算分离、再附着及撞击问题	对低雷诺数流动问题、有较大压力梯度及大体积力问题不适合
增强壁面处理	不依赖壁面法则，对于复杂流动，特别是低雷诺数流动很适合	要求网格密，因而处理时间长，要求计算机内存大

1.2.3.4　壁面区网格处理

如果用壁面函数处理壁面区流动，那么划分网格时不需要在壁面区加密，只需要把第一个内节点布置在对数律区域内,即布置在湍流充分发展的区域内,如图 1 – 19 所示。图 1 – 19 中阴影部分是壁面函数有效的区域,对于阴影以外的网格区域则使用高雷诺数湍流模型进行求解。

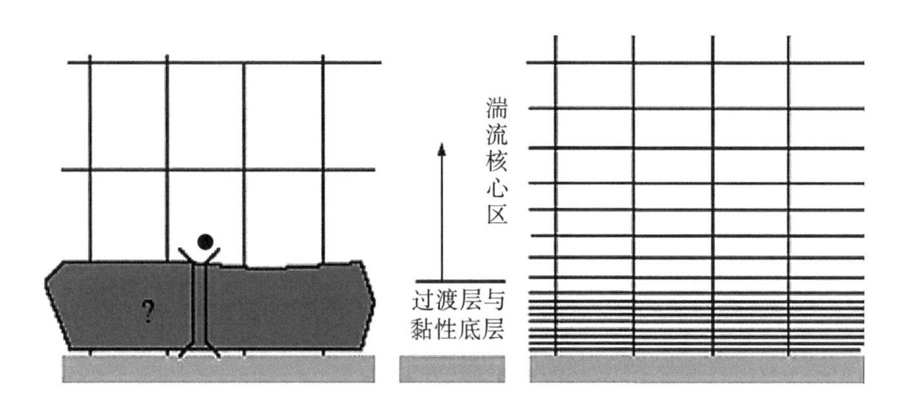

图 1 – 19　壁面区网格处理

第一个网格点的布置方法如下:

①对于标准壁面函数法和非平衡壁面函数法,每个壁面相邻的单元体中心必须位于对数律层,$y_p^+ \approx 30 \sim 300$。

②对于增强壁面处理,每个与壁面相邻的单元体中心应该位于黏性底层,$y_p^+ \approx 1$。

③为了在网格划分之前知道首层网格的高度,应估计第一层网格单元体的大小,可由下式估算:

$$y_p^+ = \frac{y_p u_t}{\nu} \Rightarrow y_p = \frac{y_p^+ \nu}{u_t} \tag{1-3}$$

而

$$U_t = \sqrt{\frac{t_w}{\rho}} = U_e \sqrt{\frac{\bar{c}_f}{2}} \tag{1-4}$$

式中:U_e——上壁面初始速度方向不同位置的高度;

$\bar{c}_f$——表面摩擦系数,也可以从经验公式中估算。对于平板,$\frac{\bar{c}_f}{2} \approx \frac{0.037}{Re_L^{1/5}}$,

其中 Re_L 为平板雷诺数;对于管道,$\frac{\bar{c}_f}{2}\approx\frac{0.039}{Re_{D_h}^{1/4}}$,其中 Re_{D_h} 为管道雷诺数。

④对于壁面区流动的求解,因为首层网格高度是估算的,而且同一个模型上不同壁面处的 y^+ 是不一样的,因此要在得到初步结果后使用后处理工具检查壁面区网格的布置,检查 y^+ 是否符合要求。

⑤对于层流流动的求解,其附壁的网格需满足:

$$y_p\sqrt{\frac{u_\infty}{\nu_x}}\leqslant 1 \tag{1-5}$$

式中:y_p——从附壁单元中心到壁面的距离;

u_∞——流动速度;

ν——流体的动力黏性系数;

x——从边界层起始点开始沿壁面的距离。

1.2.3.5 网格质量评价标准

网格质量对计算精度和稳定性有很大的影响,网格质量包括以下内容。

①所有网格的节点压扁程度(Cell Squish):定量描述节点偏离其相应正交面的程度。

②三角形和四面体节点的歪斜程度(Cell Equivolume Skew)。

③多面体网格的面压扁程度(Face Squish)。

④各类网格的纵横比(Aspect Ratio)。

在节点密度和聚集度方面,流动的连续性被离散化,因此某些流动的显著特征(如剪切层、分离区域、激波、边界层和混合区域)被求解的精确程度取决于网格的节点密度和分布。绝大多数情况下,流动关键区域上较差的网格分布会使求解精度降低,甚至得到非物理解。对于流动极具变化的区域或剪切率变化较大的区域,需采用足够细的网格。网格单元的形状(不同的偏斜率、纵横比和压扁程度)对求解精度也有重要影响。

(1)偏斜率(Skewness)

偏斜率反映实际节点形状与同等体积等边形节点的差别。偏斜率较大会降低求解精度,并降低收敛性。例如,理想的四边形网格顶角的角度接近 90°,

而三角形网格的最佳顶角角度为60°。一般而言,对于绝大多数流动,三角形与四面体网格的最大偏斜率应小于0.95,而平均偏斜率应小于0.33。最大偏斜率大于0.95可能导致收敛困难,并需要进行进一步的求解控制处理,如减小欠松弛因子或选择基于压力的耦合求解器。

(2)纵横比(Aspect Ratio)

纵横比反映节点被拉长的程度。一般而言,在流动核心区(远离壁面的区域)内应避免纵横比大于5∶1;对于边界层内的四边形、六面体与楔形节点,纵横比需小于10∶1;对于涉及传热的计算,最大纵横比应小于35∶1。

(3)压扁程度(Squish)

压扁程度是反映网格形状的指标之一。压扁程度接近1时网格质量较差,接近0时网格质量较好。对于四面体网格而言,可以用偏斜率或压扁程度来衡量网格质量。对于多面体网格而言,无法得到偏斜率的信息,因此需依靠压扁程度来判断网格质量。根据相关经验,对于所有类型的网格,最大压扁程度应小于0.99。

1.2.3.6 选择合适的网格类型

选择网格类型需综合考虑划分网格时间、计算量和精确度,要根据实际应用情况而定。

(1)划分网格时间

大多数实际工程流体问题都涉及复杂的几何体,将这些复杂的几何体划分为块结构化网格(包含四边形或六面体节点)非常耗时,而使用三角形或四面体节点的非结构化网格将大大减少划分网格所需的时间。然而,如果几何体本身相对简单,则无论是使用非结构化网格还是结构化网格,其划分时间都不会太长。

(2)计算量

当几何体较为复杂或者计算域较大时,相较于采用四边形或六面体网格,采用三角形或四面体网格可以使网格数大大减少,这是因为三角形或四面体网格允许在特定区域设置相应的网格大小(可在某些区域设置较大的网格),而结构化的四边形或六面体网格强迫某些节点布置在并不需要的场合(因为其是结构化的)。另外,将整体计算域的四面体网格转换为多面体网格也能减少总网格数，尽管网格变粗，但计算速度将提高，因此能在收敛性好的前提下节省计算量。

一般而言，推荐以下设置：对于简单几何体，使用结构化的四边形或六面体网格；对于中等复杂的几何体，使用非结构化的四边形或六面体网格；对于相对复杂的几何体，使用三角形或四面体网格，并配合棱柱形边界层网格；对于极其复杂的几何体，使用纯三角形或四面体网格。

(3)精确度

对于流体计算而言，多尺度计算容易产生数值扩散，这在 CFD 中也称为假扩散。假扩散是相对于真实流动扩散过程而言的，也就是说，实际流动过程会存在扩散作用，数值求解过程也会产生扩散作用，但数值求解产生的扩散并不是实际物理过程，而是因数值截断误差产生的。对于数值扩散，需注意以下内容。当真实扩散作用相对较小时，数值扩散作用较大，如模拟的对象以对流为主时，所有数值求解都存在一定程度的假扩散，这是由求解流动方程离散格式的截断误差造成的。Fluent 中使用的二阶精度格式与 MUSCL 离散格式能减少数值扩散。数值扩散造成的影响与网格数相反，也就是说，减少数值扩散的措施之一是增加网格数、细化网格。当流动方向与网格正交时，数值扩散程度最低，这与网格选择有关。当使用三角形与四面体网格时，流动方向永远不会与网格正交，而使用四边形与六面体网格时，有可能使网格与流动方向垂直。但是，对于复杂流动而言，这也很难实现。对于简单流动，如果流体流过长管，则可以使用四边形或六面体网格，并将网格布置成与流动方向正交，从而最小化数值扩散的影响。这时的求解结果比使用三角形或四面体网格的精确。

(4)网格的要求与限制

在计划解决问题前，应该注意以下几何图形设定以及网格结构的必要条件。

对于二维轴对称图形而言，必须定义笛卡儿坐标系的 x 轴为旋转轴，如图 1-20 所示。周期性边界条件要具有周期性网格，Gambit 和 ICEM CFD 都能产生周期性边界。需要注意，周期性边界面内的网格设置应相同，这样才能使用 make/periodic 命令创建周期性边界。

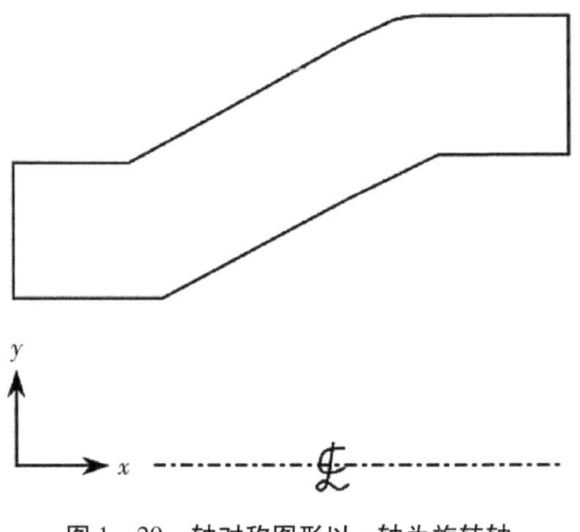

图 1－20　轴对称图形以 x 轴为旋转轴

在 CFD 求解过程中，首次划分的网格可能因网格疏密程度不够或网格质量不好等无法满足计算精度要求，因而可以在得到初步计算结果后对网格进行自适应，如加密、稀疏或其他操作。网格自适应能够在没有前处理软件帮助的情况下实现网格粗化和细化。网格自适应操作可使用 Fluent 软件完成。

图 1－21 至图 1－24 所示为二维平面网格自适应的效果及其计算出的压力场。原始网格较为稀疏，使用原始网格计算得到的压力场不太理想，而经过压力梯度区域的自适应后，在压力梯度较大的地方，网格被加密。使用自适应加密后的网格计算得到的压力场更加精确，更符合实际物理过程，因此以物理场初步计算结果为基础的网格自适应对弓形激波和膨胀波有更好的模拟效果。

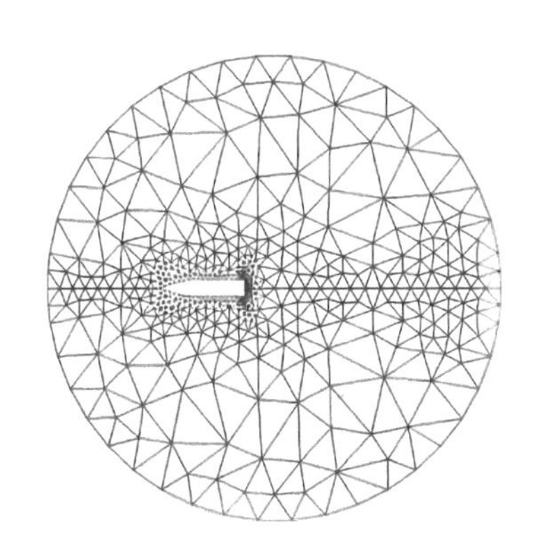

图 1－21　原始网格

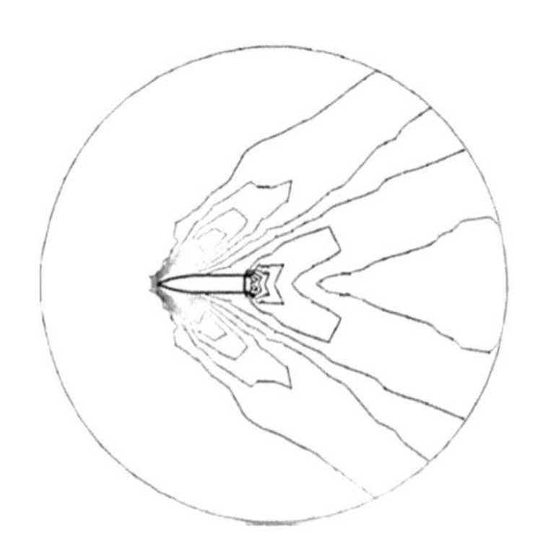

图 1－22　使用原始网格计算的压力场

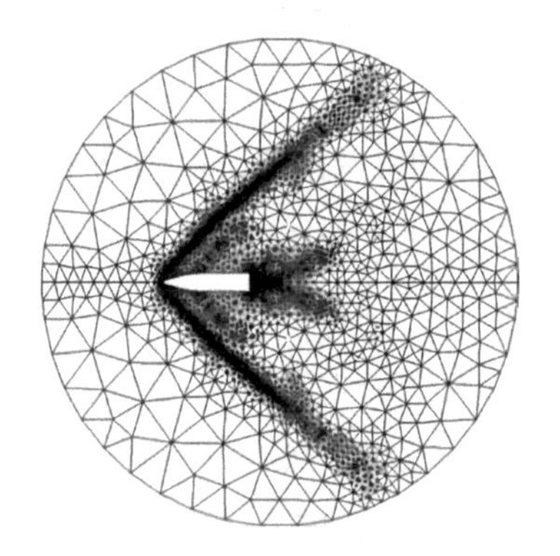

图 1－23　自适应后的网格

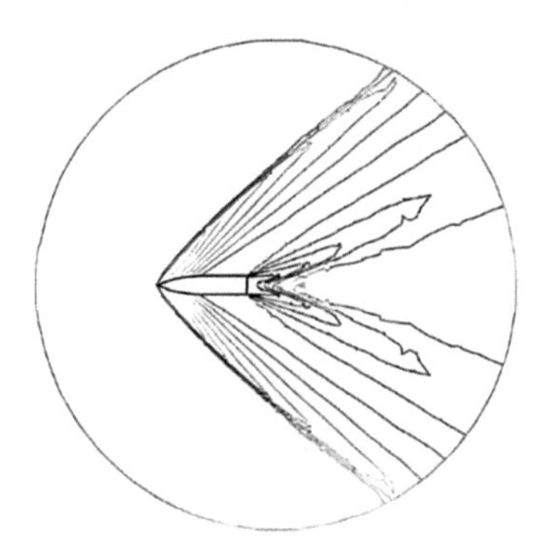

图 1－24　使用自适应后的网格计算的压力场

(5)ICEM CFD

ICEM CFD是一款功能强大的前处理软件,它能为当今复杂模型分析的集成网格生成提供高级的几何获取、网格生成及网格优化工具。其不仅可以为CFD(如Fluent、CFX、STAR-CD等)求解器输出网格,而且还支持向结构计算求解器(如ANSYS、Nastran、Abaqus等)提供网格。

作为一款前处理软件,ICEM CFD不仅具备常规前处理软件的基本功能,而且还具有一些独特的优势,其主要特色表现在以下方面。

①具有良好的操作界面:界面符合Microsoft Windows操作习惯。

②提供丰富的几何接口:不仅支持常见的中间格式模型(如IGS、STP、Parasolid等),还支持一些通用CAD软件(如CATIA、NX、Pro/ENGINEER、Solidworks等)的直接模型输入,同时支持点数据输入。

③具有完善的几何操作功能:提供一系列工具,可以对输入的几何体进行简化、错误检查及修复,同时还具备几何模型创建功能。

④网格装配:可以将复杂模型进行分解,单独进行网格划分,之后将单独划分的计算网格组装成整体网格。

⑤混合网格:允许网格中包含六面体网格、四面体网格、金字塔形网格和棱柱形网格。

⑥独特的虚拟块六面体网格生成功能:能够很方便地实现O形网格、C形网格及L形网格的划分,可以显著提高曲率较大位置的网格质量。

⑦灵活的拓扑构建方式:既可以采用自顶向下的拓扑构建方式,也可以采用自底向上的拓扑构建方式。

⑧快速网格生成功能。

⑨具有多种网格质量标定功能:能快速标定及显示低于质量标准的网格,并提供整体网格光顺、坏网格自动重划分、可视化修改网格质量等功能。

⑩拥有超过100种求解器接口,包括Fluent、CFX、CFD++、CFL3D、STAR-CD、STAR-CCM+、Nastran、Abaqus、LS-DYNA、ANSYS等求解器接口。

ICEM CFD包括多种文件类型,文件扩展名分别为tin、prj、uns、blk、fbc、atr、par、jrf、rpl。这些文件类型所包含的文件内容如下。

①Tetin(*.tin):包含几何实体、材料点、创建的part、关联信息和网格尺寸

数据。

②Project Setting(＊.prj):包含 project 设置数据。

③Domain(＊.uns):包含非结构化网格数据。

④Blocking(＊.blk):保存分块拓扑结构信息。

⑤Boundary Conditions(＊.fbc):包含边界条件设置数据。

⑥Attributes(＊.atr):包含属性、局部参数及单元类型。

⑦Parameters(＊.par):包含模型参数及单元类型。

⑧Journal(＊.jrf):记录用户的操作步骤。

⑨Replay(＊.rpl):保存用户录制的脚本文件。

ICEM CFD 软件界面包括菜单栏、标签栏、工具栏、模型树、数据设置窗口、图形显示窗口、选择工具栏、消息窗口、柱状图窗口等。

(1)菜单栏

菜单栏提供 ICEM CFD 中的全局操作,如文件的打开与保存、模型显示控制、设置软件背景颜色、指定软件工作目录等。下面简单介绍几个最常用的操作。

①设定工作目录

工作目录对于 ICEM CFD 来说非常重要,网格划分过程中生成的文件均会保存至工作目录中。通过单击菜单【File】→【Change Working Dir...】可以设定 ICEM CFD 工作目录,弹出如图 1-25 所示的对话框,选择需要设置的目录,即可将当前工作目录设置到此路径。

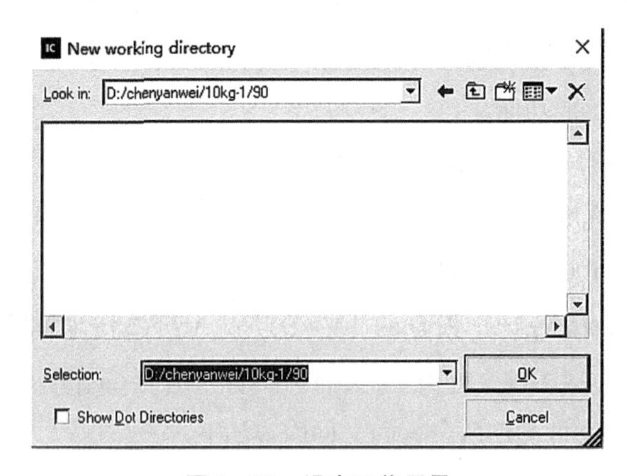

图 1-25　设定工作目录

通过点击菜单进行设置并不能保存设置的工作路径信息，也就是说如果将ICEM CFD 关闭后再重新打开，则其工作路径会恢复到默认设置。

下面介绍一种永久设置 ICEM CFD 工作路径的方法。右击 ICEM CFD 快捷菜单，选择【属性】子菜单，弹出如图 1－26 所示的对话框，将起始位置路径修改为需要设置的工作路径即可。这样每次启动 ICEM CFD 之后均会将此路径设置为工作路径。

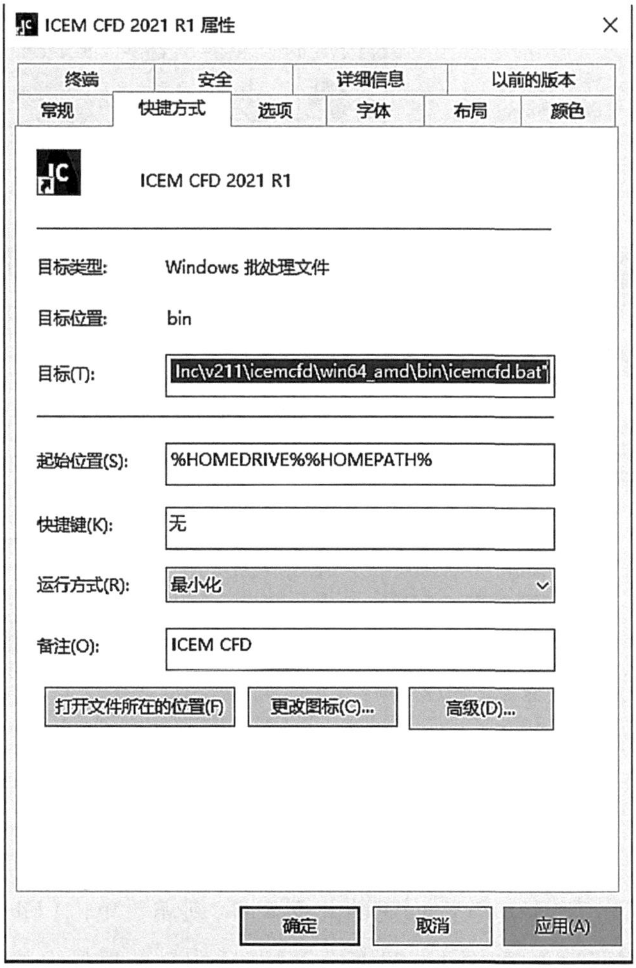

图 1－26　属性对话框

②导入几何模型

在 ICEM CFD 中导入几何模型有 3 种方式：导入 ICEM CFD 本身支持的 tin 文件；导入其他软件所创建的几何文件；导入 Workbench 所支持的几何文件。

导入 tin 文件时，通过单击菜单【File】→【Geometry】→【Open Geometry...】即可打开选择模型对话框，如图 1－27 所示。注意：只有 tin 文件才可以采用此方式打开。

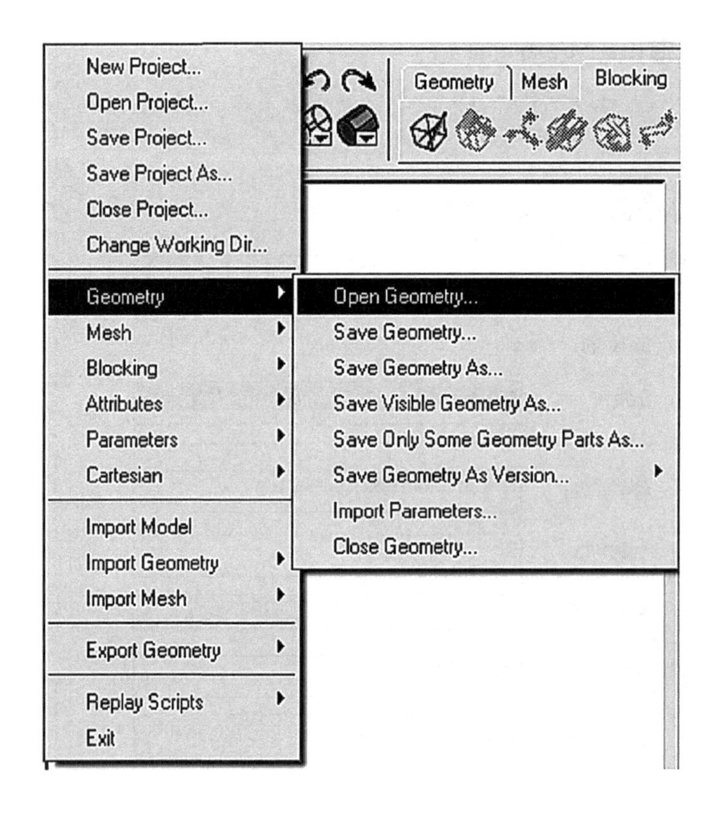

图 1－27　打开 tin 文件

若要打开外部 CAD 软件创建的几何文件，则需要单击【File】→【Import Geometry】下的子菜单，如图 1－28 所示。ICEM CFD 能够导入的几何模型很多，除了常见的中间格式外，还能够导入 Pro/ENGINEER、Solidworks、UG 等软件创建的文件。导入这些软件创建的文件可能会出现版本匹配方面的问题，需要做好 ICEM CFD 与这些软件的连接关系配置。通常可以使用中间格式文件(如 IGS、Parasolid)进行导入。

ICEM CFD 还可以利用 Workbench Reader 支持更多的几何格式。单击菜单【File】→【Workbench Reader】即可打开文件选择窗口。

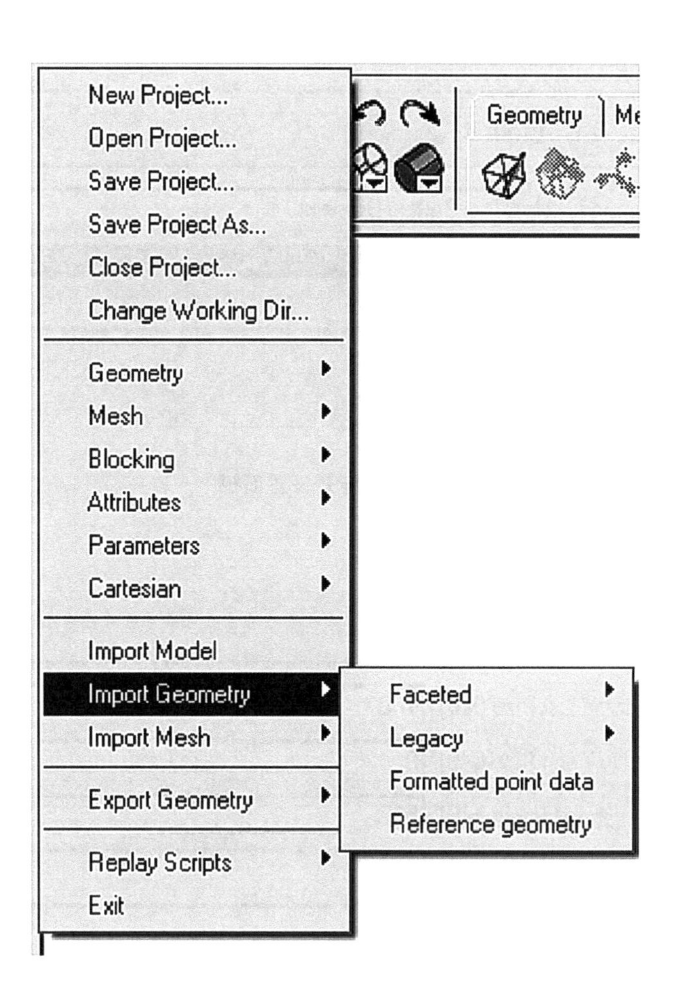

图 1－28　导入外部几何文件

③设定主窗口背景颜色

单击菜单【Settings】→【Background】,显示如图 1－29 所示的背景设置面板。通过该面板可以将背景设置为单色、梯度渐变色等。

④设置内存

单击菜单【Settings】→【Memory】，显示如图 1－30 所示的内存设置面板，通过该面板可以设置最大显示内存、最大几何文件内存、最大几何内存、用于网格划分的内存等，同时还可以设置是否允许将 Undo/Redo 操作写入 log 文件。

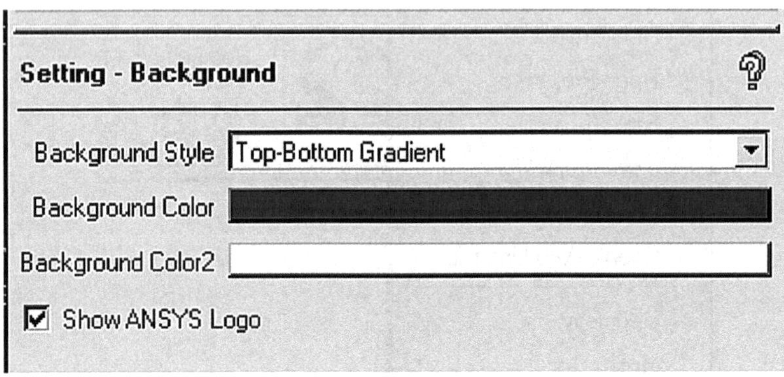

图 1－29　背景设置面板

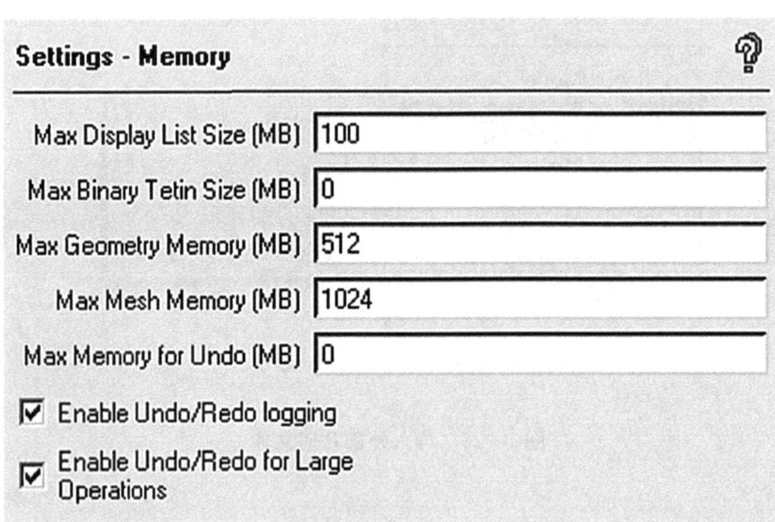

图 1－30　内存设置面板

此外，Settings 菜单还包括很多 ICEM CFD 全局设置，如定义网格质量标准、定义网格默认尺寸等。读者可以参看 ICEM CFD 用户文档。

⑤鼠标绑定

通过单击菜单【Settings】→【Mouse Bindings/Spaceball】，进入如图 1－31 所示的鼠标设置面板，在此面板中可以设置鼠标键的不同功能。

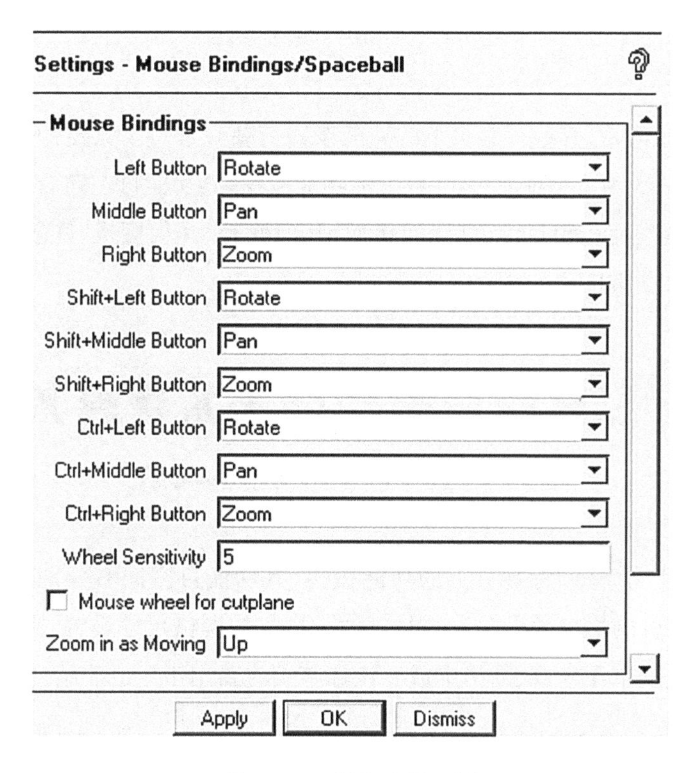

图 1－31　鼠标设置面板

需要注意的是，对于一些安装了有道词典（桌面版）且打开了“划词翻译”功能的用户来说，会经常出现拖动鼠标左键自动打开 Blocking 创建标签页的情况，此时更改图 1－31 中的鼠标设置是没有效果的，需要关闭“划词翻译”功能。

（2）标签栏

ICEM CFD 中的绝大多数操作是通过标签栏下的功能按钮实现的。ICEM CFD 14.0 之后的版本取消了 Cart3D，其标签栏如图 1－32 所示，主要包括几何标签页（Geometry）、网格标签页（Mesh）、分块标签页（Blocking）、风格编辑标签页(Edit Mesh)、属性标签页(Properties)、约束标签页(Constraints)、载荷标签页(Loads)、求解选项标签页(FEA Solve Options)、输出标签页(Output Mesh)。

图 1 - 32　ICEM CFD 标签栏

需要注意的是,有些标签页下的功能按钮需要在进行了其他操作后才会被激活。图 1 - 33 为 Geometry 标签页下的功能按钮,其功能自左向右分别为创建点、创建线、创建面、创建体、创建网格面、几何修补、几何变换、恢复主导对象、删除点、删除线、删除面、删除体、删除任意对象。

图 1 - 33　Geometry 标签页下的功能按钮

图 1 - 34 为 Mesh 标签页下的功能按钮,其功能自左向右分别为全局网格参数设置、部件网格尺寸设置、面网格尺寸设置、线网格尺寸设置、密度盒设置、连接器创建、线单元生成、网格生成。该标签页主要用于生成非结构化网格。

图 1 - 34　Mesh 标签页下的功能按钮

图 1 - 35 为 Blocking 标签页下的功能按钮,主要包括创建块、切分块、顶点合并、编辑块、关联、顶点移动、变换块、编辑边、Pre - mesh 参数、Pre - mesh 质量显示、Pre - mesh 光顺、检查块、删除块。本标签页下的功能按钮主要用于分块六面体网格划分。

图1－35　Blocking标签页下的功能按钮

需要注意的是，此处的Pre－mesh光顺是针对预网格（Pre－mesh）的，对于已经生成的网格是无效的，真正的网格光顺应当使用Edit Mesh标签页下的网格光顺功能。

图1－36为Edit Mesh标签页下的功能按钮。此标签页下的功能按钮只有在生成网格之后才会被激活。对于非结构化网格来说，Compute Mesh之后即可激活此标签页下的功能按钮；对于分块六面体网格来说，必须通过点击菜单【File】→【Mesh】→【Load From Blocking】生成网格之后才能激活此标签页下的功能按钮。

图1－36　Edit Mesh标签页下的功能按钮

图1－37为Properties标签页下的功能按钮。该标签页主要涉及有限元计算中的材料本构关系及单元属性。

图1－37　Properties标签页下的功能按钮

图1－38为Constraints标签页下的功能按钮。该标签页主要涉及有限元计算中的约束及接触属性。

图1－38　Constraints标签页下的功能按钮

图1－39为Loads标签页下的功能按钮。该标签页用于定义有限元计算中的载荷，包括位移载荷、压力载荷及热载荷。

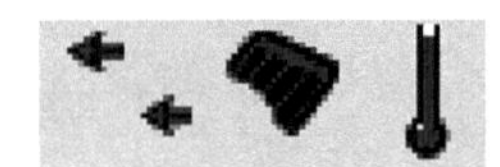

图 1 - 39　Loads 标签页下的功能按钮

图 1 - 40 为 FEA Solve Options 标签页下的功能按钮,用于定义力学计算参数,主要用于有限元定义领域。该标签页下的最后一个功能按钮可以实现直接将模型输出到 ANSYS 中进行计算。

图 1 - 40　FEA Solve Options 标签页下的功能按钮

图 1 - 41 为 Output Mesh 标签页下的功能按钮,利用这些功能按钮可以输出指定求解器需要的网格文件。

图 1 - 41　Output Mesh 标签页下的功能按钮

(3)工具栏

ICEM CFD 工具栏包含如图 1 - 42 所示的功能按钮。

图 1 - 42　工具栏功能按钮

工具栏功能按钮主要有以下几类。

①打开及保存项目。

②打开、保存、关闭几何文件。

③打开、保存、关闭块文件。

④打开、保存、关闭网格文件。

⑤打开、保存、关闭 blk 文件。

⑥图形窗口适应显示。

⑦缩放图形窗口中的模型。

⑧测量:可以测量距离、角度及点的坐标。

⑨创建坐标系。

⑩刷新模型显示窗口:可以刷新几何及网格。

⑪Undo/Redo 功能。

⑫选择渲染方式。

(4)模型树

ICEM CFD 以模型树的方式对用户的操作进行管理。图 1－43 所示为 ICEM CFD 的部分模型树。模型树以分层方式进行管理,根节点为 Model,其下分布有 Geometry、Mesh、Blocking、Topology、Parts 等节点,根据用户操作不同,节点可能会存在差异,例如生成了网格之后才会出现 Mesh 节点,创建了 Block 之后才会出现 Blocking 节点。

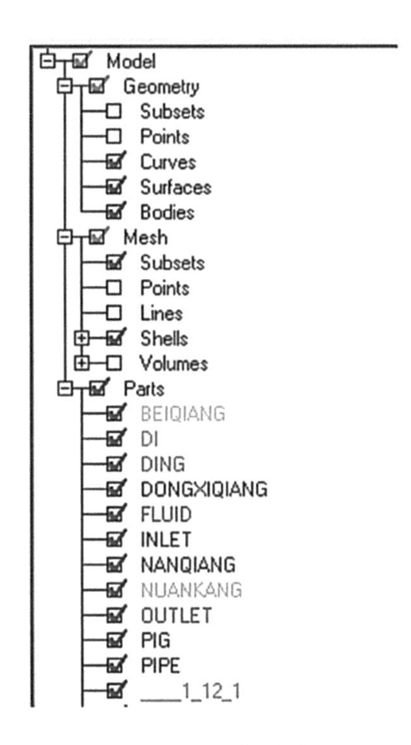

图 1－43　模型树

(5)数据设置窗口

点击标签页下的功能按钮之后即会在主窗口左下角出现数据设置窗口。图1－44为用户选择Geometry标签页下的创建线功能按钮后出现的数据设置窗口。数据设置窗口中可能包括一些子功能按钮,选择子功能按钮后会出现相应的参数输入面板。

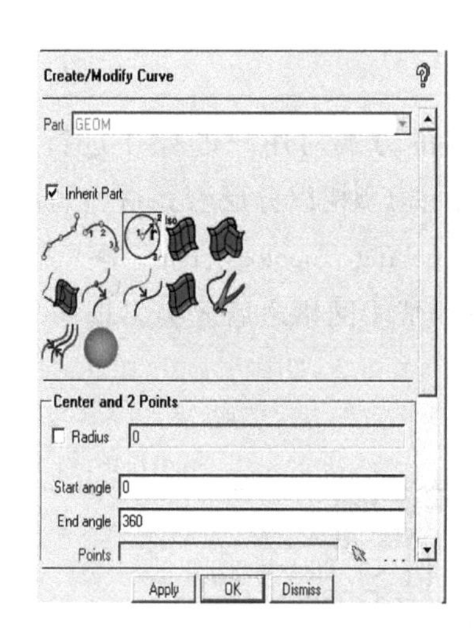

图1－44　数据设置窗口

(6)图形显示窗口

图形显示窗口主要用于显示几何、网格,同时用于选择数据设置窗口所需的几何对象。

(7)选择工具栏

当数据设置窗口需要用户选择对象时,在图形显示窗口会出现浮动的选择工具栏,其提供一些方便用户进行对象选择的功能按钮。

(8)消息窗口

消息窗口提供用户操作过程中的程序反馈。在操作ICEM CFD的过程中,需要经常查看消息窗口,尤其是当消息窗口中出现警告或错误提示时。

(9)柱状图窗口

柱状图窗口用于显示网格质量,可以通过选择不同的网格质量评判标准来显示网格质量。

1.2.3.7　ICEM CFD 相关操作

(1)ICEM CFD 的启动

ICEM CFD 作为 ANSYS 软件包的一个模块,从 ANSYS 11.0 版本之后随 ANSYS 一起安装。在 ANSYS 14.5 版本中,ICEM CFD 作为组件模块集成在 ANSYS Workbench 中。成功安装 ANSYS 之后,ICEM CFD 的启动方式主要有以下几种。

①以模块方式启动 ICEM CFD

启动 ANSYS Workbench,从 Component Systems 中用鼠标将 ICEM CFD 拖动至工程窗口中,显示如图 1－45 所示的界面。

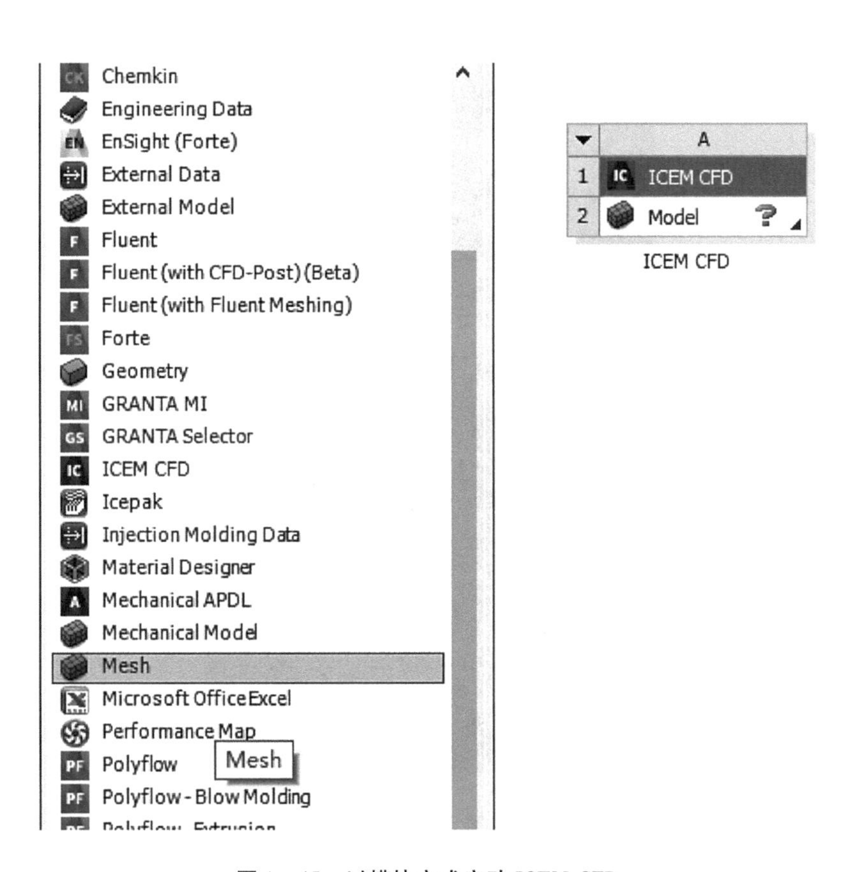

图 1－45　以模块方式启动 ICEM CFD

②以独立方式启动 ICEM CFD

这是比较常用的一种方式，如图 1－46 所示。从“开始”菜单中找到 ANSYS 14.5 版本的快捷文件夹，找到其下子文件夹 Meshing，单击快捷方式 ICEM CFD 14.5(ICEM CFD 2021 R1)即可启动 ICEM CFD。

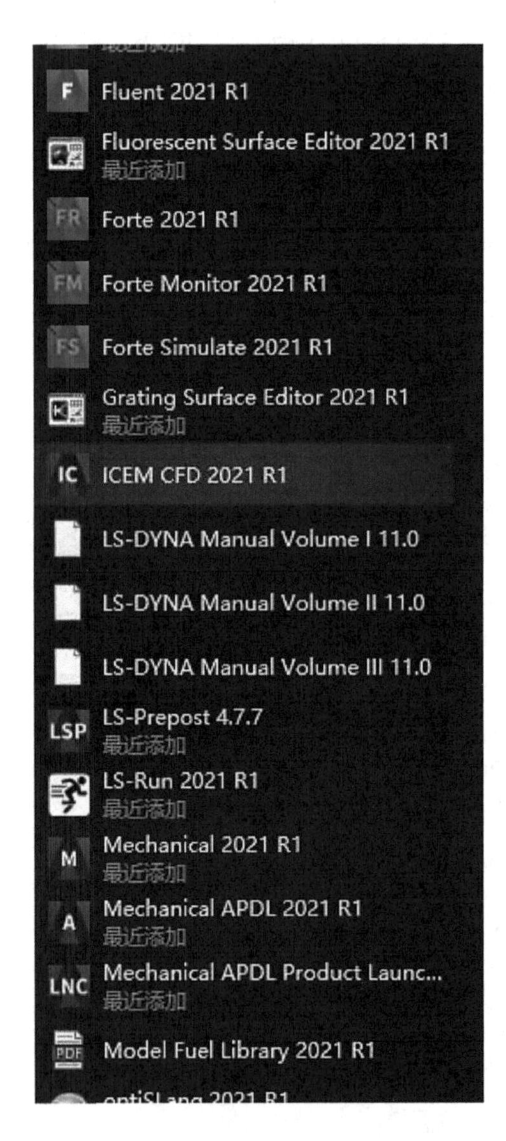

图 1－46　以独立方式启动 ICEM CFD

③从 Workbench Mesh 模块中启动 ICEM CFD

此方式应用不多,且易出现错误,从 ANSYS 14.5 版本之后便被第二种方式取代。其主要思路是在 Mesh 模块中设置网格划分方法为 Multi Zones。

(2)ICEM CFD 操作键

ICEM CFD 提供很多操作键,常见的鼠标按键组合及效果见表 1-3。

表 1-3　鼠标按键组合及效果

鼠标按键组合	操作效果
单击左键	选择
单击中键	确认
单击右键	取消选择
按住左键拖动	旋转视图
按住中键拖动	移动视图
按住右键上下移动	缩放
按住右键左右移动	当前平面内旋转
滚动中键	放大或缩小视图

ICEM CFD 中存在选择模式与视图模式。选择模式中可以选择几何对象;视图模式中无法选择对象,但可以进行图形视图查看。当鼠标为"十"字时表示处于选择模式;当鼠标为箭头时表示处于视图模式。在处理复杂模型的过程中经常需要进行两种模式的切换,用户可以通过选择窗口中的功能按钮或按 F9 键实现两种模式的切换。处于选择模式时,用户可以通过输入键盘 A 键实现全部选择,或输入 V 键实现可见元素选择。

(3)应用 ICEM CFD 进行网格划分

应用 ICEM CFD 进行网格划分主要包括以下步骤。

①打开或创建工程。

②创建或导入几何文件。

③生成网格。

④检查/修改网格。

⑤输出网格。

ICEM CFD 网格划分具体流程如图 1－47 所示。

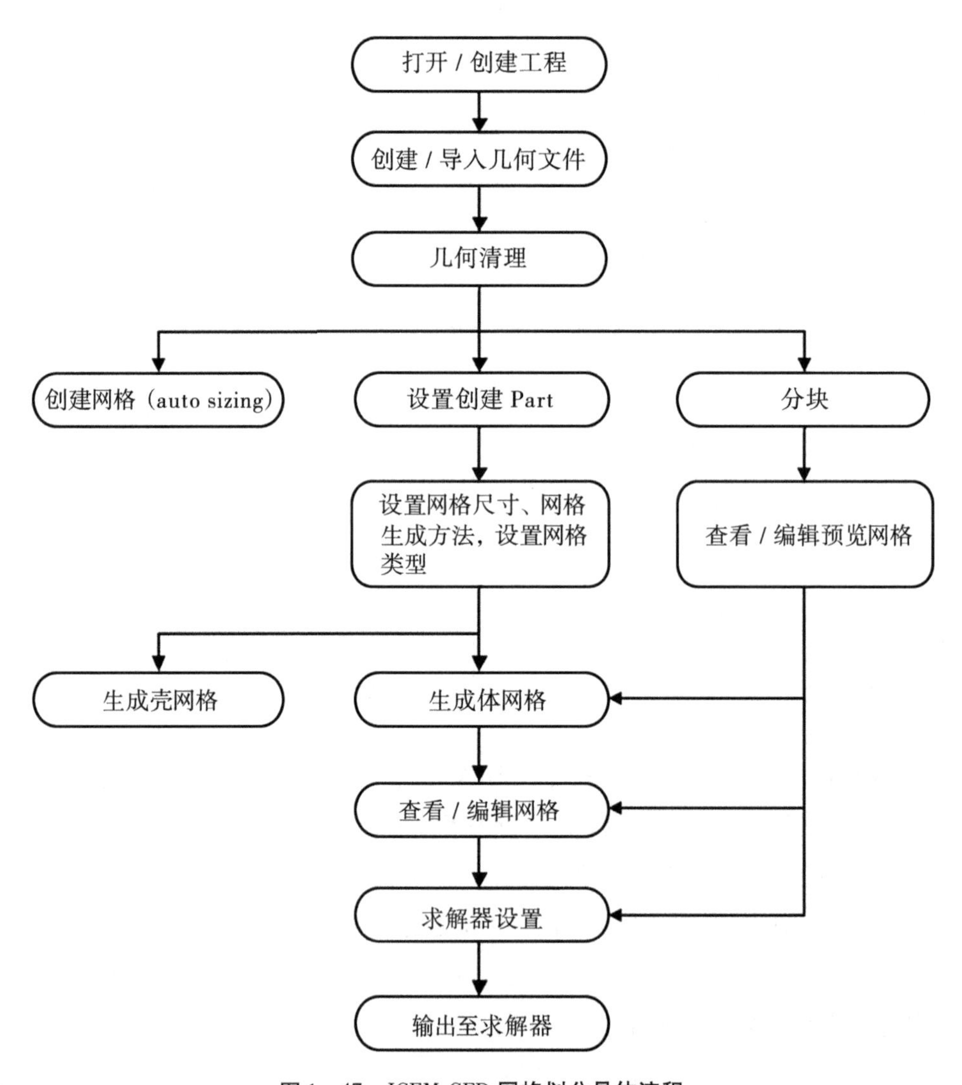

图 1－47　ICEM CFD 网格划分具体流程

1.2.4　养殖舍小环境模拟研究现状

通风结构优化过程需以大量现场测试数据为支撑,对通风结构设计不断地改进。但是,现场测试过程中监测点的布置数量有限,环境条件也不能长期保持稳定、可控,因而测试误差较大。有研究者设计畜禽舍等比例模型,以风洞试验模拟不同环境,但耗时较长,试验成本高。CFD 在处理流体流动和热环境模拟方面具有获取数据方便、仿真时间短等突出的优点。CFD 理论和技术常用于模拟机械通风条件下畜禽舍内温度和气流的分布规律。

陈昭辉等人采用 CFD 对湿帘风机纵向通风牛舍的气流场与温度场进行模拟,将牛舍等比例模型引入模拟中,对牛舍通风状态进行综合性的分析,并对通风系统进行优化设计,结果表明 CFD 模拟结果可作为改进通风系统的数据支撑。

Saha 等人运用 CFD 模拟和分析了牛舍的设计规模、相关部件尺寸对空气流场与氨气排放的影响。

李文良等人以密闭式平养鸡舍为研究对象,运用 CFD 模拟和分析了进风口形状以及风门安装高度、开启角度和进风速度对舍内气流分布的影响,并总结出优化通风结构的具体参数。

Blanes - Vidal 等人针对鸡舍内不同边界条件对 CFD 模拟精度的影响进行研究,通过现场多点布置传感器监测风速获得更精确的现场数据,调整边界条件,从而更精确地估计鸡所在区域的平均风速。

Cheng 等人运用 CFD 研究屋顶导流板对纵向通风鸡舍环境的影响,模拟结果表明导流板会提高气流分布的均匀性,且均匀性与导流板高度正相关、与导流板间距负相关。

Tong 等人模拟不同季节中的鸡舍,评估了不同通风操作对鸡舍内热环境和氨气浓度的影响。

Hoff 等人较早地利用湍流模型模拟猪舍内气流和温度场的分布,模拟结果与实际试验结果接近,说明模拟过程有效。

佟国红等人运用 CFD 相关软件对猪舍模型的气流进行稳态模拟和三维模

拟,并将模拟数据与参考点监测数据进行对比,发现相对误差为 0.4% ~ 11.4%,误差较小,说明模拟结果可以替代实际监测数据。

李欣等人建立妊娠猪舍机械通风降温过程的模型,模拟机械通风条件下舍内的温度场和空气流场,对 30 个监测点的实测数据进行对比,发现最大相对误差为 2.1%,平均相对误差为 1.0%,结果表明模拟真实度较高。

以上各项研究的结果说明,CFD 模拟结果与实际环境监测数据之间误差较小,模拟结果与实测结果有较高的吻合度,CFD 可以准确模拟畜禽舍小环境变化,其模拟结果可以为通风系统优化设计提供重要的理论支撑。

CFD 在猪舍环境研究方面的应用较为广泛,可以较为准确地模拟小环境内的空气流场、温度场及气流分布,为揭示各种通风模式下猪舍内温度场和空气流场的分布规律提供技术支持。

Bjerg 等人运用 CFD 对猪舍内气流分布进行模拟,并对现场监测数据进行分析,发现结构的改变对舍内气流分布影响较大。

Rong 等人为了评估和量化氨气排放因子,运用 CFD 模拟得到试验猪舍中混凝土漏缝地板上方的氨气传质系数。

贺成等人运用 CFD 对猪舍内的空气流场和温度场进行模拟与研究,结果显示可以清晰呈现气流运动过程,为猪舍环境调控提供数据支撑。

Mossad 等人运用 CFD 模拟猪舍内的空气流场和温度场,并根据模拟结果优化设计猪舍通风结构。他们以负压通风和采用水泡粪工艺的保育猪舍为研究对象,应用 CFD 技术对舍内空气流场进行模拟,通过模拟结果掌握保育猪和工作人员呼吸带所在高度的风速、温度、相对湿度等数据,作为评价通风效果的重要依据,为通风结构优化提供基础数据。

Seo 等人对猪舍模型进行简化,并模拟猪舍内的气流和温度,结果表明送风口面积对气流场的均匀性影响较大。

林加勇等人以采用全漏缝地板的公猪舍为研究对象,运用 CFD 模拟湿帘蒸发降温状态下猪舍内的环境,根据模拟结果总结气流分布规律,为猪舍改造提供了理论依据。

在运用 CFD 对畜禽舍小环境进行数值模拟的过程中,常用 Fluent 软件进行数值求解,涉及多种双方程湍流模型,包括标准 $k-\varepsilon$ 模型、RNG $k-\varepsilon$ 模型、可

实现 $k-\varepsilon$ 模型、SST $k-\omega$ 模型等。其中,标准 $k-\omega$ 模型是较为常用的模型。建立等比例猪舍模型,并采用标准 $k-\omega$ 模型模拟舍内的温度场和空气流场,模拟的各项数据与实际测得的数据有较好的吻合度。Xiong 等人综合分析了多种双方程模型在牛舍空气流场模拟过程中的适用性,结果表明选用标准 $k-\omega$ 模型的模拟结果与实测数据误差最小。

以上研究成果表明,运用 CFD 对不同通风模式或结构下的猪舍小环境进行模拟是可行的,对舍内空气流场和温度场进行模拟可选用收敛性较好、误差较小的标准 $k-\omega$ 湍流模型求解,模拟结果可以清晰呈现猪舍小环境内空气流场和温度场的分布规律,为猪舍通风结构的优化设计和现场改造提供重要的理论依据与数据参考。

1.3　养殖环境监测与调控技术及研究现状

1.3.1　传感器监测

畜禽养殖舍中的空气含有氨气、硫化氢、二氧化碳等气体,这些气体浓度过大、作用时间过长会使畜禽体质变差、抵抗力降低、发病率升高等,所以应安装通风换气设备(如风机等),及时排出污浊空气,不断引入新鲜空气,安装除臭设备,定期刮粪除臭。通过畜禽养殖舍内的氨气、硫化氢、二氧化碳等气体传感器实时监测相关气体的浓度,当浓度达到一定程度时,就要进行通风换气、除臭,保持舍内空气流通与清新。通风换气也要考虑对舍内温、湿度的影响,一般冬天选择在温度较高时通风换气,夏天选择在凉爽的夜晚或早晨通风换气。

1.3.1.1　二氧化碳

常用的 MH-Z19 传感器是一种基于非色散红外原理的小型二氧化碳气体传感器,具有选择性好、不依赖氧、使用寿命长等优点。其采用内置式温度补偿装置,具有数字和波形两种输出功能,操作方便。本书拟采用成熟的红外吸收式气体探测技术,结合精密光路设计和精密电路设计,研制出一种高性能的传感器。该传感器的二氧化碳气体传感探针基于非色散红外原理,具有良好的气体选择性,并且对一氧化碳无依赖性。其测量范围为400~10000 mg/L,精度为50 mg/L,输出电压为0~3 V。该传感器结合了成熟的红外激光气体检测技术与精密光路设计,并自带温度补偿功能,具有灵敏度高、线性度好、使用寿命长等优点。

1.3.1.2 氨气

畜禽舍内的氨气浓度较高时能达到60 mg/L,最大不超过70 mg/L,因此本书选择最大测量限为200 mg/L的 ME_3-NH_3 电解型传感器测量舍内的氨气浓度。该传感器具有灵敏度高、精度高、线性范围宽和稳定性好等优点,其分辨率为0.1 mg/L,响应时间小于90 s,能够在温度为-20~50 ℃时正常工作,湿度工作范围为14%~90%(相对湿度)。

1.3.1.3 硫化氢

MQ136是一种对硫化氢有较高灵敏度的气敏传感器,其使用的气敏材料是在清洁空气中具有较低电导率的二氧化锡。硫化氢浓度越大,传感器的电导率越高,通过一个简单的电路就可以把电导率的变化转化成相应气体浓度的输出信号。MQ136灵敏度高、精度高、线性范围宽、稳定性好,其分辨率可达0.1 mg/L,响应时间小于90 s,可在-20~50 ℃下正常工作。

1.3.1.4 温度

DS18B20单总线传感器的温度测量范围广、分辨率高、操作简单,仅用一根线便能实现收集信息、读信息、写信息、指令传输与调整等多项操作。该类传感器具有集成度高、可靠性高、抗干扰能力强、可扩展、体积小、价格低、功耗低等特点,其温度测量范围为-55~125 ℃,最高分辨率可达到0.0625 ℃。

1.3.1.5 湿度

湿度传感器通过覆盖感湿材料吸附环境中的水汽形成湿敏元件,分为电阻式传感器和电容式传感器。电容式传感器的精度比电阻式传感器的精度低,但是电容式传感器的灵敏度高、可靠性高、稳定时效长、产品互换性好、制造成本低，因此电容式传感器在实际中应用广泛。本书所用的 HS1101 电容式传感器将电容变化量转化为电压频率信号，它具有体积小、可靠性高及检测速度快等特点，其测量湿度范围为 1% ~99%（相对湿度），精度为 2%，响应时间小于 5 s，温度系数为 0.04 pF/℃。

1.3.1.6　粉尘

粉尘传感器也称 PM2.5 传感器，专用于检测空气中飘浮的粉尘颗粒。粉尘传感器是基于与粒子计数器相同的光散射原理，依据国内外先进的测尘技术研制开发的，其将检测到的单位体积空气内粉尘颗粒的个数作为脉冲信号输出，内藏气流发生器，可以自行吸入外部空气。本书所用的 PM1003 红外粉尘传感器采用光学散射原理，可监测室内空气中粒径为 1 μm 以上颗粒物浓度的变化，可检测的粉尘密度范围为每升 0 ~28000 颗。其内置电磁屏蔽设计和温度补偿算法，出厂进行浓度标定，具有较好的一致性和稳定性。

1.3.2　智能控制方法与应用

随着科学技术的发展，被控对象变得越来越复杂，人们对控制性能的要求也越来越高。被控对象具有非线性、时变性、不确定性等，因此难以建立其精确的数学模型，这就使得基于被控对象精确数学模型的经典控制理论和现代控制理论面临严峻的挑战。在缺少精确数学模型的情况下如何进行自动控制是亟待解决的问题。相关专家、学者在深入研究人工控制系统中人工智能决策行为的基础上，将人工智能与自动控制相结合，创立了智能控制理论。21 世纪以来，尤其是随着人工智能技术的迅速发展，智能控制正在朝着数字化、网络化方向发展，必将在自动化领域发挥更大的作用。

1.3.2.1　智能控制的基本概念

智能控制是研究人工智能（生物智能）与自动控制相结合技术的交叉学科，目的是通过提高控制策略、规划和控制系统优化的整体智能性水平，使自动控制系统在不断变化的环境中具备自主学习、自适应、自组织能力，从而解决传统控制难以甚至无法解决的不确定性、非线性复杂对象的控制问题，并达到预定的目标和优异的性能指标。

1.3.2.2 智能控制的基本原理

经典控制在设计控制器时需要根据被控对象的精确数学模型来设置相关参数，当不满足控制性能指标时，应通过设计、校正环节改善系统的性能。因此，经典控制适用于单变量、线性时不变或慢时变系统，当被控对象的非线性、时变性严重时，经典控制的应用会受到限制。

现代控制的控制对象已拓展为多输入多输出、非线性、时变系统，但它还需要建立精确描述被控对象的状态模型。当对象的动态模型难以建立时，往往采取在线辨识的方法，在线辨识复杂非线性对象模型难以实时实现，且存在难以收敛等问题，现代控制在这方面受到了挑战。

上述传统的经典控制、现代控制都是基于被控对象精确模型来设计控制器的，当模型十分复杂或难以建立时，传统的控制理论就无能为力。智能控制系统的设计、研究重点由被控对象精确建模转移为智能控制器，即设计智能控制器，实时地逼近被控对象的拟动态模型，从而实现对复杂对象的控制。实质上，智能控制器是一个万能逼近器，它能以任意精度去逼近任意的非线性函数。或者说，智能控制器是一个通用非线性映射器，它能够实现从输入到输出的任意非线性映射。实际上，模糊控制、神经网络控制和专家控制就是实现万能逼近器（任意平均误差线性映射器）的3种基本形式。

图1－48为经典控制、现代控制与智能控制的原理对比示意图，其中经典控制以PID控制为例，现代控制以自校正控制为例，智能控制以模糊控制为例。

闭环系统控制问题和数学求解问题相似，控制系统靠不断“采样”运行控制过程，相当于数学求数值解的迭代运算过程。如果数学问题模型不精确，则难以通过迭代获得精确的数值解。同样，对于图1－48中的PID控制和自校正控制，在被控对象模型不精确、不确定、时变时，就难以进行有效的控制。

图1－48中模糊控制和自校正控制的结构虽然相似，但是它们的控制原理是不同的，模糊控制（神经网络控制、专家控制）是通过对被控对象的逆模型逼近进

行控制的,相当于数学问题的模拟求解。模糊控制(神经网络控制、专家控制)具有万能逼近的特性,所以能对缺乏精确模型的非线性系统进行有效的控制。

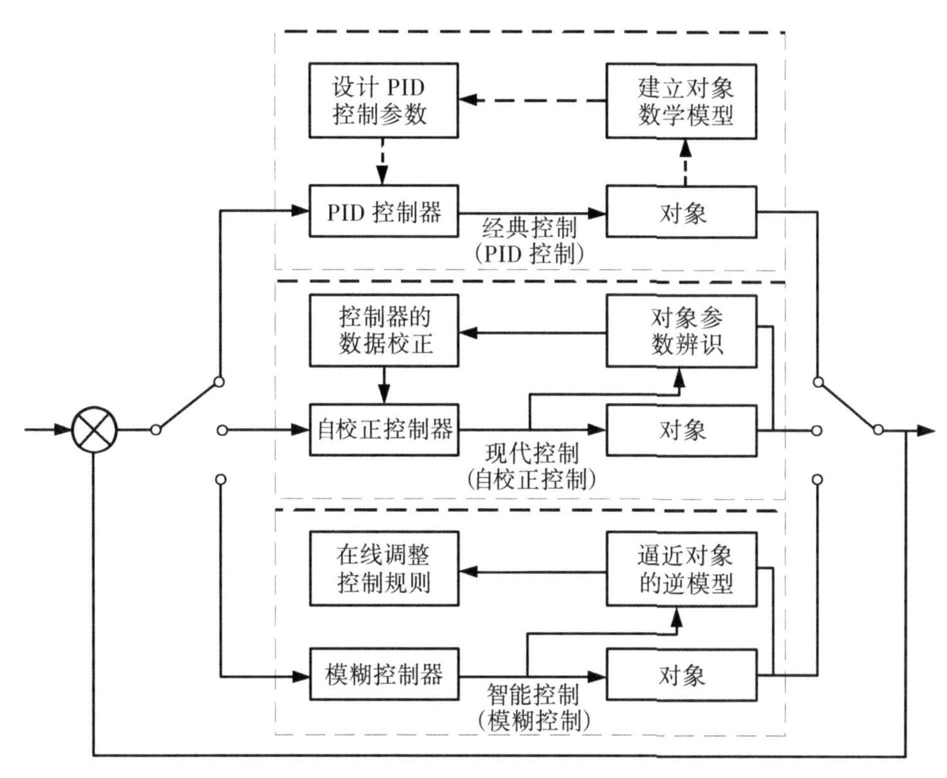

图 1－48　经典控制、现代控制与智能控制的原理对比示意图

1.3.2.3　智能控制系统的基本功能

智能控制系统的基本功能可概括为以下 3 点。

(1)学习功能

智能控制系统可以对一个过程或未知环境所提供的信息进行识别、记忆、学习,并利用积累的经验进一步改善系统的性能,这种功能与人的学习过程类似。

(2)适应功能

智能控制系统的这种适应功能具有更高层次的含义,除了对输入、输出进行自适应估计外,还包括故障情况下的自修复等。

(3)组织功能

智能控制系统能够对复杂任务和分布的传感信息进行自组织与协调,使系统具有主动性和灵活性。智能控制器可以在任务要求范围内进行自行决策,主动采取行动。当出现多目标冲突时,在一定限制条件下,各控制器可以在一定范围内协调自行解决。

1.3.2.4 智能控制的基本要素

智能控制也称智能信息反馈控制,它包含3个基本要素:智能信息、智能反馈、智能决策。在"信息、反馈和决策"三要素的前面都冠以"智能"二字,是为了区别于传统控制理论中的"信息、反馈、决策"要素。

传统控制系统中的信息多半是定量信息,而智能控制系统中的信息不仅包括定量信息,还包括定性信息、规则、经验、图像、气味、颜色(如人在操纵高炉炼钢过程中不断观察炉火焰颜色)等,我们把这些人通过智能器官才能够感知到的一切对控制有用的信息称为智能信息。为了获得智能信息,需要对信息进行加工、处理,以便识别出对控制有用的信息。

传统控制系统的反馈都是负反馈,而在智能控制系统中,根据被控系统动态特性的需要,采用加反馈或不加反馈、加负反馈或加正反馈、加线性反馈或加非线性反馈、反馈增强或反馈减弱等,这样的反馈具有仿人智能的特点,称为智能反馈。智能反馈比传统反馈更加灵活机动,从而使得控制系统能够很好地处理"快、稳、准"之间的矛盾。

传统控制系统的控制规律通常是固定不变的单一模式。智能控制系统根据被控系统动态特性的复杂程度而采用不同的决策,往往采用多模的、自适应调整控制器的结构和控制参数,这种决策称为智能决策。这种决策方式不限于定量的,还包括定性的,更重要的是定性和定量综合集成进行决策。这是一种模仿人脑右半球形象思维和左半球抽象思维的综合决策方式,做决策的过程就是智能推理的过程。从广义上讲,智能决策还包括智能规划、智能优化等内容。

从集合论的观点出发,可以把智能控制与其三要素的关系表示如下:

$$\text{智能信息} \cap \text{智能反馈} \cap \text{智能决策} = \text{智能控制}$$

1.3.2.5　智能控制系统的结构

根据被控对象、环境的复杂性和不确定性以及性能指标要求等，智能控制系统可以具有不同的结构。这里主要介绍两种结构：一是智能控制系统的基本结构；二是基于信息论的递阶智能控制结构。

(1)智能控制系统的基本结构

智能控制系统包括智能控制器和外部环境两大部分，如图 1－49 所示。其中智能控制器由智能信息处理识别、数据库、认知学习、控制知识库、智能规划及智能决策、智能推理 6 部分组成；外部环境由传感器、广义被控对象和执行器组成，还包括各种外部干扰等不确定性因素。

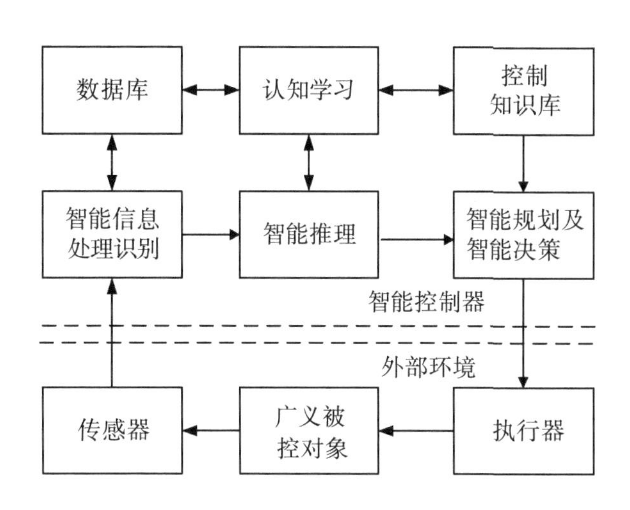

图 1－49　智能控制系统的基本结构

智能控制系统的结构比传统控制系统复杂，主要是增加了智能信息处理识别、智能推理、智能规划及智能决策等功能，使其可以更有效地克服被控对象及外部环境存在的多种不确定性。

(2)基于信息论的递阶智能控制结构

智能控制对象(过程)一般都比较复杂，尤其是对于较大的复杂系统，通常采用分级递阶的智能控制结构。1977 年，Saridis 提出了智能控制系统的三级

(组织级、协调级和执行级)递阶结构,如图 1 -50 所示。

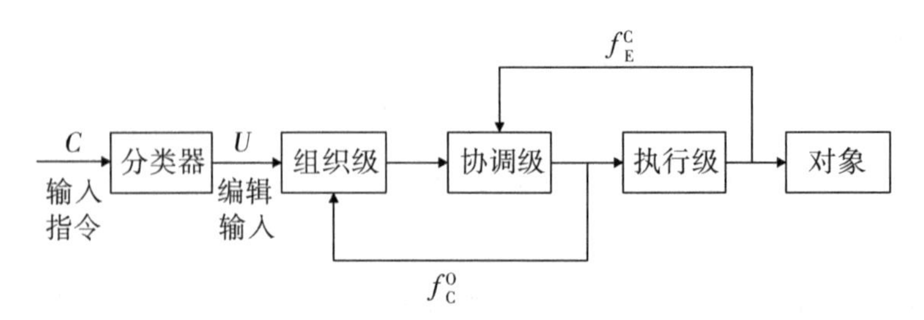

图 1 -50 智能控制系统的三级递阶结构

组织级是智能控制系统的最高智能级,其功能为推理、规划、决策、交换长期记忆信息,以及通过外界环境信息和下级反馈信息进行学习等。组织级也可以被看作信息处理和管理,其主要步骤由论域构成、组织级中的动作顺序而定,给每个活动指定概率函数并计算相应的熵,决定动作序列。

协调级是组织级和执行级之间的接口,其功能是根据组织级提供的指令信息进行任务协调。协调级将组织信息分配到下面的执行级,它基于短期存储器完成子任务协调、学习和决策,为执行级指定结束条件和罚函数,并给组织级反馈信号。在图 1 -50 中,f_C^O 是从协调级到组织级的离线反馈信号。

执行级是系统的最低一级,本级由多个硬件控制器构成,要求具有很高的精度,通常使用传统的控制理论与方法。在图 1 -50 中,f_E^C 是从执行级到协调级的在线反馈信号。

1.3.2.6 智能控制的类型

(1)模糊控制

1965 年,美国自动控制专家 Zadeh 创立了模糊集理论。所谓模糊控制,就是在被控制对象的模糊模型的基础上,运用模糊推理手段实现系统控制的一种方法。对于用传统控制理论无法进行综合分析的复杂系统或无法建立数学模型的系统,有经验的操作者或领域专家却能取得较好的控制效果,这是因为他们拥有长期积累的经验,因此人们希望把这种经验指导下的控制过程总结成一些规则,并根据这些规则设计出控制器,然后运用模糊集理论、模糊语言变量和模糊逻辑推理，把这些模糊语言上升为数值运算，进而用计算机来实现这些规则。

模糊控制具有以下优点。

①无须建立被控对象的数学模型：完全在操作人员或领域专家经验的基础上制定控制规则，这对于控制不确定性系统非常有效。

②具有良好的鲁棒性：被控对象参数变化对模糊控制效果的影响不明显，可用于非线性、时变、时滞系统。

③适时性好：离线计算控制表，可以保证适时性。

④符合人类的思维方式。

模糊控制具有以下缺点。

①精度下降。

②缺乏系统化的设计方法，无法定义控制目标。

③没有从理论上解决稳定性分析问题。

模糊控制可分为基于模糊集理论的控制方法和模糊混合控制方法两大类。

基于模糊集理论的控制方法是对所获取的数据、信息和专家知识进行模糊处理及模糊推理，从而实施控制。该方法比较成熟，应用广泛，不需要建立系统的精确数学模型，但是模糊规则在很大程度上是依靠人的经验制定的，这对于控制大型复杂系统和新设备非常困难，并且系统本身不具有学习能力，难以进行自适应调整。

因此，将模糊技术与其他自学习和优化技术相结合，可以扬长避短，这样就产生了模糊混合控制方法，主要包括模糊神经网络控制方法、模糊专家系统控制方法、模糊遗传算法控制方法、模糊神经网络软计算控制方法等。

(2)神经网络控制

近年来，人工神经网络研究引起学者们的极大关注，成为多学科交叉融合的研究热点之一。目前，已有 100 余种人工神经网络被广泛应用于信息处理、模式识别、智能控制、故障诊断、优化组合、机器人控制等领域。

人工神经网络是由大量与生物神经细胞相类似的人工神经元互连而成的网络。人工神经网络具有分布式信息存储、并行处理、自学习、自组织和自适应等特点，具有强大的非线性处理能力。基于人工神经网络的神经网络控制技术具有较大的优越性，表现在如下几个方面。

①采用并行结构与并行信息处理方式。神经网络控制系统克服了传统控制系统出现的无穷递归、组合爆炸及匹配冲突等问题。

②系统在知识表达及组织、控制策略及实施等方面可根据环境自适应、自组织达到自我完善。

③具有很强的自学习能力。神经网络控制克服了传统确定性理论及模糊控制理论在应用上的局限性，系统可根据环境提供的大量信息自动进行联想、记忆及聚类等方面的自组织学习，也可在导师的指导下学习特定的任务，从而达到自我完善。

④具有很强的容错性。外界输入神经网络的信息存在局部错误时不会影响整个系统的输出性能。

神经网络控制同现有的信号处理系统、专家系统、模糊逻辑等控制技术相结合，为自动控制、模式识别提供了一种新的途径。但是，神经网络控制也有许多局限性，例如神经网络控制系统在证明收敛性、稳定性和快速学习方面存在一些问题，并且缺乏系统化的设计方法、缺乏硬件支持等。

(3) 专家控制

专家控制把人类操作者、工程师和领域专家的经验知识与控制算法相结合，将知识模型与数学模型相结合，将符号推理与数值运算相结合，将知识信息处理技术与控制技术相结合，改变了单纯依靠数学模型的局面，因此是智能控制的一个重要分支。应用专家控制的概念和技术，模拟人类专家的控制知识与经验而建立的控制系统称为专家控制系统。专家控制系统的典型结构如图 1－51 所示。

专家控制系统有以下特点。

①模拟人的思维活动，能进行自动推理，应对各种变化。

②监督控制过程，能处理大量低层信息，实现性能指标的优化。

③扩展控制功能，如可以实现高质量控制、故障诊断、容错控制、控制策略的变换和参数的自动修正等。

专家控制系统有以下形式。

①基于规则的专家控制（直接专家控制）：专家系统直接包含在控制回路

中，专家系统根据测量的过程信息和知识库中的规则推导出控制信息，从而影响被控过程。

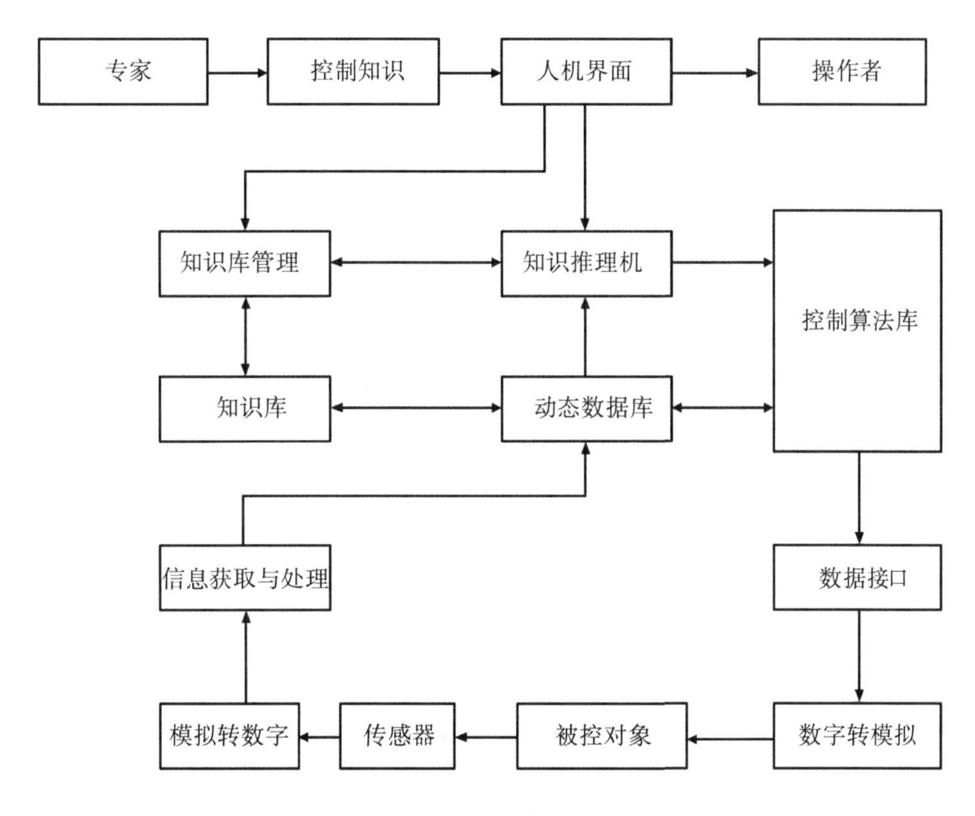

图 1－51　专家控制系统的典型结构

②监督专家控制器（间接专家控制）：监督专家控制器是常规控制器、自适应控制和专家系统的结合。其中，专家系统的作用是监督系统的运行，根据运行状况在线实时调整常规控制器的参数或选择更合适的控制策略。

③混合型专家控制：包括仿人智能控制、模糊专家控制和多级专家控制。

专家控制存在一定的不足，涉及以下问题。

①知识的获取、知识的表示及其适时性问题。

②知识库的构造和维护问题。

③稳定性和可控性分析问题。

1.3.2.7 智能控制的应用

智能控制已被广泛应用于自然科学和社会生活的各个领域,其工程应用日益成熟,具有广阔的发展前景。

(1)在机械制造领域的应用

现代先进制造系统需要依赖那些不够完备和不够精确的数据来解决难以或无法预测的问题,可以利用智能控制来解决这些问题。例如:利用模糊数学、神经网络方法对制造过程进行环境建模,利用传感器融合技术进行信息的预处理和综合;采用专家系统的逆向推理作为反馈机构,修改控制机构或者选择较好的控制模式和参数;利用模糊集和模糊关系的鲁棒性,将模糊信息集成到闭环控制的外环决策机构来选择控制动作;利用神经网络的学习功能和并行处理信息的能力进行在线模式识别,处理残缺不全的信息。

(2)在电力电子学研究领域的应用

电力电子学是一门集电力、电子和控制技术于一体的综合性学科。发电机、变压器、电动机等电机电气设备的设计、生产、运行、控制是一个复杂的过程,国内外的电气工作者将人工智能技术引入该过程(如进行仿真和优化),用于对电气设备进行优化设计、故障诊断及控制,可以降低成本,缩短计算时间,提高产品设计的效率和质量。例如,应用于电气设备故障诊断的智能控制技术有模糊变结构、模糊逻辑、自适应模糊控制、专家控制和神经网络控制等。此外,人们已经将智能控制应用在电流控制脉冲宽度调制技术中。

(3)在工业生产过程中的应用

工业生产过程中的智能控制主要包括两个方面:局部级的智能控制和全局级的智能控制。局部级的智能控制是指对智能引入工艺过程的某一单元进行控制器(如智能 PID 控制器、专家控制器、神经网络控制器等)设计。其中,研究较多的是智能 PID 控制器设计,因为智能 PID 控制器在参数的整定和在线自适应调整方面具有明显的优势,可用于控制一些非线性的复杂对象。全局级的智能控制主要针对整个生产过程的自动化,包括控制整个操作工艺流程,诊断故障,规划过程操作,处理异常,等等。

(4)在农业生产中的应用

智能化的农业技术在一定程度上可以克服传统农业难以克服的限制性因素,如高温、暴雨、霜降等,使得资源要素配置合理,从而加强资源的集约化和高效利用,大幅度提高农业系统的生产力,获得速生、高产、优质的农产品。具有智能控制技术的计算机系统监控植物生长并采集实时数据,进行判断、逻辑推理后做出决策并开始控制,同时进行市场预测,计算投入产出比,提高经济效益。具有智能技术的自动化农业机械可以取代劳动力,提高生产效率和农产品加工的质量。目前,采用专家控制技术的农用蔬菜大棚已经投入使用。

1.3.3　通风调控研究现状

本书创新通风模式旨在从结构设计方面保证保育猪舍小环境内部通风的均匀性,在满足舍内最小通风量的同时降低通风热损耗。仔猪在保育阶段成长较快,在不同时间段对环境的要求也不相同,需要实时调控其生长环境。同时,若能以局部为通风单元替代现有的横向或纵向等全局通风模式,实现变量通风控制,则可以最大限度地降低通风能耗。不同建筑物的通风换气时间、换气次数与排风温度存在一定的区别,所以智能化调控猪舍通风是十分必要的。

Ni 等人建立了集数据采集、自动控制、输出处理于一体的综合控制系统,对猪舍内的空气质量进行调控,提高了养殖工作效率。

Kim 等人对冬季密闭猪舍内的热量空间分布及空气尘粒含量进行研究,结果表明,不同时段猪舍内的空气尘粒含量与空气温度、湿度密切相关,且相差较大。所以,在保证通风均匀性的同时应严格控制通风量,根据位置、饲养时段以及猪生长状态的不同,对通风进行变量调控,从而最大限度地减少通风热损耗,并调控局部环境,使其适宜保育猪的生长。

高增月等人通过试验对比和大量数据分析,采用自动控制方法保证了保育猪舍温度的稳定性,使得舍内有害气体的浓度普遍低于采用自然通风的对照猪舍,并以数据说明了环境调控技术带来的经济效益。

猪舍通风系统常常具有非线性、时变性、多变量耦合等特点,无法准确建立数学模型,模糊控制方法则可以有效解决此问题,同时该方法在局部通风方面也具有较好的应用效果。

Xie 等人运用自适应神经模糊推理系统解决了较难处理的模糊性问题和非线性问题。

谢秋菊等人针对不同季节设计模糊控制策略,以温度、相对湿度、氨气浓度等参数为输入变量,采用双输入变量的非线性控制方法和动态补偿控制方法,建立和优化猪舍通风调控系统,通过分析现场数据证明基于多环境因子的调控策略能够很好地满足猪舍环境控制要求。

李立峰等人在 KingView 开发平台上综合考虑分娩母猪舍温、湿度和氨气浓度对环境的影响,采用模糊控制技术和解耦控制技术,同时实现了对通风系统和水暖系统的自动化控制。

模糊控制作为智能调控方法,被广泛应用于畜禽舍环境调控系统中,为自动化、智能化养殖提供技术保障。

刘艳昌等人采用 FPGA 和模糊控制算法建立了猪舍环境调控系统,并通过测试验证了与 PID 控制相比,模糊控制能进一步提高系统控制精度。

为满足系统快速、无超调响应的需求,在模糊控制方法的基础上融合 PID 控制方法形成的模糊 PID 控制也是较为常用的通风调控方法。有研究人员结合育肥猪舍温湿度的非线性和时变性等特点,设计了双模糊控制理论的 PID 控制器,并通过仿真验证了该控制器对猪舍温湿度调控的有效性。

Daskalov 等人对猪舍自然通风控制系统进行优化,以测试数据分析结果为基础,提出一种以舍内温度、通风速度及风向为变量的融合控制算法。

Chen 等人综合考虑猪舍环境参数、生猪生长信息和系统控制设备的状态设计猪舍环境调控方案,运用遗传算法确定猪舍环境调控的最优解,有效地优化了调控策略。

Soldatos 等人采用前向反馈的非线性鲁棒反馈控制,有效地减小了温度和湿度调控的误差。

有研究人员针对温室环境的非线性、时变性、延时性、多变量耦合等问题,采用模糊控制技术,实现了对温室环境温湿度的有效调节,其仿真结果表明系统响应速度快,抗干扰能力强。

优化控制方法虽然可以提高控制系统的响应速度,但是方法复杂会增加系统硬件的运行时间,也会占用系统运行空间,直接导致系统运行速度降低,所以需要综合考虑,选取适当的控制方法。通风调控方面的控制方法较多,但大部分研究采用复杂算法或以较多变量作为输入变量,虽然控制模拟效果较好,但使用软件编程时较为困难,对调控系统的硬件要求较高,投入成本较大,而且各算法在硬件运行过程中需耗费更多的时间。采用简单且有效的控制方法,并选用对猪舍实际环境调控发挥决定性作用的因素作为控制变量,简化控制过程,更易被广泛采用。

第2章
养殖环境热平衡

2.1　热平衡

2.1.1　热平衡分析

根据能量守恒定律,畜禽舍热平衡方程为:

$$Q_s + Q_m + Q_h - (Q_w + Q_v + Q_e) = 0 \qquad (2-1)$$

式中:Q_s——畜禽显热散热量,W;

Q_m——设备(电机、照明设备等)发热量,W;

Q_h——畜禽舍补充供热量(采暖系统热负荷),W;

Q_w——围护结构(门、窗、墙、地面、屋顶等)传热耗热量,W;

Q_v——畜禽舍通风耗热量,W;

Q_e——畜禽舍内因水分蒸发消耗的显热,W。

其中设备发热量 Q_m 一般不大,往往忽略不计;畜禽舍内因水分蒸发消耗的显热 Q_e 较难准确计算,其值一般也不大,一些给出畜禽所产生显热的资料中已考虑了此项因素,故一般也不单独计算;畜禽舍补充供热量即采暖系统热负荷 Q_h 为:

$$Q_h = Q_w + Q_v - Q_s \qquad (2-2)$$

2.1.1.1　畜禽显热散热量

畜禽显热散热量 Q_s 取决于畜禽舍内畜禽的种类、头数、日龄以及舍内的温度等因素。根据已有资料查出每头畜禽单位时间的显热散热量 q_s(kJ/h),然后按下式求得 Q_s:

$$Q_s = \frac{nq_s}{3.6} \qquad (2-3)$$

式中:n——畜禽舍内畜禽的头数。

2.1.1.2 围护结构传热耗热量

可将畜禽舍围护结构传热耗热量 Q_w 分成围护结构传热的基本耗热量和附加(修正)耗热量两部分进行计算。基本耗热量是指在一定的室内外条件下,通过畜禽舍各部分围护结构(门、窗、墙、地面、屋顶等)从室内传到室外的稳定传热量的总和。附加(修正)耗热量是指围护结构的传热状况发生变化而对基本耗热量进行修正的耗热量。围护结构的基本耗热量 Q_{wj} 可参照下式求得:

$$Q_{wj} = \sum aKA(T_i - T_o) \tag{2-4}$$

式中:K——围护结构的传热系数,W/(m^2·℃);

A——围护结构的面积,m^2;

T_i——冬季舍内计算温度,℃;

T_o——室外空气温度,℃;

a——围护结构温差修正系数。

均质多层材料围护结构的传热系数 K 可用下式计算:

$$K = \frac{1}{R} = \frac{1}{\dfrac{1}{a_i} + \sum\limits_k \dfrac{\delta_k}{\lambda_k} + \dfrac{1}{a_o}} = \frac{1}{R_i + \sum\limits_k R_k + R_o} \tag{2-5}$$

式中:R——围护结构的传热阻,(m^2·℃)/W;

a_i,a_o——围护结构内、外表面换热系数,取 $a_i = 8.7$ W/(m^2·℃),$a_o = 23.0$ W/(m^2·℃);

R_i,R_o——围护结构内、外表面传热阻,取 $R_i = 0.115$ (m^2·℃)/W,$R_o = 0.040$(m^2·℃)/W;

δ_k——围护结构各层的厚度,m;

λ_k——围护结构各层材料的导热系数,W/(m·℃);

R_k——围护结构各层材料的传热阻,(m^2·℃)/W。

常用材料的导热系数见表 2-1。常用围护结构的传热系数见表 2-2。

表 2－1 常用材料的导热系数

材料名称	密度/(kg·m^{-3})	导热系数/[W·(m·℃)$^{-1}$]
重砂浆黏土砖	1800	0.814
轻砂浆黏土砖(密度为 1400 kg/m^3)砌体	1700	0.756
重砂浆多孔砖(密度为 1300 kg/m^3)砌体	1400	0.640
重砂浆矿渣砖(密度为 1400 kg/m^3)砌体	1500	0.698
水泥砂浆	1800	0.930
混合砂浆	1700	0.872
石灰砂浆	1600	0.814
钢筋混凝土	2500	1.628
钢筋混凝土	2400	1.547
碎石或卵石混凝土	2200	1.279
碎砖混凝土	1800	0.872
加气泡沫混凝土	700	0.220
石棉水泥板	1900	0.349
石棉水泥隔热板	500	0.128
石棉水泥隔热板	300	0.093
石棉毡	420	0.016

续表

材料名称	密度/(kg·m^{-3})	导热系数/[W·(m·℃)$^{-1}$]
松和云杉(垂直木纹)	550	0.175
松和云杉(顺木纹)	550	0.350
胶合板	600	0.175
锯末屑	250	0.093
密实的刨花	300	0.160
软木板	250	0.070
水泥纤维板、木丝板	400	0.163
矿棉、沥青矿棉毡	150	0.070
沥青矿棉板	400	0.116
沥青矿棉板	300	0.093
玻璃棉、沥青玻璃棉毡	100	0.058
膨胀珍珠岩	120	0.058
膨胀珍珠岩	90	0.047
沥青膨胀珍珠岩	300	0.081
膨胀蛭石	120	0.070
沥青蛭石板	400	0.105
沥青蛭石板	150	0.087
脲醛塑料	20	0.047

续表

材料名称	密度/(kg·m⁻³)	导热系数/[W·(m·℃)⁻¹]
聚苯乙烯塑料	30	0.047
聚苯乙烯塑料	50	0.058
岩棉	40~50	0.035
锅炉炉渣	1000	0.291
锅炉炉渣	700	0.221
矿渣砖	1400	0.582
普通玻璃	2500	0.756
玻璃砖	2500	0.814
建筑钢	7850	58.150
铸铁件	7200	50.010
铝	2600	220.970
石油沥青油毡、油纸、焦油纸	600	0.175
建筑用毡	150	0.058
沥青地面及黏合层	1800	0.756
石油沥青	1050	0.175
夯实黏土墙或土坯墙	2000	0.930
草泥土坯墙	1600	0.698
黏土-砂抹面	1800	0.698

续表

材料名称	密度/(kg·m^{-3})	导热系数/[W·(m·℃)$^{-1}$]
稻壳	250	0.209
稻草	320	0.093
稻草板	300	0.105

表2-2　常用围护结构的传热系数

类型			传热系数/[W·(m^{2}·℃)$^{-1}$]
门	实体木质外门	单层	4.65
		双层	2.33
	内门	单层	2.91
外窗及天窗	木框	单层	5.82
		双层	2.68
	金属框	单层	6.40
		双层	3.26
外墙(内表面抹灰砖墙)		二四砖墙	2.08
		三七砖墙	1.57
		四九砖墙	1.27
内墙(双面抹灰)		一二砖墙	2.31
		二四砖墙	1.72

对于供暖房间围护结构外侧不与室外空气直接接触而中间隔着不供暖房间或空间的场合，计算围护结构的传热耗热量时需用到温差修正系数，其值见表 2-3。

表 2-3　温差修正系数

围护结构	温差修正系数
外墙、屋顶、地面以及与室外相通的楼板等	1.00
与有外门、窗的非采暖房间相邻的隔墙	0.70
与无外门、窗的非采暖房间相邻的隔墙	0.40
带通风间层的平屋顶和坡屋顶闷顶	0.90

考虑到实际耗热量会受到气象条件及建筑物情况等各种因素的影响而有所增减，需要对围护结构的基本耗热量进行修正，通常按围护结构基本耗热量的百分比进行修正。附加（修正）耗热量有朝向修正耗热量、风力附加耗热量和高度附加耗热量等。

（1）朝向修正耗热量

朝向修正耗热量是考虑建筑物不同朝向的围护结构受太阳照射影响而对围护结构的基本耗热量进行的修正。其修正方法是根据围护结构的不同朝向，采用不同的修正率。需修正的耗热量等于垂直的外围护结构（门、窗、外墙及屋顶的垂直部分）的基本耗热量乘以相应的朝向修正率，朝向修正率根据《采暖通风与空气调节设计规范》（GB 50019—2003）选取，见表 2-4。

选用朝向修正率时应考虑当地冬季日照率、建筑物使用及被遮挡情况等。对冬季日照率小于 35% 的地区，东南、西南和南向围护结构的朝向修正率宜采用 -10% ~0%，东、西向可不修正。

表 2－4 朝向修正率

围护结构朝向	修正率/%
北、东北、西北	0～10
东南、西南	－15～－10
东、西	－5
南	－30～－15

（2）风力附加耗热量

风力附加耗热量是考虑室外风速变化而对围护结构基本耗热量进行的修正。在计算围护结构的基本耗热量时，外表面换热系数对应的风速约为 4 m/s。我国大部分地区冬季平均风速一般为 2～3 m/s，因此《采暖通风与空气调节设计规范》规定：在一般情况下，不必考虑风力附加耗热量，只对建在不避风的高地、河边、海岸、旷野上的建筑物，以及城镇、厂区内特别高出的建筑物，才考虑垂直外围结构附加 5%～10%。

（3）高度附加耗热量

高度附加耗热量是考虑房屋高度对围护结构耗热量的影响而附加的耗热量。《采暖通风与空气调节设计规范》规定：当房间高度大于 4 m 时，每高出 1 m 应附加 2%，但总的附加率不应大于 15%。应注意：高度附加率应附加于房间各围护结构基本耗热量和其他附加（修正）耗热量的总和上。

综上所述，畜禽舍围护结构的传热耗热量 Q_w 可用下式综合表示：

$$Q_w = (1 + x_g)\sum aKA(T_i - T_o)(1 + x_{ch} + x_f) \tag{2-6}$$

式中：x_{ch}——朝向修正率，%；

x_f——风力附加率，%；

x_g——高度附加率，%。

2.1.1.3 畜禽舍通风耗热量

畜禽舍通风耗热量 Q_v 可按式（2－7）计算。

$$Q_v = L\rho_a c_p (T_i - T_o) \tag{2-7}$$

式中:L——通风量,m^3/s;

ρ_a——空气密度,kg/m^3,通风量按进风量计算时取 $353/(T_o+273)$ kg/m^3,通风量按排风量计算时取 $353/(T_i+273)$ kg/m^3;

c_p——空气的定压比热容,取 1030 J/(kg · ℃)。

冬季通风量是根据湿平衡求出的最小通风量,此通风量用来排出多余水汽和有害气体,以满足畜禽对空气质量的要求。

在冬季,畜禽舍有时不进行通风,而是靠风压和热压的作用,通过畜禽舍围护结构缝隙渗入的冷空气来实现不充分通风。由畜禽舍缝隙渗透引起的冷风渗透耗热量仍按式(2-7)计算;由缝隙渗透引起的通风量可按照换气次数算出,通风量等于换气次数乘以畜禽舍的内部体积。

2.1.1.4　采暖系统热负荷

综合上述各项热量损失,畜禽舍的采暖系统热负荷 Q_h 为:

$$Q_h = [(1+x_g)\sum aKA(1+x_{ch}+x_f) + L\rho_a c_p](T_i - T_o) - \frac{nq_s}{3.6} \tag{2-8}$$

农业设施采暖系统的热负荷是指在某一室外温度 T_o 下,为了达到要求的室内温度 T_i,采暖系统在单位时间内向农业设施内部供给的热量。它的值是按稳定传热过程进行计算的,即假设在计算时间内,室内外空气温度和其他传热过程参数都不随时间变化。实际上,室内散热设备散热不稳定,室外空气温度随季节和昼夜的变化不断波动,这是一个不稳定传热过程。但是,不稳定传热计算复杂,所以对于容许有一定室内温度波动幅度的一般建筑物来说,采用稳定传热计算可以简化计算方法,并能基本满足要求。对于对室内温度要求严格、要求温度波动幅度很小的建筑物或房间,则需要根据不稳定传热原理计算采暖系统热负荷。

农业设施采暖系统设计热负荷是设计采暖系统的最基本依据,它直接影响采暖系统设计方案的选择,以及采暖管道管径和散热器等设备的确定,关系到采暖系统的使用效果和经济效果。

畜禽舍的采暖系统设计热负荷可分别按式(2-8)和式(2-9)进行计算,

公式中所涉及的室外空气温度取采暖室外温度，其他参数相同。

$$Q_h = (\sum_j K_j A_{gj} + L\rho_a c_p)(T_i - T_o) - \tau S A_s (1-\rho)(1-e) \tag{2-9}$$

式中：S——室外水平面太阳总辐射强度，W/m^2；

A_s——温室地面面积，m^2；

ρ——室内日照反射率，一般约为0.1；

τ——温室覆盖材料对太阳辐射的透射率，在查表得到的覆盖材料透射率的基础上，再考虑温室结构遮阴、覆盖材料老化和污染等因素的影响，乘以0.50～0.65折减得到；

T_i——室内气温，℃；

T_o——室外气温，℃；

A_{gj}——温室围护结构各部分面积，m^2；

K_j——温室各部分围护结构的传热系数，$W/(m^2 \cdot ℃)$；

L——通风量，m^3/s；

ρ_a——空气密度，kg/m^3，通风量按进风量计算时取$353/(T_o+273)\ kg/m^3$，通风量按排风量计算时取$353/(T_i+273)\ kg/m^3$；

c_p——空气的定压比热容，取1030 $J/(kg \cdot ℃)$；

e——通风潜热损失与温室吸收的太阳辐射热之比，其值与影响室内地面水分蒸发和植物蒸腾的因素有关，一般可取0.4～0.6。

2.1.2 热平衡计算

为了达到良好的通风效果，需要确定适宜的通风量，称为必要通风量。但是，舍内有害气体的产生在不同情况下差异很大，难以准确计算。进行畜禽舍通风设计时，一般根据热湿平衡来确定畜禽舍在不同季节全面通风的必要通风量。这是确保畜禽舍通风良好、维持适宜环境的关键。进行畜禽舍通风设计时需要参考舍外气候设计状态参数、舍内气候设计状态参数，以及畜禽舍内产生、消耗的热量和水汽等方面的资料。

下面介绍的畜禽舍热湿平衡，主要是描述冬季状态下一座畜禽舍内部显热和潜热（水汽）的增加或损失情况。

2.1.2.1　显热平衡

冬季畜禽舍内显热的来源包括 Q_s、Q_m、Q_h；冬季畜禽舍内的显热损失包括 Q_w、Q_v、Q_e。于是，式（2－1）可写成以下显热平衡方程：

$$Q_s + Q_m + Q_h = Q_w + Q_v + Q_e \tag{2-10}$$

畜禽产生的显热 Q_s 是指在舍内设计温度状态下，所饲养畜禽的显热发散量。以生猪为例，每头产生的显热和潜热可参考表 2－5 或查阅相关资料确定。

表 2－5　畜禽产生的显热和潜热

畜禽种类		温度/℃	潜热		显热/（$kg \cdot h^{-1}$）
			以水汽量表示/（$kg \cdot h^{-1}$）	以潜热量表示/（$kJ \cdot h^{-1}$）	
小猪	4.5 kg	29.4	0.014	34.30	137.17
	9.0 kg	23.9	0.018	47.48	100.24
	13.5 kg	18.3	0.032	78.40	174.10
22.7 kg 猪（整地地板）		4.4	0.054	132.94	320.77
		10.0	0.059	144.54	256.41
		15.6	0.066	160.36	219.48
		21.1	0.082	199.43	159.31
		26.7	0.107	260.60	87.59
45.4 kg 猪（整地地板）		4.4	0.064	155.09	467.27
		10.0	0.068	166.73	371.39
		15.6	0.082	199.43	296.48
		21.1	0.100	243.35	209.98
		26.7	0.122	298.90	143.49

续表

畜禽种类		温度/℃	潜热		显热/(kg·h⁻¹)
			以水汽量表示/(kg·h⁻¹)	以潜热量表示/(kJ·h⁻¹)	
91.0 kg猪（整地地板）		4.4	0.091	221.58	685.83
		10.0	0.095	232.13	548.50
		15.6	0.102	249.00	436.70
		21.1	0.120	293.34	339.73
		26.7	0.150	365.06	236.36
母猪和仔猪	177.0 kg(0 周)	26.7	0.319	773.34	828.19
	181.0 kg(2 周)	21.1	0.435	1055.12	1107.88
	186.0 kg(4 周)	15.6	0.484	1174.45	1138.44
	200.0 kg(6 周)	10.0	0.540	1311.37	1225.12
	237.0 kg(8 周)	4.4	0.590	1434.05	1716.67

照明设备、电机等散发的热量 Q_m 可按下述数据进行估算：白炽灯照明为3600 J/(W·h)；荧光灯照明为4310 J/(W·h)；小功率马达为5660 J/(W·h)。Q_m 一般相对较小，通常可以忽略。

Q_h 是畜禽舍内的散热器或暖风机等采暖设备在设计舍内气温下正常工作时提供的热量，式(2-10)也是在采暖设计中确定采暖设备供热量的依据。畜禽舍围护结构传热的热量损失 Q_w 按稳定传热理论计算，包括透过墙、屋顶、门、窗和地面的热量损失，以及冷风渗透热量损失等。

由通风排出的显热可由式(2-7)求得。畜禽舍内的水变成相同温度的水汽所消耗的显热为：

$$Q_e = Q'W \tag{2-11}$$

式中：W——蒸发的水量，kg/s；

Q'——水的汽化热(随汽化温度变化),J/kg。

在表 2－5 中,实际给定的显热已考虑了舍内畜禽产生的若干显热被用于蒸发水汽,因此实际计算中 Q_e 项不予考虑。

2.1.2.2　湿度平衡

在畜禽舍内,从畜禽的体表以及畜禽在呼吸过程中均会蒸发大量的水汽。此外,地面、粪坑、水槽及其他潮湿表面也会蒸发水汽。这些蒸发的水汽若积聚过多,则会使舍内的湿度过高。必须及时排出舍内的多余水汽,使舍内相对湿度保持在适宜的范围内。只有通过通风才能排出多余水汽。舍内冷表面上的冷凝水是不符合设计要求的,而且其数量很少,一般予以忽略。

畜禽舍内水汽的产生量应等于水汽的消散量,则有如下关系:

$$\rho_a L d_2 = \rho_a L d_1 + W_a + W_e \tag{2-12}$$

即:

$$\rho_a L(d_2 - d_1) = W_a + W_e \tag{2-13}$$

式中:d_1——进入空气的含湿量,kg/kg 干空气;

d_2——排出空气的含湿量,kg/kg 干空气;

W_a——畜禽散发的水汽量,kg/s;

W_e——舍内各种潮湿表面的水汽蒸发量,kg/s。

畜禽散发的水汽量可根据表 2－5 中所列畜禽产生的潜热,按下式进行换算:

$$W_a = Q'_s / Q \tag{2-14}$$

式中:Q'_s——畜禽产生的潜热,J/s。

畜禽舍内各种潮湿表面的水汽蒸发量 W_e 可根据不同的饲养条件和畜禽舍建筑来估算,但实质上该项已包含在表 2－5 所列的数值中了。

2.1.3　养殖舍保温措施

畜禽舍环境调控往往需要采用设备进行通风、供热或降温,会消耗大量的能量。为节约能源、降低生产成本,必须关注畜禽环境调控系统的节能问题。畜禽环境调控系统的节能措施主要有畜禽舍的保温节能、减少通风能耗、利用废热和使用新能源等。

畜禽舍的保温节能主要通过提高畜禽舍围护结构的传热阻和采用无窗式畜禽舍实现。我国传统的畜禽舍都是砖墙结构,其围护结构的传热阻较小,最小传热阻的设定一般都是以防止围护结构内表面冷凝来考虑的。根据对鸡舍建筑的研究,从防止围护结构内表面冷凝来看,我国从温暖地区到寒冷地区墙的最小传热阻为0.362~0.832 (m^2·℃)/W,屋面最小传热阻为0.585~0.877 (m^2·℃)/W。国外对畜禽舍围护结构传热阻的设定主要是从节能角度来考虑的,其采用的传热阻较大,特别是对于进行环境调控的密闭式畜禽舍。

提高围护结构传热阻的措施如下。

①增大围护结构材料层的厚度。

②采用保温性好的围护结构材料,如轻混凝土(如加气泡沫混凝土等)、轻骨料混凝土、多孔空心砖或空心砌块等。

③采用有封闭空气间层的围护结构。

④增加轻质、高效的保温材料层。

图2-1为密闭式畜禽舍的保温结构,可用于分娩猪舍、仔猪舍、育雏舍等。其屋面是金属板,下面有天棚,天棚上是厚228.0 mm的松散绝热层(采用玻璃纤维等保温材料),传热阻为3.92 (m^2·℃)/W,绝热材料下面是防潮塑料薄膜和金属天花板,屋顶天棚总传热阻为4.24 (m^2·℃)/W。墙的外侧为金属板,里面是厚89.0 mm的毯状绝热层(采用岩棉等保温材料),传热阻为2.20 (m^2·℃)/W,并设有等间隔木柱以承重。在柱上固定塑料薄膜和9.5 mm厚的胶合板作为内墙板。墙的总传热阻为2.44 (m^2·℃)/W。

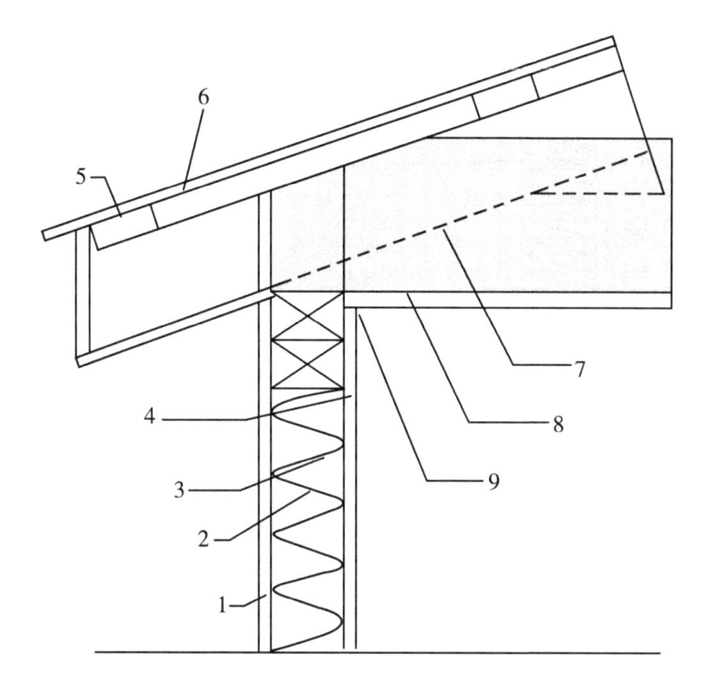

1—金属板;2—毯状绝热层;3—塑料薄膜;4—胶合板;5—檀条;6—屋面;

7—松散绝热层;8—塑料薄膜;9—金属天花板。

图 2－1　密闭式畜禽舍的保温结构

目前,我国提高围护结构传热阻的主要方法是采用价格比较低廉的保温建筑材料。对于墙体,应用较多的是加气泡沫混凝土块、空心砖等。图 2－2 所示为加气泡沫混凝土复合墙体。图 2－2(a)是在 240 mm 的砖墙内砌 100 mm 的加气泡沫混凝土和木丝板,并以白灰粉刷,其总传热阻为 1.290 (m^2 · ℃)/W。在图 2－2(b)中,以空心砖代替木丝板,其总传热阻为 1.120 (m^2 · ℃)/W。二者的总传热阻均大于 490 mm 的砖墙[0.809 (m^2 · ℃)/W]。

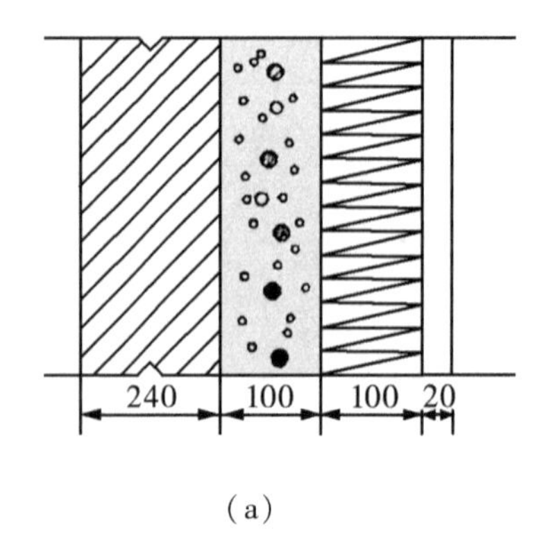

(a)

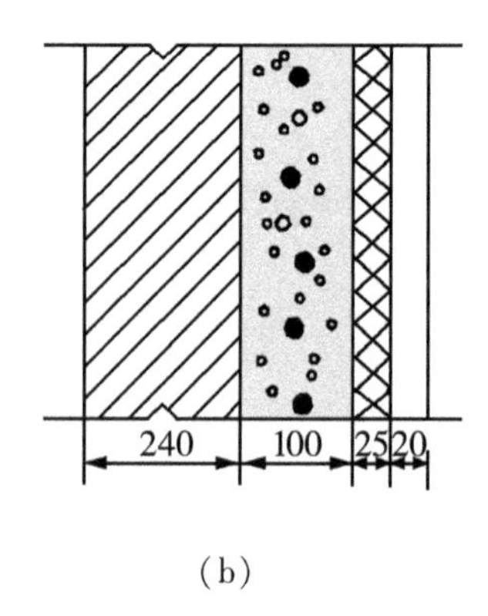

(b)

图 2-2　加气泡沫混凝土复合墙体(单位:mm)

近年来,我国农业建筑设施中常用聚苯乙烯塑料板作为围护结构的保温层。其质轻,密度仅约 30 kg/m^3,导热系数仅为 0.041 W/(m·℃),是保温性能很好的材料。

屋面的保温可利用蛭石、膨胀珍珠岩板、岩棉板和聚苯乙烯塑料板等材料。采用厚度为 80~100 mm 的蛭石或膨胀珍珠岩板时,包括表面传热阻在内的总传热阻可达 1.87 (m^2·℃)/W 或 2.65 (m^2·℃)/W。

即使是双层玻璃窗,其传热阻也只有 0.33 (m^2·℃)/W,比墙体的传热阻小得多,所以采用无窗畜禽舍是严寒地区的节能措施之一。

机械通风会消耗较多的电力,为减少这部分能耗,根据当地的气候条件和畜禽舍环境调控的要求,应尽可能优先采用自然通风系统。在同时配置自然通风系统与机械通风系统的畜禽舍,应优先采用自然通风系统,只有在自然通风不能满足控制舍内气温要求的情况下才启用机械通风系统。采用机械通风系统时,应进行方案比较,避免配置过量。应对风机进行分组,其分组运行的风量应具有适当的级差,以满足不同情况下的风量调控要求,力求减少机械通风系统运行过程中不必要的能量浪费。在冬季进行机械通风同时又采暖的情况下,若采用自动控制,则增加风量的调定温度必须高于关闭供热的调定温度,以免浪费供热能量和通风能量。在夏季不太炎热的地区,可考虑采用冬季机械通风和夏季自然通风相结合的形式,由于夏季通风量大,故能节省大量的通风能量。夏季通风窗口可设保温盖板,冬季可关闭盖板以减少热量损失。

2.1.4 热量交换

畜禽舍在冬季也必须适当通风,以排出多余的水汽、灰尘和有害气体,但通风会损失舍内的热量。在畜禽舍保温良好时,通风散失的热量成为舍内热量散失的主要形式。为弥补这部分能量损失,采暖能耗将增加,否则舍内气温将降低,使畜禽在冬季的生产性能下降 5% ~10% 。因此,回收舍内排出废气的余热用以提高舍温,可在低能耗情况下实现对畜禽舍环境的改善。

在通风系统中,采用高效热能回收装置(如热交换器)可有效回收排气中的热能。热交换器采用抗腐蚀的材料(如塑料和铝,目前多使用塑料)制作,以便延长使用寿命。图 2 -3 显示了热交换器的工作原理。

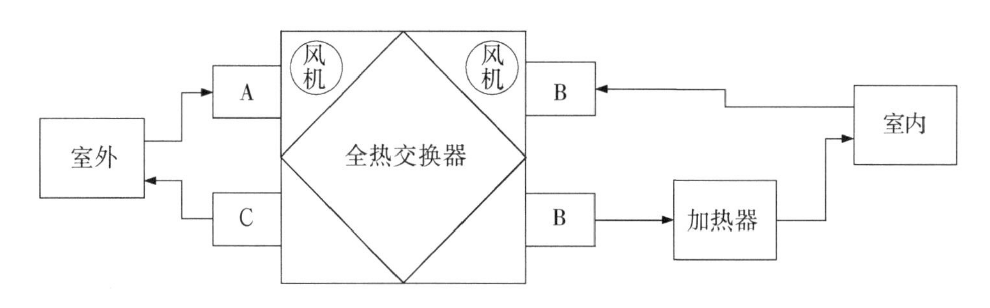

图 2 -3 热交换器工作原理示意图

热交换器本体有许多层,相邻两层的通道相互垂直,从而形成很大的进排气传热面积。图 2 -4 为一种热交换器本体(热交换器芯)的示意图。

冬季畜禽舍内空气的相对湿度可高达 85% ,当利用热交换器进行通风系统热能回收时,因为排气侧壁面温度低于相应的舍内空气露点温度,所以热空气流中部分水蒸气会凝结,此时既有显热交换,又有潜热交换。

评价热交换器性能的技术参数为热交换效率 E,其计算公式为:

$$E = \frac{T_E - T_o}{T_i - T_o} \tag{2-15}$$

式中：T_E——从热交换器进入舍内的空气温度，℃；

T_o——舍外气温，℃；

T_i——舍内气温，℃。

回收排气余热的热交换器效率一般可达0.68～0.78。

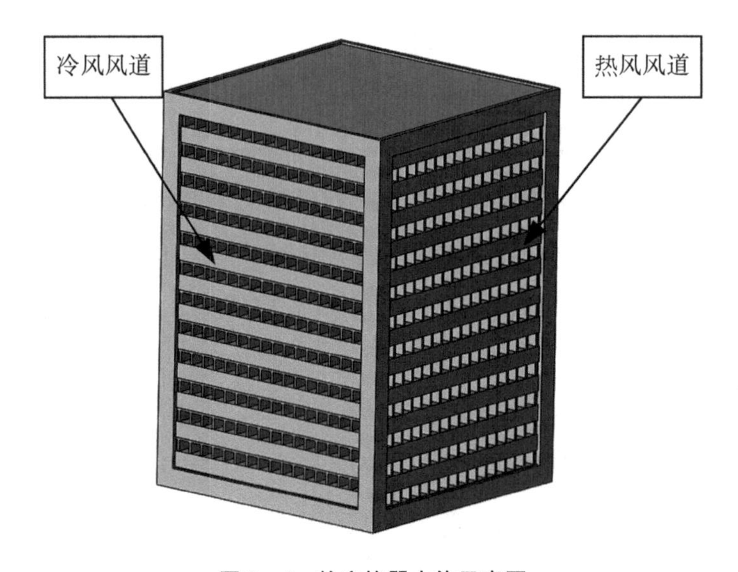

图2－4　热交换器本体示意图

图2－5为热交换器安装平面示意图。由图2－5可知，舍外冷新鲜空气进入热交换器提高温度后，由装在舍内中央高处的分配管均匀分布于舍内。热交换器主要在冬季发挥作用，所以其规格应按冬季最小通风量选用。温暖季节和炎热季节的通风则应采用另外的通风系统。

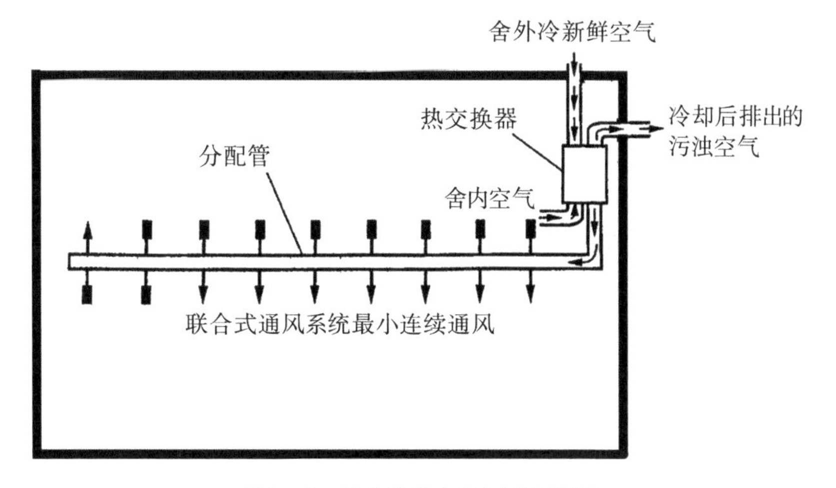

图 2－5　热交换器安装平面示意图

另一种回收热能的换热设备为热管热交换器。热管是一种高效传热元件,是在封闭的管中封装某种工质,利用工质在两种温度下从液态到气态的相变进行吸热和放热,同时依靠其在管中的流动实现热量的高效快速传递。例如,采用氨－铝热管的热管热交换器的工作原理为:通风换气排出的热废气流过热交换器加热端翅片管束,将热量传给热管内工质(氨),液体氨蒸发(沸腾)生成蒸气,在压力差的作用下流向冷却段,并在此过程中将热量通过热管传给逆向流过管束的冷风后重新凝结为液体,在毛细管力或重力的作用下,凝结液流回热端,再进行新的蒸发凝结循环。这样,以热管作为传热元件,热管热交换器将排风的余热传给进入舍内的新鲜空气,使新鲜冷空气的温度升高。

热管热交换器具有传热效率高、阻力小、结构紧凑、运行周期长等特点。与其他余热回收装置相比,热管热交换器的每根热管都是一个独立的传热元件,容易更换、维修和清洗,没有运动部件,可靠性高。但目前,热管热交换器的费用还较高。

2.2 采暖系统

2.2.1 采暖基本要求

农业设施的作用就是隔离自然气候条件,建立适宜的生态环境。农业设施中的热平衡是指为维持农业设施内部温度相对稳定,保持其输入热量和输出热量动态平衡。当农业设施的失热量大于得热量时,为了保持农业设施内在要求温度下的热平衡,需要由采暖系统补充热量。冬季采暖系统热负荷随农业设施得、失热量的变化而变化。

农业设施的热平衡方程是其能量“收支关系”的表达式,是计算采暖系统设计热负荷的依据。由于各种农业设施的用途和使用条件不同,因此其热平衡方程也不相同。

畜禽舍内的温度对畜禽的生长、发育、繁殖以及饲料的转化率都有极大的影响。畜禽在适宜的条件下可以保持良好的生理状况,达到较高的生产水平,从而使养殖户获得较好的经济效益。目前,国内外比较先进的供暖形式是将供热与通风结合起来,以获得良好的环境和效果,主要包括暖风机热交换器供暖及热风炉供暖。

(1)暖风机热交换器供暖

这种供暖形式的设计要点是采用高效热交换器将舍外的新鲜空气过滤,过滤后的舍外空气通过回风系统与舍内循环空气相混合,再经热交换器加热后将空气经风道均匀送入舍内,从而创造出畜禽不同生长期所需要的适宜环境,并改善舍内的空气质量。但是,这种供暖形式必须有锅炉房等供暖设施,因而造价比较高。

(2)热风炉供暖

这种供暖形式以热风炉为主要设备。热风炉以空气为介质,通过煤、燃油、煤气或其他燃料的燃烧加热空气,并向畜禽舍内提供无污染的洁净空气。这种供暖形式的特点是设备造价低,结构简单,热效率高,送热速度快。其将舍外的新鲜空气加热，再经过风道正压送风，使加热空气在舍内均匀分布。其加热的空气湿度较小，如果舍内湿度较大，则可降低舍内空气湿度，达到除湿的目的。

除了以上使畜禽舍内升温的方法外，还有一些已经得到有效应用的方式。例如，利用"温室效应"给畜禽舍增温，是冬季光照条件好的地区常用的采暖方式。阳光通过玻璃或塑料薄膜入射到畜禽舍内，舍内物体获得太阳短波辐射热量，光能变为热能，其热量一部分贮藏，一部分以长波辐射释放，由于玻璃和塑料薄膜能让短波辐射进入但阻止长波辐射射出，故这部分辐射传热留在舍内，使舍内环境温度升高。采用这种方式给畜禽舍增温要掌握的关键是，白天让尽可能多的太阳辐射进入舍内，并设法让热能蓄存起来，夜间要设法减少热能散失。畜禽舍建筑的形式、方位以及采光面积的大小等都会影响其接收太阳能的量。夜间在采光面加盖保温垫，增大北墙、屋顶及地面结构的传热阻，可减少夜间失热。内墙应选用蓄热系数大的建材，蓄存白天吸收的热量，夜间放热以延缓舍内温度下降。堵塞各种缝隙减少缝隙放热等也是解决问题的途径。此外，还可以配备辅助采暖设备，在夜间和阴天对舍内供热。

类似北方农户的火墙、土炕采暖方式在畜禽舍采暖中也可以应用。这种方式是用高温烟气加热舍内砖砌的烟道，从而加热舍内的空气。砖砌的烟道具有一定的蓄热性能，因而在均衡舍内温度方面发挥一定的作用。烟道不宜太长，烟道太长除了会使排烟阻力太大之外，还会使烟道前、后段温度差异过大，造成舍内温度分布不均。烟道也可以用薄铁皮制成，安装在舍内，此时要注意烟道可能被锈蚀引起泄漏，使舍内有害气体的浓度过高。

2.2.2　热水采暖系统

以热水作为热媒的采暖系统称为热水采暖系统。由于水的热惰性较大，因此热水采暖系统的温度具有较高的稳定性和均匀性，系统运行也比较经济，常用于温室和畜禽舍的采暖。

2.2.2.1 热水采暖系统的分类

对于热水采暖系统,可按下述方法分类。

(1)按系统循环动力分类

按系统循环动力分类,热水采暖系统可分为重力(自然)循环系统和机械循环系统。靠水的密度差进行循环的系统称为重力(自然)循环系统;靠机械(水泵)力进行循环的系统称为机械循环系统。

(2)按供、回水方式分类

按供、回水方式分类,热水采暖系统可分为单管系统和双管系统。热水经供水立管或水平管顺序地流过多组散热器,并顺序地在各散热器中冷却的系统称为单管系统。热水经供水立管或水平管平行地分配至多组散热器,冷却后的回水自每个散热器直接沿回水立管或水平管流回热源的系统称为双管系统。

(3)按系统管道敷设方式分类

按系统管道敷设方式分类,热水采暖系统可分为垂直式系统和水平式系统。

(4)按热媒温度分类

按热媒温度分类,热水采暖系统可分为水温低于或等于100 ℃的低温水采暖系统和水温高于100 ℃的高温水采暖系统。农业设施采暖系统主要采用低温水采暖系统。

2.2.2.2 热水采暖系统的设备

热水采暖系统主要由提供热源的锅炉以及热水输送管道和散热器等组成。

(1)锅炉

锅炉是一种利用燃料或其他能源的热能将水加热成热水或蒸汽的热工设备。锅炉由汽锅和炉子两大基本部分组成。燃料在炉子里进行燃烧,其化学能转化为热能,燃料产生的高温烟气通过汽锅的受热面把热量传递给锅内温度较低的水,水被加热成热水或汽化为具有一定压力和温度的蒸汽。

锅炉按工质状况可分为热水锅炉和蒸汽锅炉。热水采暖系统除少量采用蒸汽锅炉和蒸汽热交换器以外,大多直接采用热水锅炉供热。蒸汽锅炉的水循环是自然循环;热水锅炉因热水密度差较小,自然循环力较弱,故多用水泵强制循环。

热水锅炉的容量以额定热功率来表征,常用符号 Q 来表示,单位为 MW。

$$Q = 0.000278G(i''_{rs} - i'_{rs}) \tag{2-16}$$

式中:G——热水锅炉每小时送出的水量,t/h;

i''_{rs}、i'_{rs}——锅炉进、出热水的焓,kJ/kg。

蒸汽锅炉的容量以每小时的额定蒸发量来表征,常用符号 D 来表示,单位为 t/h。额定热功率与额定蒸发量之间的关系可由下式表示:

$$Q = 0.000278D(i_q - i_{gs}) \tag{2-17}$$

式中:D——锅炉的蒸发量,t/h;

i_q、i_{gs}——蒸汽和给水的焓,kJ/kg。

按照燃烧方式的不同,炉子可分为层燃炉、室燃炉和沸腾炉。层燃炉是将燃料层铺在炉排上进行燃烧的炉子,是目前国内供热锅炉中用得最多的一种燃烧设备,常用的有手烧炉、链条炉往复炉排和振动炉排等多种形式。室燃炉是燃料随空气流入炉室呈悬浮状燃烧的炉子,如煤粉炉、燃油炉和燃气炉等。沸腾炉是燃料在炉室中被由下而上送入的空气流托起并上下翻腾而进行燃烧的炉子,是目前颇为有效的燃用劣质燃料以及脱硫及减少氮氧化物的燃烧设备。

(2)散热器

散热器是安装在采暖房间内的一种放热设备。当热媒从锅炉通过管道输入散热器中时,散热器以对流和辐射的方式把热量传递给室内空气,以补充房间的散热损失,保持符合要求的室内温度。

①对散热器的要求

A. 热工性能方面的要求

散热器的传热系数越大,说明其散热性能越好。可以通过增大外壁散热面积(在外壁上加肋片)、提高散热器周围空气的流动速度、增加散热器向外辐射的强度等提高散热器的散热量,增大散热器的传热系数。

B. 经济方面的要求

散热器单位散热量的金属耗量越少,成本越低,其经济性越好。

C. 安装使用和工艺方面的要求

散热器应具有一定的机械强度和承压能力。散热器的结构形式应便于组合成所需要的散热面积,结构尺寸要小,少占房间面积和空间。散热器的生产工艺应满足大批量生产的要求。

D. 卫生和美观方面的要求

散热器外表应光滑、不积灰和易于清扫。散热器的装设不应影响房间观感。

E. 使用寿命的要求

散热器应不易破损和被腐蚀,应具有较长的使用寿命。

②常用散热器的种类和构造

A. 铸铁散热器

常用的铸铁散热器有翼型散热器和柱型散热器两类,见图 2-6。

翼型散热器制造工艺简单,造价低,但承受压力小(工作压力小于 0.4 MPa),传热系数低,外形不美观,易积灰,不易清扫,单片面积大,不易组合成所需要的散热面积。

与翼型散热器相比,柱型散热器传热系数高,外形美观,易清除积灰,容易组成所需的散热面积,但造价较高。

圆翼型散热器和柱型散热器常用于温室与畜禽舍采暖。

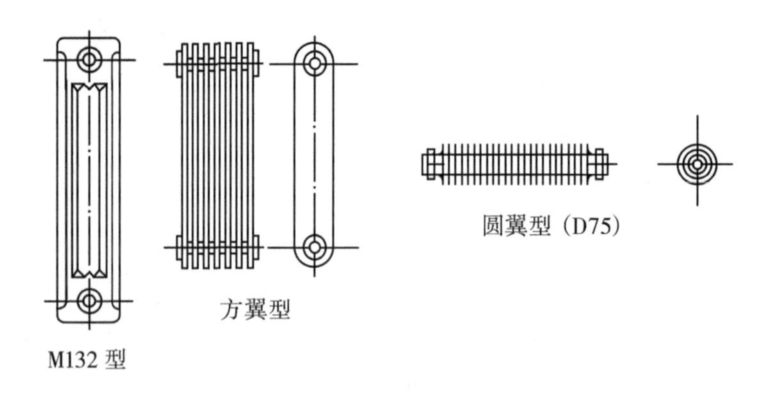

(a) 翼型散热器

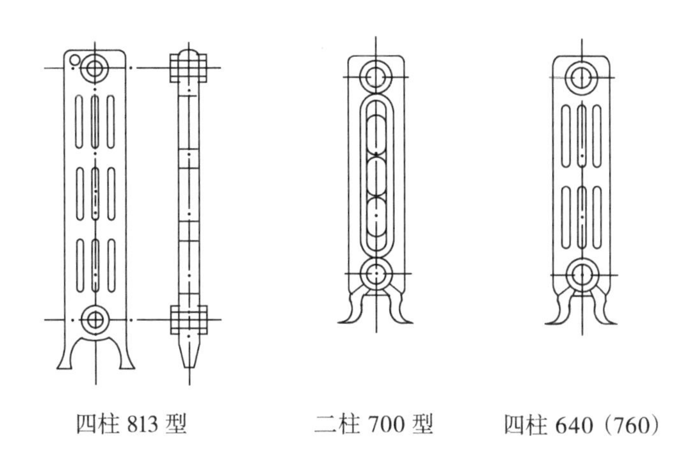

（b）柱型散热器

图 2-6　常用的铸铁散热器

B. 钢制散热器

常用的钢制散热器主要有图 2-7 所示几种。

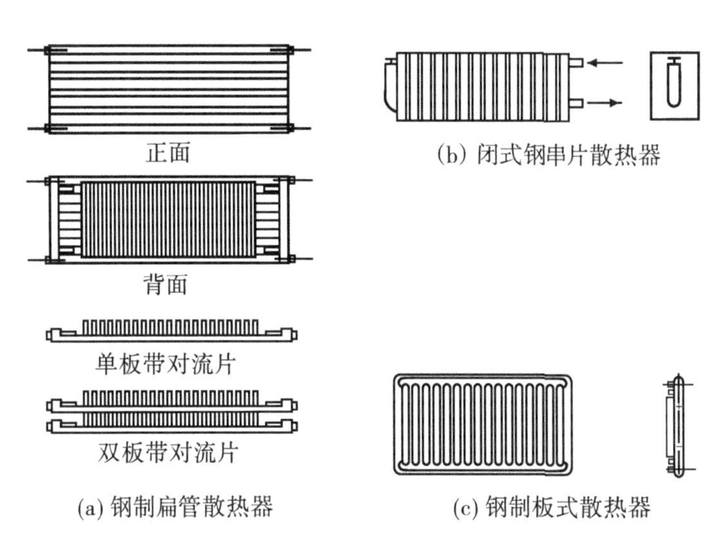

图 2-7　常用的钢制散热器

与铸铁散热器相比，钢制散热器金属耗量少、耐压强度高、外形美观，但除钢制柱型散热器外，其他钢制散热器水容量少、热稳定性差、容易被腐蚀、使用寿命短。因此,对具有腐蚀性气体和相对湿度较大的房间,不宜设置钢制散热器。

除上述几种钢制散热器外,还有一种最简易的散热器——光面管(排管)散热器。它由钢管焊接而成,表面光滑不易积灰、便于清扫、能承受较大的压力、可现场制作并随意组合成需要的散热面积,但钢材耗量大、造价高、占地面积大,适用于粉尘较多的和临时采暖设施。温室中也常采用这种散热器。

③散热器的布置

散热器的布置原则是尽量保证房间温度分布均匀,热损失少,管路短,并且不妨碍生产操作。

一般的农业建筑和民用建筑常将散热器靠墙布置。此时,散热器应安置在外墙,最好布置在外窗下。这样从散热器上升的对流热气流就能阻止从外窗下降的冷气流,使流经工作地区的空气温度适宜。

④散热器的计算

散热器计算包括确定采暖房间所需散热器的散热面积和片数或长度。

A. 散热面积的确定

散热器散热面积 F(m^2)按下式计算:

$$F = \frac{Q}{K(T_{pi} - T_i)}\beta_1\beta_2\beta_3 \tag{2-18}$$

式中:Q——散热器的散热量,W;

T_{pi}——散热器内热媒平均温度,℃;

T_i——供暖室内计算温度,℃;

K——散热器的传热系数,W/(m^2·℃);

β_1——散热器组装片数修正系数;

β_2——散热器连接形式修正系数;

β_3——散热器安装形式修正系数。

散热器内热媒平均温度 T_{pi} 由采暖热媒参数和采暖系统形式而定。在热水采暖系统中,T_{pi} 为散热器进、出水温度的算术平均值。

$$T_{pi} = \frac{(T_{sg} + T_{sh})}{2} \tag{2-19}$$

式中：T_{sg}——散热器进水温度，℃；

T_{sh}——散热器出水温度，℃。

对于双管热水采暖系统，散热器的进、出水温度分别按系统的设计供、回水温度计算。对于单管热水采暖系统，由于每组散热器的进、出水温度沿流动方向下降，因此必须逐一分别计算每组散热器的进、出水温度。

影响散热器传热系数的因素很多，如散热器的制造情况、散热器使用条件等，因而难以用理论数学模型表征各种因素对散热器传热系数的影响，只能通过试验确定，试验结果一般整理成以下计算公式：

$$K = a(\Delta T)^b = a(T_{pi} - T_i)^b \tag{2-20}$$

式中：K——试验条件下散热器的传热系数，W/(m^2 · ℃)；

a, b——由试验确定的系数，可查阅有关设计手册确定；

ΔT——散热器热媒与室内空气的平均温差，$\Delta T = T_{pi} - T_i$，℃。

散热器的传热系数是在一定的条件下通过试验测定的。若实际情况与试验条件不同，则应对所测值进行修正。式(2－18)中的 β_1、β_2 和 β_3 都是考虑散热器的实际使用条件与测定试验条件的不同而对传热系数(亦即对散热器面积)引入的修正系数。各系数可查阅有关设计手册。

B. 散热器片数或长度的确定

按式(2－18)确定所需散热器面积(若每组片数或总长度未定，则先按 $\beta_1 = 1$ 计算)后，可按下式计算所需散热器的总片数或总长度，然后根据每组片数或长度乘以修正系数 β_1，最后确定散热器面积。

$$n = \frac{F}{f} \tag{2-21}$$

式中：f——每片或每米散热器的散热面积，m^2。

《采暖通风与空气调节设计规范》规定：柱型散热器面积可比计算值小 0.1 m^2(片数 n 只能取整数)，翼型和其他散热器的散热面积可比计算值小 5%。

考虑供暖管道散热量时，采暖系统的管道敷设有暗装和明装两种方式。暗装管道的散热量没有进入房间内，同时进入散热器的水温降低，因此对于暗装未保温的管道系统，在设计中要考虑热水在管道中的冷却，计算散热器面积时，要用修正系数β_4($\beta_4>1$)予以修正。β_4值可查阅有关设计手册。

对于明装于采暖房间的管道,考虑到全部或部分管道的散热量会进入室内,抵消水冷却的影响,因而计算散热面积时,通常可不考虑这个修正因素。在农业设施建筑中,采暖系统的管道一般采用明装。

2.2.2.3 热水采暖系统的循环方式及管路布置

(1)重力循环热水采暖系统

图2-8为重力循环热水采暖系统的工作原理图。在系统工作之前,先将系统中充满冷水。水在锅炉内被加热后,温度升高,密度减小,同时受到从散热器流回的密度较大的回水的驱动,热水沿供水管路上升,流入散热器,在散热器内水被冷却,再沿回水管路流回锅炉,形成如图2-8箭头所示方向的循环流动。

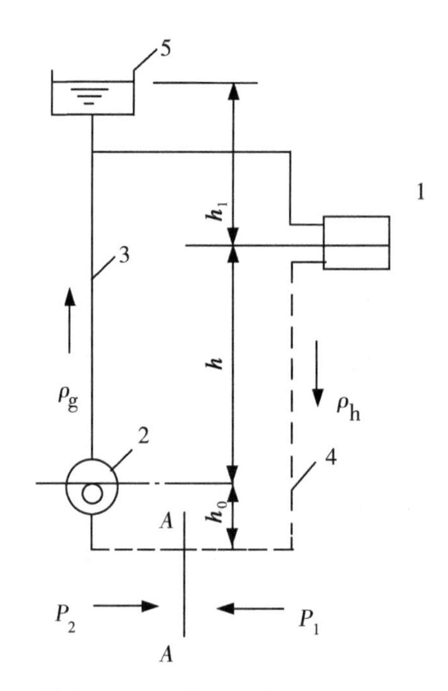

1—散热器;2—热水锅炉;3—供水管路;4—回水管路;5—膨胀水箱。

图2-8 重力循环热水采暖系统工作原理图

①循环作用压力的计算

重力循环热水采暖系统循环作用压力的大小取决于水温（水的密度）在循环环路的变化状况。若忽略水在管道中的冷却，则认为水温只在锅炉（加热中心）和散热器（冷却中心）中发生变化。假设图 2－8 的循环环路最低点断面 A—A 处有一个假想阀门，若突然将阀门关闭，则在断面 A—A 两侧受到不同的水柱压力，这两侧受到的水柱压力差就是驱使水在系统内进行循环流动的作用压力。

设 P_1 和 P_2（Pa）分别为 A—A 断面右侧、左侧的水柱压力，则：

$$P_1 = g(h_o\rho_h + h\rho_h + h_1\rho_g) \tag{2-22}$$

$$P_2 = g(h_o\rho_h + h\rho_h + h_2\rho_g) \tag{2-23}$$

断面 A—A 两侧压力的差值（即重力循环系统的作用压力）为：

$$\Delta P = P_1 - P_2 = gh(\rho_h - \rho_g) \tag{2-24}$$

式中：ΔP——重力循环系统的作用压力，Pa；

g——重力加速度，m/s^2，取 9.81 m/s^2；

h——冷却中心至加热中心的垂直距离，m；

ρ_h——回水密度，kg/m^3；

ρ_g——供水密度，kg/m^3。

可见，重力循环热水采暖系统的作用压力与锅炉中心至散热器中心的垂直距离以及回水、供水密度差成正比。为了获得足够大的循环作用压力，往往把锅炉安装在较低位置。

②重力循环热水采暖系统的主要形式

重力循环热水采暖系统主要分为双管和单管两种形式。图 2－9 左侧为双管上供下回式系统；图 2－9 右侧为单管上供下回顺流式系统。上供下回式重力循环热水采暖系统的供水干管必须有向膨胀水箱方向上升的流向。其方向的坡度为 0.005～0.010；散热器支管的坡度一般取 0.010。这是为了使系统内的空气顺利地排出，系统中若积存空气则会形成气塞，影响水的正常循环。在重力循环热水采暖系统中，水的流速较小，在水平干管中的流速小于 0.20 m/s，而水平干管中空气气泡的浮升速度为 0.10～0.20 m/s，在立管中约为 0.25 m/s。因此，在上供下回式重力循环热水采暖系统充水和运行时，空气能逆着水流方向经过供水干管聚集到系统的最高处，通过膨胀水箱排出。设置在系统最高处的膨胀水箱用来容纳或补充系统中水因膨胀或渗漏而引起的余缺，同时用来排出系统中的空气。

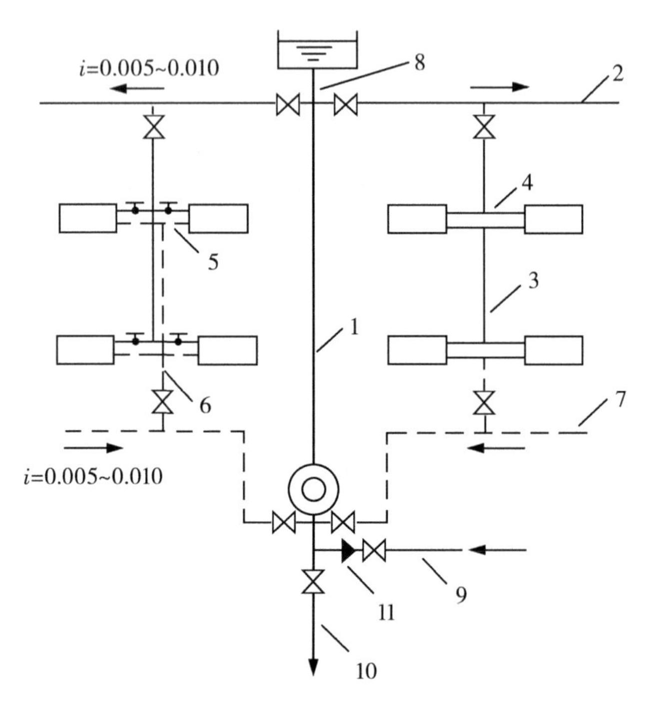

1—总立管；2—供水干管；3—供水立管；4—散热器供水支管；5—散热器回水支管；6—回水立管；7—回水干管；8—膨胀水箱连接管；9—充水管（接上水管）；10—泄水管（接下水道）；11—止回阀。

图 2－9　重力循环热水采暖系统

为使系统顺利排出空气以及在系统停止运行或检修时能通过回水干管顺利地排水，回水干管应有向锅炉方向的向下坡度。

A. 重力循环热水采暖双管系统作用压力的计算

在如图 2－10 所示的重力循环热水采暖双管系统中，供水同时在上、下两层散热器内冷却，形成两个并联环路和两个冷却中心，它们的作用压力分别为：

$$\Delta P_1 = gh_1(\rho_h - \rho_g) \tag{2-25}$$

$$\Delta P_2 = g(h_1 + h_2)(\rho_h - \rho_g) = \Delta P_1 + gh_2(\rho_h - \rho_g) \tag{2-26}$$

式中：ΔP_1——通过底层散热器 aS_1b 环路的作用压力，Pa；

ΔP_2——通过上层散热器 aS_2b 环路的作用压力，Pa。

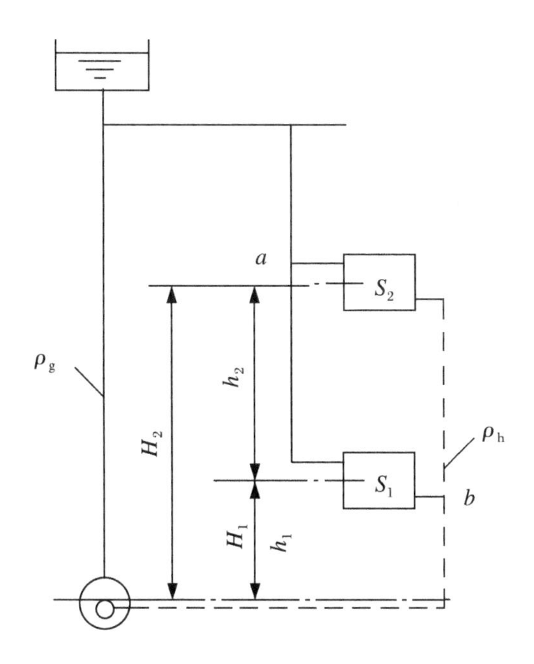

图 2－10　重力循环热水采暖双管系统

可见，在重力循环热水采暖双管系统中，虽然进入和流出各层散热器的供、回水温度相同（不考虑管路沿途冷却的影响），但是各层散热器与锅炉的高度差不同，这会形成上层作用压力大、下层作用压力小的现象。若选用不同管径的管路仍不能使各层阻力损失达到平衡，则会引起各层流量分配不均，也就必然会出现上热下冷的现象，通常将其称作系统垂直失调。

B. 重力循环热水采暖单管系统作用压力的计算

重力循环热水采暖单管系统的特点是热水顺序地流过多组散热器，并逐个冷却，冷却后回水返回热源。在如图 2－11 所示的重力循环热水采暖上供下回单管系统中，散热器 S_1 和 S_2 串联，引起重力循环作用压力的高度差为 h_1+h_2，冷却后水的密度分别为 ρ_1 和 ρ_2，则其作用压力为：

$$\Delta P_1 = gh_1(\rho_h - \rho_g) + gh_2(\rho_2 - \rho_g) \tag{2-27}$$

式(2-27)也可改写为:

$$\Delta P_2 = g(h_1 + h_2)(\rho_2 - \rho_g) + gh_1(\rho_h - \rho_2) = gH_2(\rho_2 - \rho_g) + gH_1(\rho_h - \rho_2) \tag{2-28}$$

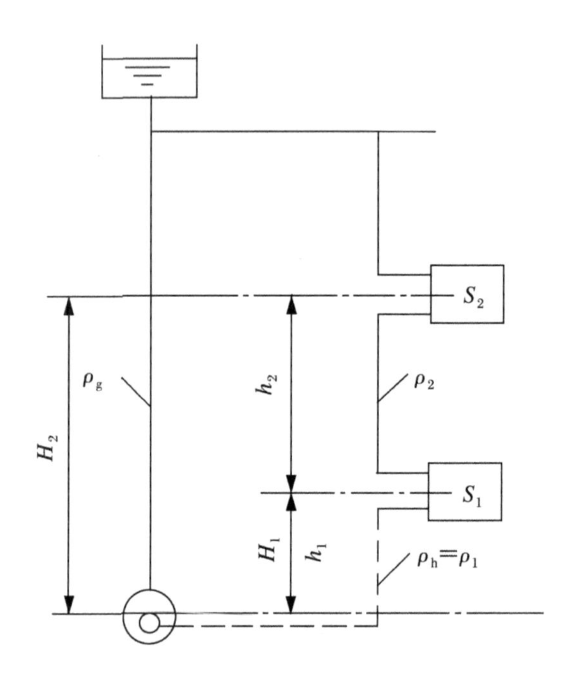

图2-11　重力循环热水采暖上供下回单管系统

同理,如图2-12所示,当循环环路中有N组串联的冷却中心(散热器)时,其作用压力可用以下通式表示:

$$\Delta P = \sum_{i=1}^{N} gh_i(\rho_i - \rho_g) = \sum_{i=1}^{N} gH_i(\rho_i - \rho_{i+1}) \tag{2-29}$$

式中:N——循环环路中冷却中心的总数;

i——N个冷却中心的序号,令沿水流方向的最后一组散热器序号为1;

g——重力加速度,取9.81 m/s^2;

ρ_g——采暖系统供水密度,kg/m^3;

h_i——计算冷却中心i到冷却中心$i-1$的垂直距离,m,当计算冷却中心$i=1$(沿水流方向最后一组散热器)时,h_i表示与锅炉中心的垂直距离;

ρ_i——流出计算冷却中心的水的密度，kg/m^3；

H_i——计算冷却中心到锅炉中心的垂直距离，m；

ρ_{i+1}——进入计算冷却中心 i 的水的密度，kg/m^3，当 $i=N$ 时，$\rho_{i+1}=\rho_g$。

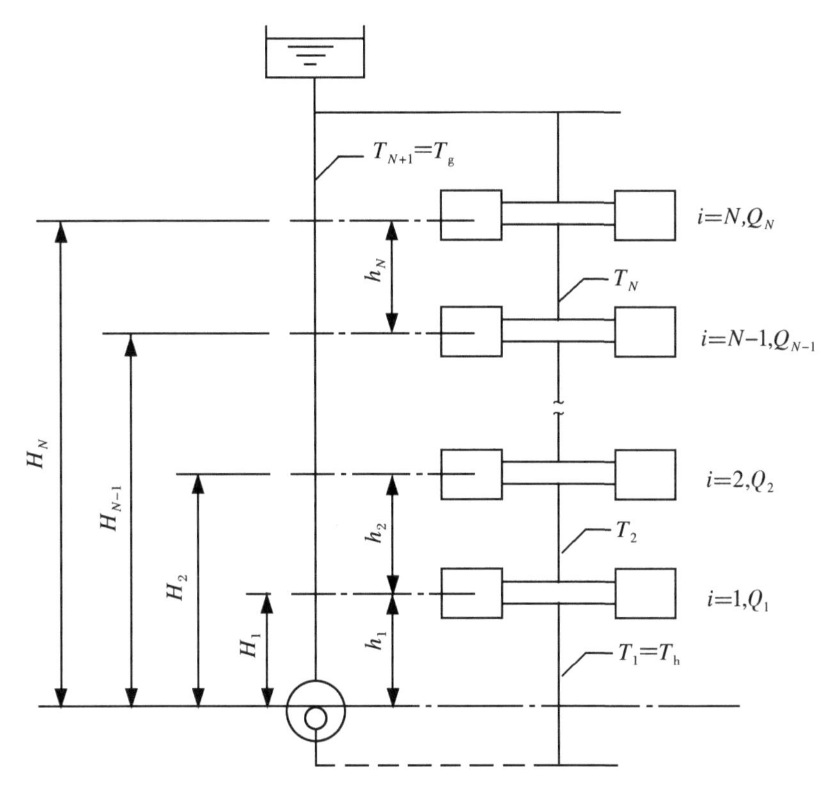

图 2－12　重力循环热水采暖单管（立管）顺流系统示意图

为计算重力循环热水采暖单管系统的作用压力，需要求出各个冷却中心之间管路中水的密度 ρ_i。为此，首先要确定各散热器之间的水温 T_i。

以图 2－12 为例，设供、回水温度分别为 T_g、T_h，立管串联 N 组散热器，每层散热器的散热量分别为 Q_1、$Q_2 \cdots Q_n$，则流出第 i 组散热器的水温 T_i 可按下式计算：

$$T_i = T_g - \frac{\sum_i^N Q_i}{\sum Q}(T_g - T_h) \tag{2-30}$$

式中：T_i——流出第 i 组散热器的水温，℃；

$\sum Q$——立管的总热负荷，$\sum Q = Q_1 + Q_2 + \cdots + Q_N$，W；

$\sum_{i}^{N} Q_i$——沿水流方向，第 i 组（包括第 i 组）散热器前全部散热器的散热量，W。

当管路中各管段的水温 T_i 确定后，相应地可确定其 ρ_i 值，然后根据式（2－29）即可求出单管重力循环系统的作用压力值。

在上述计算过程中没有考虑水在管路中的沿途冷却，假设水温只在加热中心（锅炉）和冷却中心（散热器）发生变化。实际上水的温度和密度在循环环路中不断变化，其不仅影响各层散热器进、出口水温，同时会增大循环作用压力。由于重力循环作用压力不大，因此在确定实际循环作用压力大小时，必须将水在循环环路中冷却产生的附加作用压力也考虑在内。

总的重力循环作用压力可用下式表示：

$$\Delta P_{zh} = \Delta P + \Delta P_f \qquad (2-31)$$

式中：ΔP——水在散热器内冷却产生的作用压力，Pa；

ΔP_f——水在循环环路中冷却产生的附加作用压力，Pa，具体数值可参阅有关设计手册确定。

（2）机械循环热水采暖系统

与重力循环热水采暖系统的主要差别是，机械循环热水采暖系统在系统中设置循环水泵，靠水泵的机械能使水在系统中循环。重力循环热水采暖系统的作用压力是有限的，系统的作用半径较小，只能用于管路较短的小型热水采暖系统。当系统作用半径较大、管路较长、重力循环不能满足系统工作要求时，应采用机械循环热水采暖系统。这是因为水泵所产生的作用压力很大，采暖的范围可以扩大。机械循环热水采暖系统不仅可用于单栋建筑，而且可以用于多栋建筑，甚至可以发展为区域热水采暖系统。但是，机械循环热水采暖系统会增加系统的日常运行电费和维修工作量。机械循环热水采暖系统主要有以下形式。

①垂直式系统

机械循环热水采暖垂直式系统如图 2－13 所示。图 2－13 左侧为上供下回式双管系统，右侧为单管式系统。机械循环热水采暖系统除膨胀水箱的连接位置与重力循环热水采暖系统不同外，还增加了循环水泵和排气装置。机械循环热水采暖系统中水流的速度往往超过水中分离出来的空气气泡的浮升速度。为使气泡不致被带入立管，应按水流方向设置供水干管上升坡度，使气泡随水流方向流动汇集到系统最高点，通过在最高点设置排气装置将空气排出系统。供水及回水干管的坡度宜采用 0.003，不得小于 0.002。回水干管的坡度与重力循环系统相同，应能使水顺利排出。

图 2－13 中的立管Ⅳ为单管跨越式系统。立管的一部分水流进散热器，另一部分水通过跨越管与散热器流出的回水混合，再流入下层散热器。这种散热器连接方式主要用于房间温度要求较严格、需要局部调节散热器散热量的建筑中。

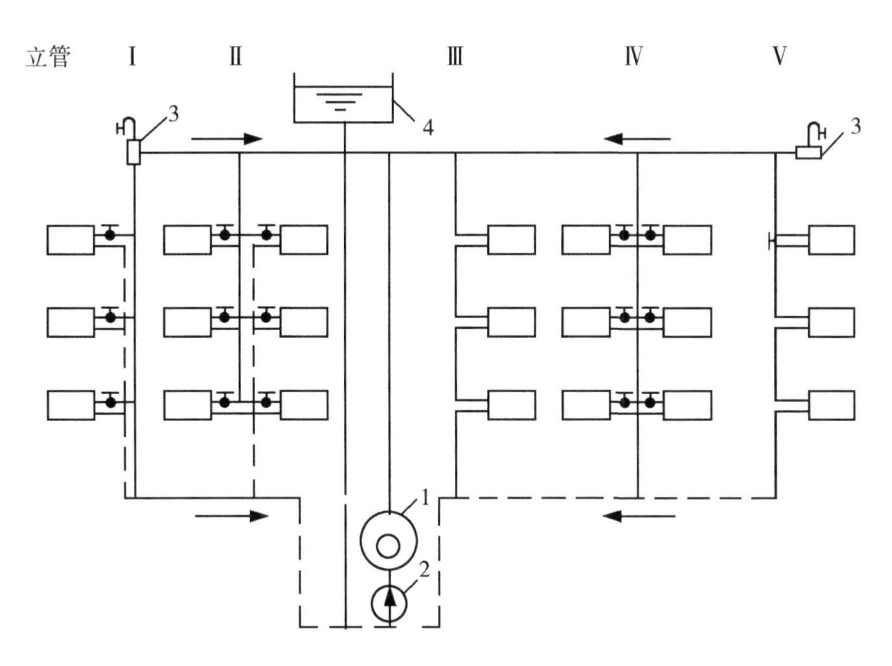

1—锅炉；2—循环水泵；3—排气装置；4—膨胀水箱。

图 2－13　机械循环热水采暖垂直式系统

A. 异程式系统

通过各个立管的循环环路总长度不相等的系统称为异程式系统。如图

2－13右侧所示，通过立管Ⅲ循环环路的总长度比通过立管Ⅴ的短。

异程式系统供、回水干管的总长度短，但在机械循环系统中，由于作用半径较大，连接立管较多，因此通过各个立管循环环路的压力损失较难平衡。有时靠近总立管最近的立管即使选用最小的管径（15 mm），仍会有很多的剩余压力。初调节不当时，会出现近处立管流量超过要求，而远处立管流量不足。在远、近立管处出现流量失调而引起水平方向冷热不均的现象，称为系统的水平失调。

B. 同程式系统

为了消除或减轻系统的水平失调，在供、回水干管走向布置方面，可采用同程式系统。同程式系统的特点是通过各个立管的循环环路的总长度都相等。如图2－14所示，通过最近处立管Ⅰ的循环环路与通过最远处立管Ⅳ的循环环路的总长度相等，因而压力损失易于平衡。但是，同程式系统管道的金属消耗量通常大于异程式系统。

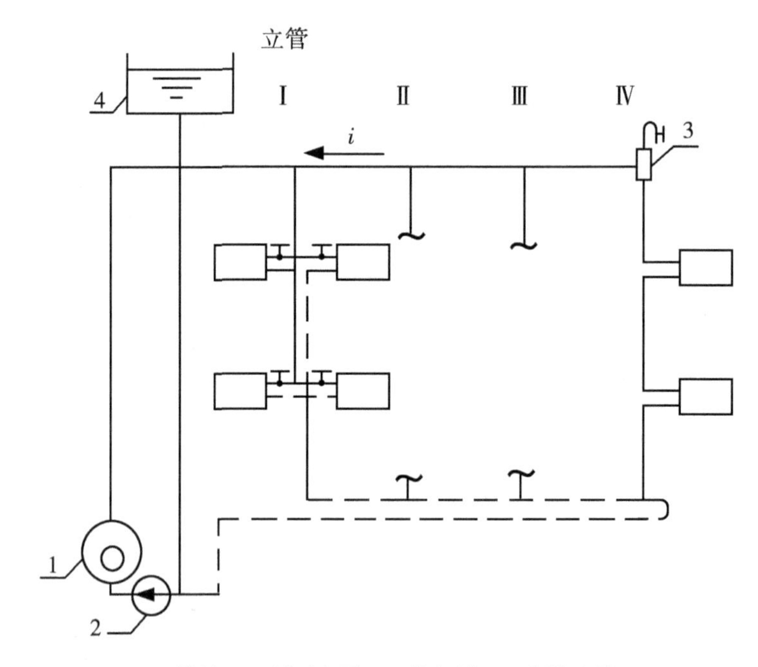

1—锅炉；2—循环水泵；3—集气罐；4—膨胀水箱。

图2－14　同程式系统

②水平式系统

水平式系统按供水管与散热器的连接方式分为顺流式(图 2－15)和跨越式(图 2－16)两类。这些方式在机械循环系统和重力循环系统中都可应用。

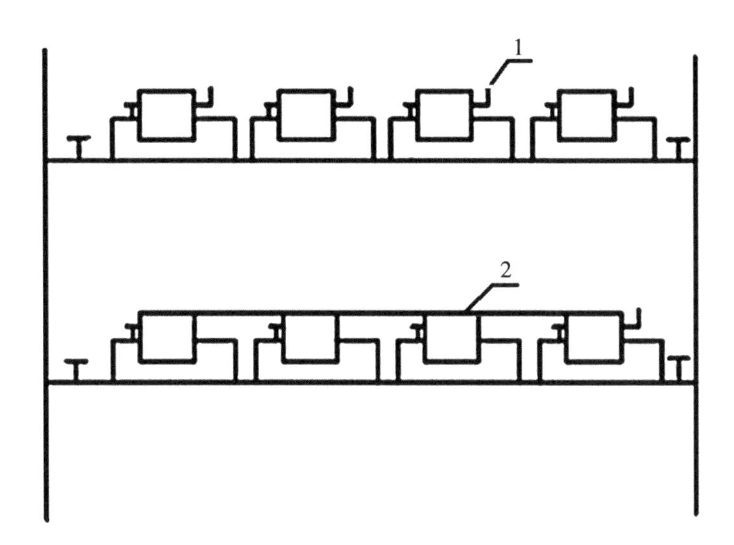

1—冷风阀;2—空气管。

图 2－15 水平式系统(顺流式)

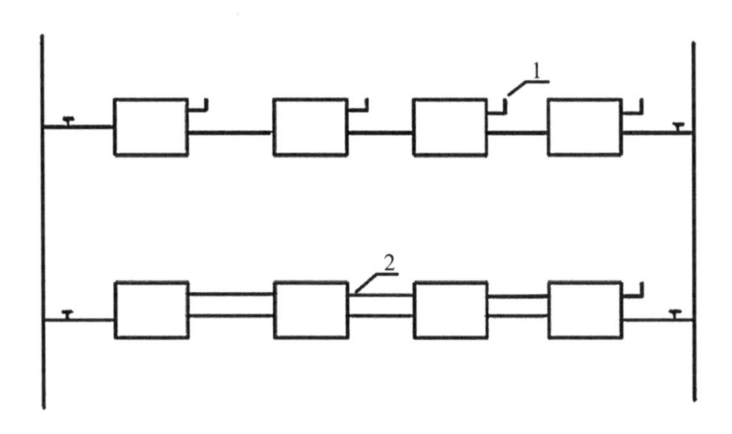

1—冷风阀;2—空气管。

图 2－16 水平式系统(跨越式)

水平式系统的排气方式要比垂直式上供下回系统复杂些。它需要在散热器上设置冷风阀分散排气，或在同一层散热器上部串联一根空气管集中排气。对于较小的系统，可用分散排气方式；对于散热器较多的系统，宜用集中排气方式。

与垂直式系统相比，水平式系统具有如下特点。

A. 系统的总造价一般比垂直式系统低。

B. 管路简单，无穿过各层楼板的立管，施工方便。

C. 有可能利用最高层的辅助间架设膨胀水箱，不必在顶棚上专设安装膨胀水箱的房间，这样不仅降低建筑造价，而且不影响建筑物外形美观。

但是，单管水平式系统串联散热器很多时，运行时易出现水平失调，即前端过热而末端过冷。

2.2.2.4 热水采暖系统的管道与附属设施

(1)管道与阀门

供热管道通常采用钢管。钢管能承受较大的内压力和一定的动负荷，管道连接简便，但钢管易腐蚀。室内采暖管道常采用水煤气管或无缝钢管，室外供热管道都采用无缝钢管和钢板卷焊管。

钢管的连接可采用焊接、法兰盘连接和螺纹连接。焊接比较简便、可靠，但不能拆卸。法兰盘连接装卸方便，通常用于管道与设备、阀门等需要拆卸附件的连接。螺纹连接能拆卸，又比法兰盘连接简便，常用于室内管道和管配件的连接。

阀门是用来开闭和调节热媒流量的配件。常用的阀门形式有截止阀、闸阀、旋塞和逆止阀等。

截止阀(图 2－17)通过阀盘起落来开闭管道通路，其公称直径规格为 15～200 mm。它的密闭性较好，是使用最广泛的一种阀门。

闸阀(图 2－18)通过升降闸板来开闭管道通路，其公称直径规格为 15～400 mm。闸阀的密闭性和调节性能不如截止阀，但安装长度短，流动阻力小，介质可正、反两个方向流动。

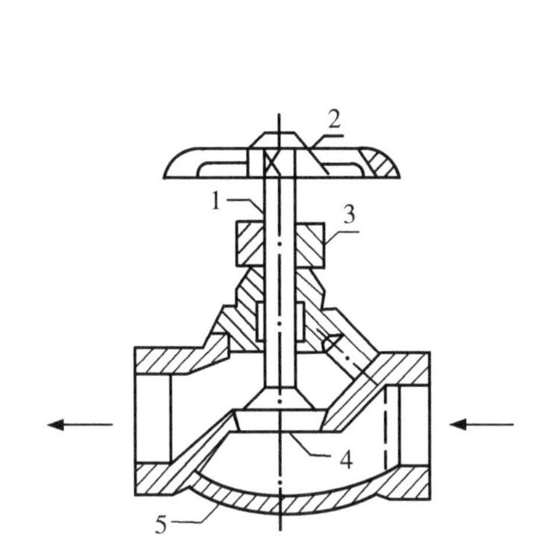

1—阀杆;2—手轮;3—压紧螺母;4—阀盘;5—阀体。

图 2-17　截止阀

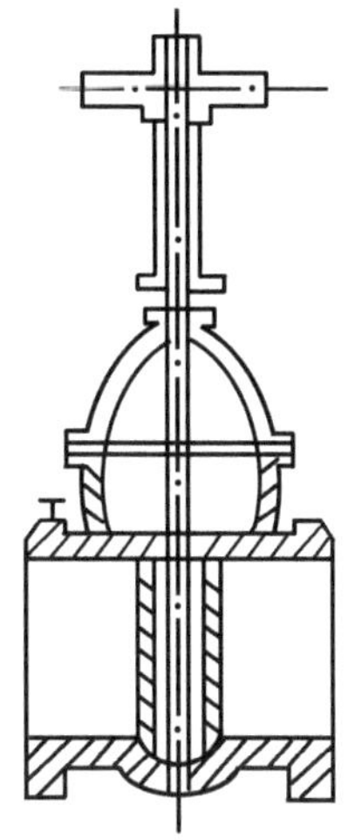

图 2-18　闸阀

旋塞(图 2-19)通过锥体塞上的孔旋转成与管孔一致或垂直来实现管道通路的开闭,其密闭性能较好。

逆止阀(图 2-20)是用来防止管道或设备内的介质倒流的一种阀门。其结构使阀瓣能被某一方向的流体动能开启,介质倒流时则关闭。逆止阀一般安在水泵出口或不允许流体反方向流动的地方。

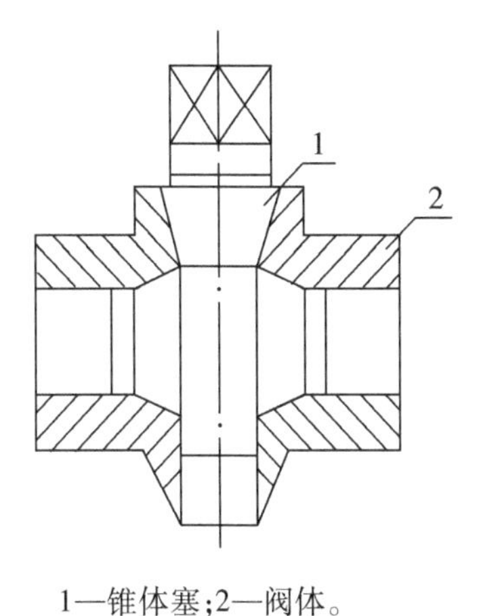

1—锥体塞;2—阀体。

图 2-19　旋塞

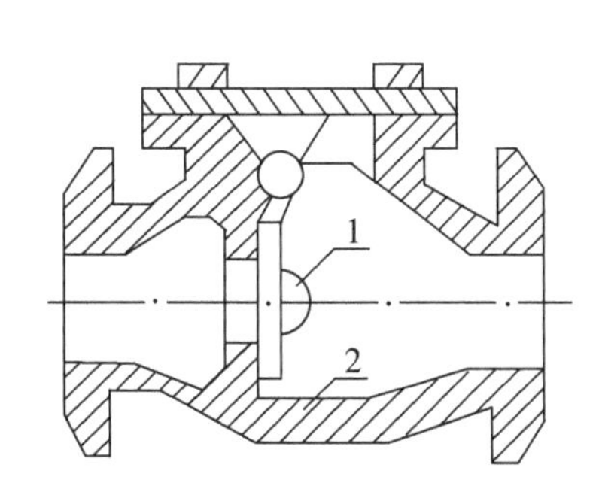

1—阀瓣;2—阀体。

图 2-20　逆止阀

在热水采暖系统中,开闭一般热水采暖管道采用闸阀,调节流量采用截止阀;放水放气在低温时采用旋塞,在高温时采用截止阀。

(2)膨胀水箱

膨胀水箱的作用是储存热水采暖系统中水加热产生的膨胀水量。在重力循环上供下回式系统中,膨胀水箱还起到排气作用。膨胀水箱的另一个作用是恒定采暖系统的压力。

膨胀水箱一般由钢板制成,通常是圆形或矩形。图 2 - 21 为圆形膨胀水箱构造图。水箱上连有膨胀管、溢流管、信号管、排水管及循环管等管路。当系统充水的水位超过溢流管口时,水通过溢流管自动溢流排出。信号管用来检查膨胀水箱是否存水。排水管用来在清洗水箱时放空存水和污垢。

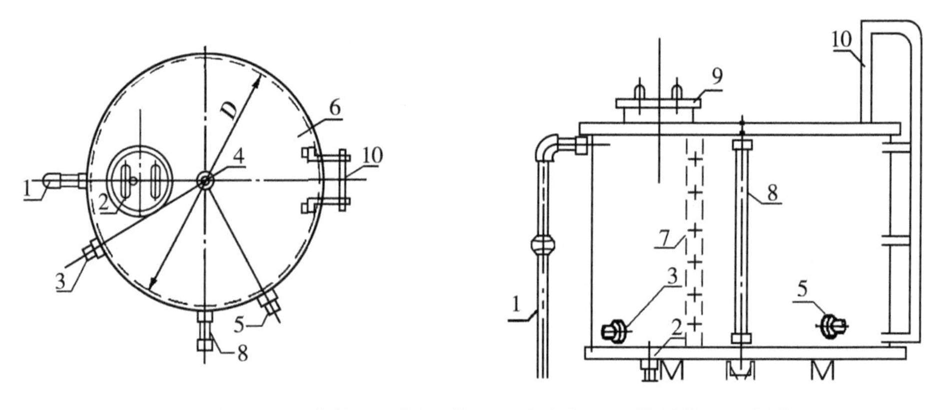

1—溢流管;2—排水管;3—循环管;4—膨胀管;5—信号管;6—箱体;
7—内人梯;8—玻璃管水位计;9—人孔;10—外人梯。

图 2 - 21 圆形膨胀水箱构造图

膨胀水箱与采暖系统管路的连接点,在重力循环系统中,应接在供水总立管的顶端;在机械循环系统中,一般接至循环水泵吸入口前。连接点处的压力在系统不工作或运行时都是恒定的,因而此点也称为定压点。

在机械循环系统中,膨胀水箱的循环管应接到系统定压点前的水平回水干管上,如图 2 - 22 所示,该点与定压点之间应保持 1.5 ~ 3.0 m 的距离。这样可使少量热水缓慢地通过循环管和膨胀管流过水箱,防止水箱里的水冻结。同时,膨胀水箱应考虑保温。在重力循环系统中,循环管也接到供水干管上,也应与膨胀管保持一定的距离。

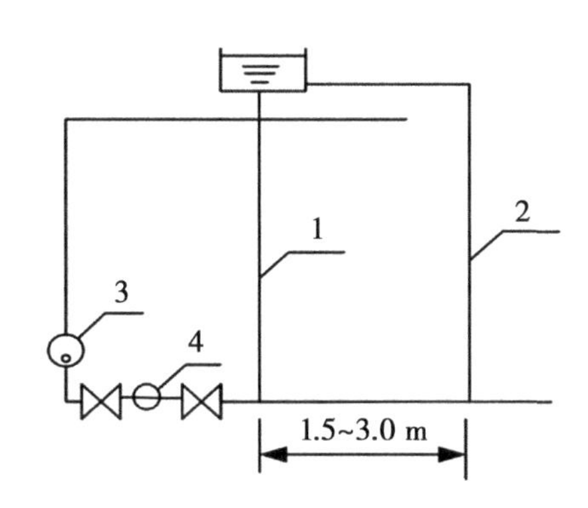

1—膨胀管;2—循环管;3—锅炉;4—循环水泵。

图 2-22 膨胀水箱与系统的连接

在膨胀管、循环管和溢流管上严禁安装阀门,以防系统超压,导致水箱水冻结或水从水箱溢出。

膨胀水箱的容积(即由信号管到溢流管之间的容积,单位为 L)可按下式计算:

$$V_p = \alpha_V \Delta T_{max} V_c \tag{2-32}$$

式中:α_V——水的体积膨胀系数,取 0.0006 ℃$^{-1}$;

V_c——系统内的水容量,L;

ΔT_{max}——考虑系统内水受热和冷却时水温的最大波动值,一般以 20 ℃水温算起。

如在 95/70 ℃低温水采暖系统中,$\Delta T_{max} = 95 - 20 = 75$ ℃,则式(2-32)可简化为:

$$V_p = 0.045 V_c \tag{2-33}$$

求出膨胀水箱容积后,可按《国家建筑标准设计图集》选用所需型号。

(3)集气罐和放气阀

热水采暖系统在充水前是充满空气的,充水后会有些空气残留在系统中。水中溶解的空气也会因系统中水被加热而分离出来。系统中的空气如果不及时排出,则会聚集在管道中形成气塞,影响水的正常循环。集气罐和放气阀是目前常见的排气设备。

集气罐由直径为100~250 mm的短管制成,有立式和卧式两种,如图2-23所示,其顶端连接直径为15 mm的排气管。

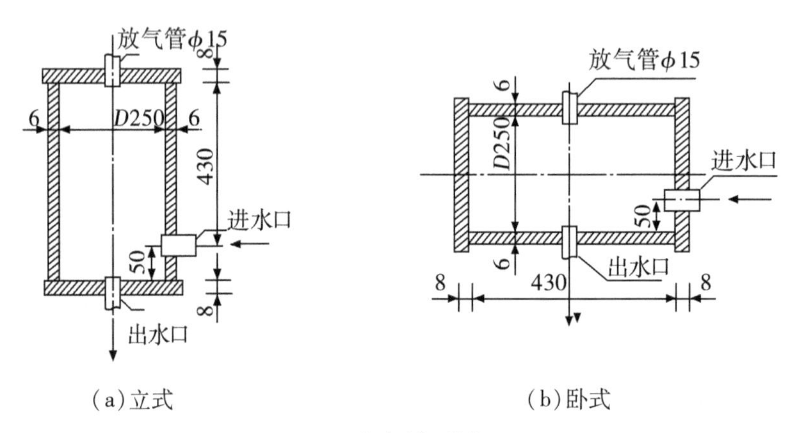

图2-23 集气罐(单位:mm)

在机械循环上供下回式系统中,集气罐应设在系统供水干管末端的最高处,如图2-24所示。当系统充水时,将排气管上的阀门打开放气,直至有水从管内流出时即加以关闭。在系统运行时,定期打开阀门将热水中分离出来并聚集在集气罐内的空气排出。集气罐标准型号和尺寸见《国家建筑标准设计图集》。放气阀多用于水平式系统中,设在散热器上部,用手动方式排出空气。

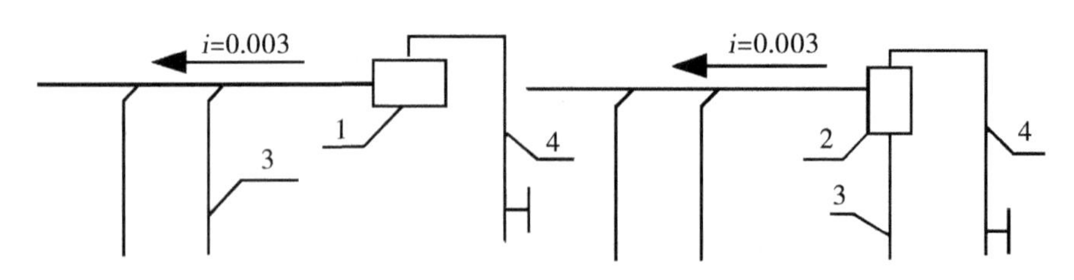

1—卧式集气罐;2—立式集气罐;3—末端立管;4—排气管。

图2-24 集气罐安装位置

(4)补偿器

采暖系统的管道是在常温下安装的。当系统管道输送热媒时,管道被热媒加热会伸长。如果此伸长量不能得到补偿,则会产生巨大的应力从而引起管道变形,甚至破裂。为减弱或消除热胀冷缩所产生的应力,应在管道固定支架之间设补偿器。

管道受热的自由伸长量可按下式计算:

$$\Delta L = \alpha_L (T_1 - T_2) L \tag{2-34}$$

式中:α_L——管道的线膨胀系数,一般可取 1.2×10^{-2} mm/(m·℃);

T_1——管壁的最高温度,可取热媒的最高温度,℃;

T_2——管道安装时的温度,当此温度不能确定时,可取最冷月的平均温度,℃;

L——计算管段的长度,m。

当采暖系统的管道较短时,由于一般管径不大,本身就具有一定的变形能力,所以不必考虑补偿。当直管段长度超过 25 ~ 30 m 时,就应该设置补偿器以吸收其热伸长量。

除了管道的自然补偿外,采暖管道上采用的补偿器主要有方形补偿器、波纹管补偿器和套筒补偿器等。

①自然补偿

自然补偿是指利用管路自身的弯曲管段(如 L 形或 Z 形)来补偿管段的热伸长。自然补偿不必特设补偿器,因此考虑管道的热补偿时应尽量利用其自然弯曲的补偿能力。自然补偿的缺点是管道变形时会产生横向位移,而且补偿的管段不能很长。

②方形补偿器

方形补偿器由四个 90°的弯头构成 U 形,如图 2 - 25 所示。方形补偿器靠弯管的变形来补偿管段的热伸长。方形补偿器通常用与采暖直管同径的无缝钢管煨弯或由机制弯头组合而成。它的优点是制造方便,不用专门维修,工作可靠,作用在固定支架上的轴向推力相对较小。其缺点是介质流动阻力大,所需空间大。方形补偿器在采暖管道中应用很普遍。

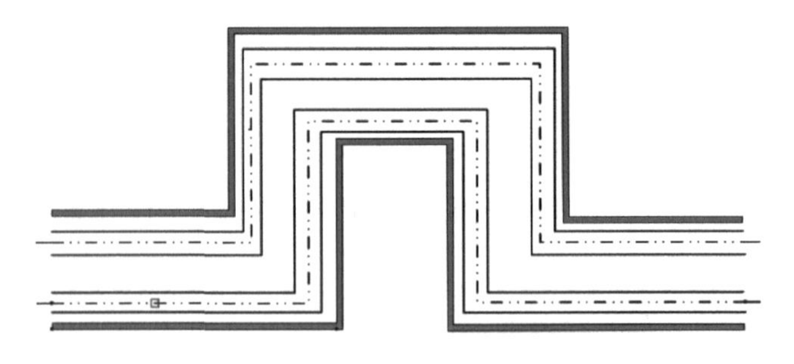

图 2－25　方形补偿器

③波纹管补偿器

波纹管补偿器是将金属片冲压焊接成波纹形的装置,如图 2－26 所示。波纹管补偿器利用金属片本身的弹性伸缩来补偿热伸长量。它的优点是所需空间小,不用专门维修,介质流动阻力小,但其造价较高。

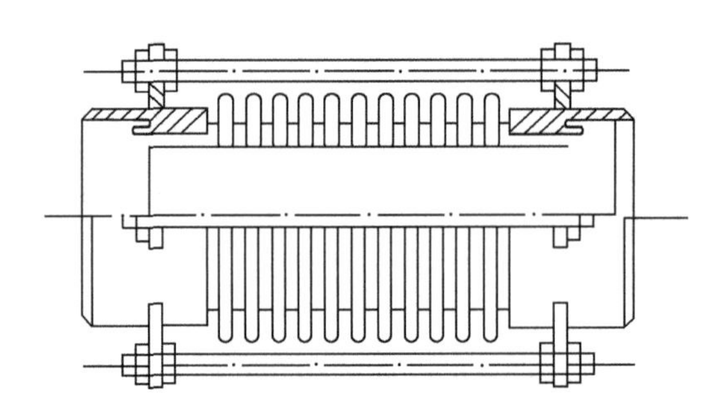

图 2－26　波纹管补偿器

④套筒补偿器

套筒补偿器是由用填料密封的套管和外壳管组成的,二者同心套装并可轴向补偿。图 2－27 所示为单向套筒补偿器。套筒 1 与外壳体 3 之间用填料圈 4 密封。填料被紧压在前压兰 2 与后压兰 5 之间,以保证封口紧密。补偿器直接焊接在采暖管道上。

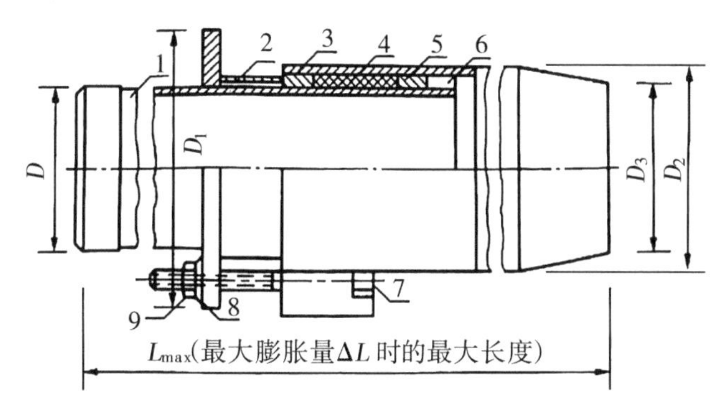

1—套筒;2—前压兰;3—外壳体;4—填料圈;5—后压兰;

6—防脱肩;7—T 形螺栓;8—垫圈;9—螺帽。

图 2-27　单向套筒补偿器

套筒补偿器的补偿能力大,一般可达 250 ~ 400 mm,所占空间小,介质流动阻力小,造价低,但其压紧、补充和更换填料的维修工作量大,管道在地下敷设时要增设检查井。当管道变形有横向位移时,易造成填料圈卡住,套筒补偿器只能用在直线管段上。当在弯管或阀门处使用套筒补偿器时,其轴向产生的盲板推力(由内压引起的不平衡水力推力)较大,需要设置加强的固定支座。

2.2.2.5　热水采暖系统的水力计算

(1)水力计算的基本原理

设计热水采暖系统时,为使系统中各管段的水流量符合设计要求,保证流进各散热器的水流量符合要求,需要进行管路的水力计算。在管路的水力计算中,通常把管路中水流量和管径都没有改变的一段管段称为一个计算管段。任何一个热水采暖系统的管路都是由许多串联或并联的计算管段组成的。水力计算是在从热源到各采暖间的采暖系统布置和连接形式确定后进行的。通常需绘出系统的轴测图,并在图上表示出系统内各管段的长度、各管段的热负荷以及管段上布置和连接的各种配件。

根据流体力学可知,热媒在管路系统中流动时,能量将损失在管路的沿程阻力和局部阻力上。热水采暖系统中计算管段的阻力损失可用下式表示:

$$\Delta P = RL + Z \tag{2-35}$$

式中:R——每米管道的沿程阻力损失(比摩阻),Pa/m;

L——管段长度,m;

Z——管段的局部阻力损失,Pa。

①沿程阻力损失

由流体力学可知,每米管道的沿程阻力损失计算公式为:

$$R=\frac{\lambda}{d}\cdot\frac{\rho\nu^2}{2} \tag{2-36}$$

式中:λ——管段的摩擦阻力系数;

d——管道内径,m;

ν——热媒在管道内的流速,m/s;

ρ——热媒的密度,kg/m³。

管段的摩擦阻力系数取决于管内热媒的流态和管壁的粗糙程度。在热水采暖系统管道中,热水在室内管路内的流态几乎都是处在过渡区内,在室外管路内的流态大多处于粗糙管区(阻力平方区)内。对于过渡区:

$$\lambda=\frac{1.42}{\left(\lg Re\cdot\frac{d}{K}\right)^2} \tag{2-37}$$

对于粗糙管区:

$$\lambda=0.11\left(\frac{K}{d}\right)^{0.25} \tag{2-38}$$

过渡区的范围大致可用下式确定:

$$Re_1=11\frac{d}{K}\text{或}\ \nu_1=11\frac{\nu}{k} \tag{2-39}$$

$$Re_2=455\frac{d}{K}\text{或}\ \nu_2=455\frac{\nu}{k} \tag{2-40}$$

式中:k——管壁当量绝对粗糙度,m,其值与管道使用状况和使用时间等因素有关,对于热水采暖系统,室内系统管路取 $k=0.2$ mm,室外管路取 $k=0.5$ mm;

d——管道内径,m;

Re——雷诺数,$Re=\frac{\nu d}{k}$;

ν——热水的运动黏滞系数,m²/s。

$\nu_1 < \nu < \nu_2$ 时为过渡区；$\nu > \nu_2$ 时为粗糙管区。

在设计过程中，往往只知道管段内的水流量。对于室内热水采暖系统，水流量 G 的单位通常以 kg/h 表示。热媒的流速与流量的关系为：

$$\nu = \frac{G}{3600\,\frac{\pi d^2}{4}\cdot\rho} = \frac{G}{900\pi d^2\rho} \tag{2-41}$$

②局部阻力损失管段的局部阻力损失

局部阻力损失管段的局部阻力损失（单位为 Pa）可按下式计算：

$$Z = \sum\xi\frac{\rho\nu^2}{2} \tag{2-42}$$

式中：$\sum\xi$——管段中各配件的局部阻力系数之和。

注意：在统计局部阻力时，对于三通和四通管件的局部阻力系数，应列在流量较小的管段上。

③串联、并联管道的流量和阻力损失

任何热水采暖系统都是由管道、设备和配件串联或并联组成的。系统管路由几个串联管段组成时（如图 2－28），流经各管段的流量相等，其总阻力损失为各管段阻力损失总和：

$$\Delta P = \Delta P_1 + \Delta P_2 + \Delta P_3 \tag{2-43}$$

式中：$\Delta P_1,\Delta P_2,\Delta P_3$——各串联管段阻力损失，Pa。

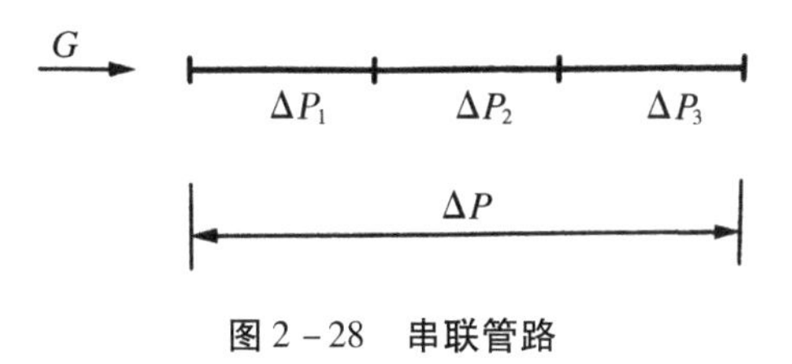

图 2－28　串联管路

在采暖系统中，构成并联管路的各分支管路的压力损失总是相等的，并且等于分流节点与合流节点之间的压力总损失。各并联管路压力损失必定相等称为并联管路压力损失平衡定律。在如图 2－29 所示的并联管路中，各并联管路压力损失相等，即：

$$\Delta P = \Delta P_1 = \Delta P_2 = \Delta P_3 \tag{2-44}$$

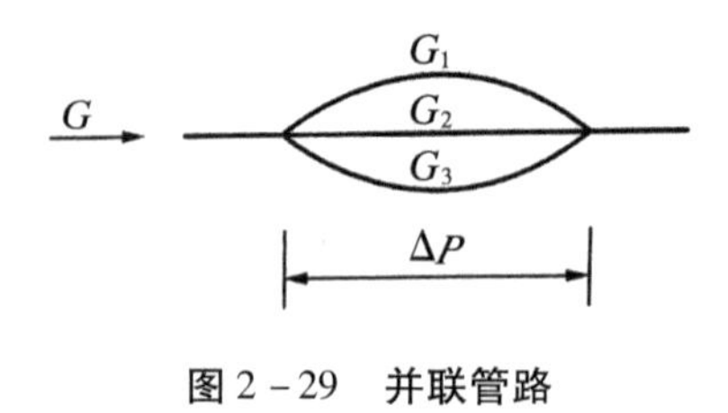

图 2－29　并联管路

根据流体连续性定律，在管道的分流点，热媒流入流量之和必定等于流出流量之和，即：

$$G = G_1 + G_2 + G_3 \tag{2-45}$$

式中：G_1，G_2，G_3——各并联管段流量，kg/h。

流体连续性定律和并联管路压力损失平衡定律是采暖系统水力计算的重要原则。

(2)水力计算的方法

热水采暖系统管路水力计算通常有以下几种情况。

一是按已知系统各管段的流量和系统的循环作用压力确定各管段的管径。

二是按已知系统各管段的流量和各管段的管径确定系统所必需的循环作用压力。

三是按已知系统中各管段的管径和该管段的允许压降确定通过该管段的水流量。

热水采暖系统是由许多串联或并联管段组成的管路系统。管路的水力计算从系统的最不利循环环路开始，即从允许比摩阻最小的一个环路开始计算。与上述三种情况对应的计算方法有参考比摩阻法、允许流速法、变温降法。

①参考比摩阻法

当系统水循环的作用压力差已预先规定时，可按照此压力差和系统最不利循环环路的管路总长度概算出一个所谓的参考平均比摩阻 R_{pj}，即：

$$R_{pj} = a_g \Delta P / \sum l \tag{2-46}$$

式中：ΔP——最不利循环环路的作用压力差，Pa；

$\sum l$——最不利循环环路的管路总长度,m;

a_g——沿程阻力损失占总阻力损失的估计百分数,对于自然循环或机械循环热水采暖系统,$a_g=0.5$,对于室外热水管网,$a_g=0.8\sim0.9$。

根据求出的参考平均比摩阻 R_{pj} 和最不利循环环路上各管段计算流量 G,利用水力计算图表,选择各管段最接近的管径 d,可计算出最不利循环环路的流动阻力,其计算阻力不应超过系统规定的压差。对于系统中的其他环路,应和最不利循环环路进行阻力平衡来确定其管径。

②允许流速法

热媒的流速是影响全系统经济性的因素之一。增大热水流速可以缩小管径,节省管材;热水流速过大会使压力损失加大,增加运行的电力消耗。管径太小也不利于环路的水量调节。经过技术经济分析得出的热水采暖管内最大允许流速见表 2-6。

表 2-6　热水采暖管内最大允许流速

管径/mm	15	20	25	32	40	≥ 50
最大允许流速/($m \cdot s^{-1}$)	0.50	0.65	0.80	1.00	1.00	1.50

根据最大允许流速和各管段的计算流量,利用水力计算图表确定管径,并计算系统的阻力,确定水泵型号。这种计算方法适用于事先并不知道系统循环作用压力的情况。

另外,也可以用选定的经济比摩阻来确定管路管径。为了使各循环环路易于平衡,最不利循环环路的平均比摩阻不宜选得过大,设计实践中一般取 60~120 Pa/m。

③变温降法

以上两种方法都是根据设计热负荷和供、回水温差来计算管段的热水流量,由已定的流量与作用压力或允许最大流速(或经济比摩阻)来确定管径。在计算管段热水流量时,对于双管系统的散热器或单管系统的各立管,均在供、回水温度相同的假设下得出水流量，所以以上两种方法均为等温降法。基于管径规格的限制，等温降法计算中最后所选择的管径很难在符合并联管路压力损失平衡定律的前提下，保证各管段通过设计流量。这样，即使安置阀门进行调节也难以实现预定的供、回水温差相等，从而造成系统水力失调和热力失调。

变温降法就是在单管系统中各立管温降各不相等的前提下进行水力计算。它以并联管路压力损失平衡定律为计算依据。在热水采暖系统的并联管路上，当其中一个并联支路节点的压力损失确定后，对于另一个并联支路（例如某根立管），预先给定其管径，从而确定通过该立管的热水流量以及该立管的实际温降。这种计算方法对各立管间的流量分配完全遵守并联管路压力损失平衡定律，使设计工况与实际工况基本一致。

变温降法水力计算步骤如下。

第一步，任意给定最远立管的温降（一般比供、回水温差高 2 ~ 5 ℃），求出最远立管的计算流量。根据该立管的流量，选用经济比摩阻（或允许最大流速），确定最远立管和环路末端供、回水干管的管径以及相应的压力损失值。

第二步，确定环路最末端第二根立管的管径。该立管与上述计算管段为并联管路。根据已知节点的压力损失，给定该立管的管径，从而确定通过环路最末端第二根立管的计算流量及计算温降。

第三步，按照上述方法，由远至近，依次确定该环路上供、回水干管各管段的管径及相应的压力损失，以及各立管的管径、计算流量和计算温降。

第四步，系统中有多个分支循环环路时，按上述方法计算各个分支循环环路的数值。计算得出的各循环环路在节点压力平衡状况下的流量总和，一般都不会等于设计要求的总流量，最后需要根据并联环路流量分配和压降变化的规律，对初步计算出的各循环环路的流量、温降和压降进行调整。

整个水力计算过程结束后，确定各立管散热器所需的面积。

2.2.2.6 热水采暖系统的调节

一个优良的热水采暖系统不仅应能在设计条件下维持室内温度，而且也应能在非设计条件下保证一定的室内温度。这不仅需要有正确的设计，还需要对供热网路进行有效的调节。

调节可分为初调节和运行调节两种。一个热水采暖系统在建成和投入运行时,有些部分的室温总会不符合要求,这时可以利用预先安装好的阀门对各支路的流量进行一次调节,这就是采暖系统的初调节。初调节应首先通过各建筑物入口与室外网路连接的阀门进行,使与热源距离不同的建筑物达到平衡,然后对室内系统各支管进行调节,使各采暖间的室温达到设计值。

在完成初调节后,还必须根据变温管理的要求和室外气象条件的变化对热水采暖系统进行调节,使散热器的散热量与实际热负荷的变化相适应,以防止发生过热或过冷现象。这种在运行中为适应条件变化而进行的调节称为运行调节。运行调节能提高采暖间室温的精度,并能节约能源。

根据采暖调节地点的不同,采暖调节可分为集中调节、局部调节和个体调节三种调节方式。集中调节在热源处进行;局部调节在用户入口处进行;个体调节直接在散热器处进行。其中,集中调节容易实施,运行管理方便,是最主要的调节方法。

(1)运行调节相关计算

当供热网路在设计条件下运行时,如果不考虑管网热损失,则必定满足下列平衡条件:

$$Q'_1 = Q'_2 = Q'_3 \tag{2-47}$$

式中:Q'_1——建筑物的采暖设计热负荷,kW;

Q'_2——在采暖室外计算温度 T'_o 下,散热器放出的热量,kW;

Q'_3——在采暖室外计算温度 T'_o 下,采暖管网输送的热量,kW。

其中:

$$Q'_1 = q'V(T'_i - T'_o) \tag{2-48}$$

$$Q'_2 = K'F(T'_{pj} - T'_i) \tag{2-49}$$

$$Q'_3 = G'c(T'_g - T'_h) \tag{2-50}$$

式中:q'——建筑物的体积热指标,即建筑物每 1 m^3 外部体积在室内外温度差为 1 ℃时的耗热量,kW/(m^3 · ℃);

V——建筑物的外部体积,m^3;

T'_i,T'_o——采暖室内计算温度与室外计算温度,℃;

T'_g,T'_h——进入采暖用户的供水温度与采暖用户的回水温度,℃;

T'_{pg}——散热器内热媒的平均温度,℃;

K'——散热器在设计工况下的传热系数，kW/(m^2·℃)；

F——散热器的散热面积，m^2；

G'——采暖用户的循环水量，kg/s；

c——热水的质量比热容，4.187 kJ/(kg·℃)。

散热器的放热方式为自然对流放热，其传热系数 $K' = a(T'_{pj} - T'_i)^b$。对于整个采暖系统来说，可以近似地认为 $T'_{pj} = (T'_g - T'_h)/2$，则式(2－49)可改写为：

$$Q'_2 = aF\left(\frac{T'_g + T'_h}{2} - T'_i\right)^{1+b} \tag{2-51}$$

同理，在非设计条件的稳定运行状态，也可得出相似的热平衡方程：

$$Q_1 = Q_2 = Q_3 \tag{2-52}$$

$$Q_1 = qV(T_1 - T_o) \tag{2-53}$$

$$Q_2 = aF\left(\frac{T_g + T_h}{2} - T_i\right)^{1+b} \tag{2-54}$$

$$Q_3 = Gc(T_g - T_h) \tag{2-55}$$

令运行调节时所需的热负荷与设计热负荷之比为相对热负荷 $\overline{Q}$，而流量之比为相对流量 $\overline{G}$，则：

$$\overline{Q} = \frac{Q_1}{Q'_1} = \frac{Q_2}{Q'_2} = \frac{Q_3}{Q'_3} \tag{2-56}$$

$$\overline{G} = \frac{G}{G'} \tag{2-57}$$

同时，为了便于分析计算，假设采暖热负荷与室内外温差的变化成正比，即把采暖热指标视为常数($q' = q$)。但实际上，由于室外的风速和风向，特别是太阳辐射热的变化与室内外温差无关，因此这个假设会有一定的误差。若不考虑这一误差的影响，则：

$$\overline{Q} = \frac{Q_1}{Q'_1} = \frac{T_i - T_o}{T'_i - T'_o} \tag{2-58}$$

$$\overline{Q} = \frac{Q_2}{Q'_2} = \frac{(T_g + T_h - 2T_i)^{1+b}}{(T'_g + T'_h - 2T'_i)^{1+b}} \tag{2-59}$$

$$\overline{Q} = \frac{Q_3}{Q'_3} = \overline{G}\,\frac{T_g - T_h}{T'_g - T'_h} \tag{2-60}$$

以上三式是热水采暖系统集中调节的三个基本方程式。式中分母均为设计工况的已知参数。在某一室外温度 T_o 的运行工况下，若要保持室内温度不变，即 $T'_i = T_i$，则应保证有相应的 T_g、T_h、$\overline{Q}(Q)$ 和 $\overline{G}(G)$ 四个未知数，但只有三个联立方程式，因此需要引入补充条件，才能求出四个未知数的解。所谓的引入补充条件，就是要选定某种调节方式。

(2)运行调节方式

热水采暖系统的集中调节方式有质调节、分阶段改变流量的质调节及间歇调节等，应根据建筑物的热稳定性、采暖系统的形式及热媒参数进行技术经济比较，确定选用哪种运行调节方式。

①质调节

热水采暖系统的循环水量不变($\overline{G}=1$)，而只改变其供水温度的调节称为质调节。对于无混合装置的直接连接的热水采暖系统，将 $\overline{G}=1$ 代入热水采暖系统集中调节的三个基本方程式，可求出质调节的供、回水温度。对于有混合装置的直接连接的热水采暖系统(如用户或热力站处设置水喷射器或混合水泵，见图 2-30)，网路供水温度 $\tau_1 > T_g$，网路回水温度 $\tau_2 = T_h$，利用混合装置使采暖用户部分回水量 G 与网路的循环水量 G_o 混合，从而改变采暖用户的供水温度 T_g。

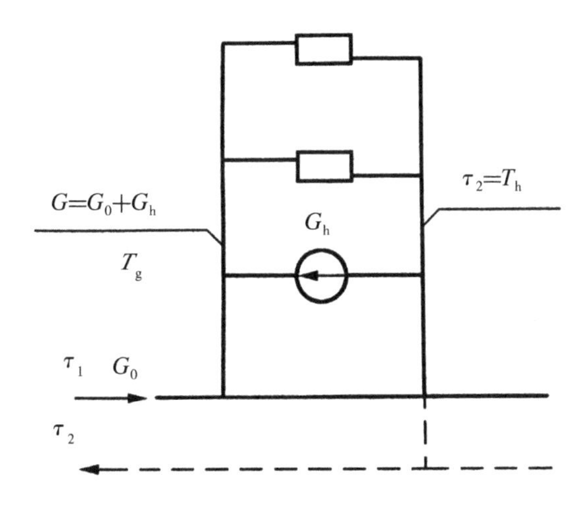

图 2-30　有混合装置直接连接的热水采暖系统的质调节

②分阶段改变流量的质调节

供水温度不变,只改变系统流量的调节称为量调节。由于系统流量的连续变化难以控制,因此一般不采用单纯的量调节,而采用分阶段改变流量的质调节。整个采暖期根据室外温度高低分为几个阶段,应在室外温度较低的阶段保持较大的流量,而在室外温度较高的阶段保持较小的流量。在每个阶段内,可采用维持流量不变而改变网路供水温度的质调节。在中小型热水采暖系统中,一般可选用两台不同规格的循环水泵,其中一台循环水泵的流量和扬程按设计值的100%选择,而另一台循环水泵的流量可按设计值的75%、压头可按设计值的56%选择,后者供室外温度较小时使用。在这种情况下,循环水泵的运行电耗可减至42%左右。与单一的质调节相比,分阶段改变流量的质调节可节省电耗,同时两台水泵中的一台还可作为备用水泵。

③间歇调节

当室外温度升高时,不改变网路的流量和供水温度,而只减少采暖的时数,这种调节称为间歇调节。间歇调节主要用在室外温度较高的采暖初期和末期,作为一种辅助调节措施。

2.2.3 热风采暖系统

热风采暖是指利用热源将空气加热到要求的温度,然后由风机将热空气送入采暖间。热风采暖系统的优点是设备投资低,可以与冬季通风相结合而避免冬季冷风对动植物的危害;供热分配均匀,便于调节和实现自动控制。热风采暖系统的缺点是采暖系统停止工作后余热小,室温降低较快,但在系统能实现自动控制时影响很小。热风采暖系统常用于幼畜禽舍、温室和通风储藏室。

2.2.3.1 热风采暖系统的形式

热风采暖系统的主要形式有热风炉式、空气加热器式、暖风机式和加热器管道风机式。

(1)热风炉式热风采暖系统

图2-31为常见的燃煤热风炉。热风炉由砖砌成,加热风管常采用直径为

60～150 mm 的铸铁管。燃煤热风炉工作时，煤在炉膛 8 内燃烧，燃烧后的烟气通过烟道 2 排出，同时对加热风管 3 的外壁进行加热。风机 6 开动时，形成的吸力使空气从空气室 1 进入，在通过加热风管 3 时受到管壁的加热，再经过热风室 4 进入风机 6，由风机通过热风管 5 送入采暖间，由空气分配管均匀分配。空气分配管两侧有成排的均布孔，管子可由薄钢板、塑料薄膜制成。

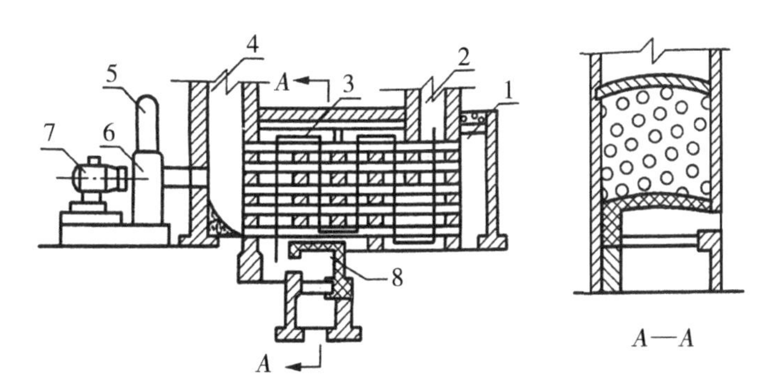

1—空气室；2—烟道；3—加热风管；4—热风室；5—热风管；6—风机；7—电动机；8—炉膛。

图 2－31　常见的燃煤热风炉

（2）空气加热器式热风采暖系统

图 2－32 为奶牛舍热风采暖系统，由空气加热器 5、风机 6、阀门 3 和空气分配管道 4 等组成。风机 6 将室外空气通过空气加热器 5 后吸入，再压入牛舍内的空气分配管道 4 均匀分布至牛舍内。空气在通过空气加热器时受到加热。该系统与牛舍冬季通风相结合，形成正压式通风，舍内压力使污浊空气通过屋顶上部排气缝隙排出。

空气加热器以热水或蒸汽作为热媒，热媒由锅炉提供。空气加热器由数排管子和联箱组成，如图 2－33 所示。热水或蒸汽从进口进入，通过排管后由出口排出，空气沿垂直于加热器的方向通过并得到加热。由于热媒（热水或蒸汽）与管的换热系数高，而空气与管的换热系数低，因此在管外加肋片，以增大空气一侧的换热面积，增强其对空气的传热性能。

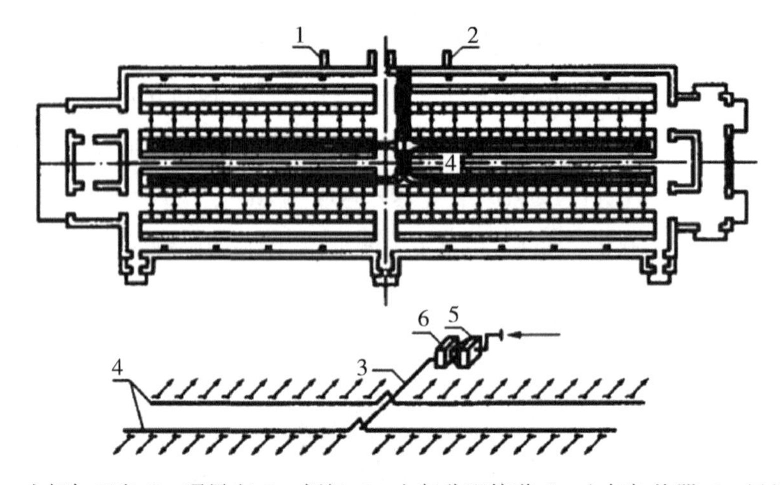

1—牛奶加工室;2—通风室;3—阀门;4—空气分配管道;5—空气加热器;6—风机。

图 2－32　奶牛舍热风采暖系统

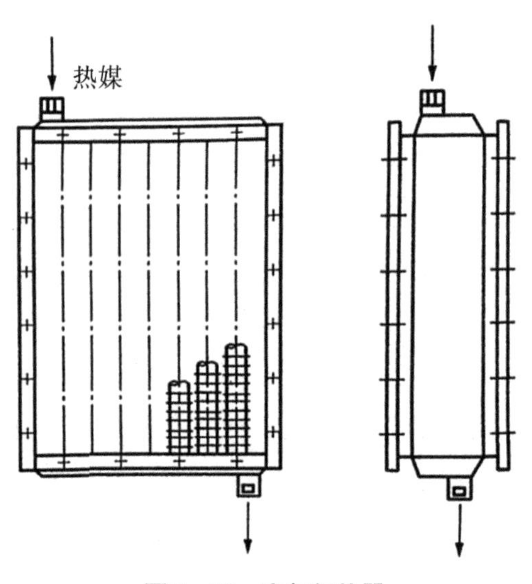

图 2－33　空气加热器

为了保证空气加热器的性能,应力求管子和肋片之间接触紧密。常将肋片与管子接触处进行热浸镀锌消除间隙,或用加厚壁管直接挤压出肋片。

(3)暖风机式热风采暖系统

暖风机式热风采暖系统主要是将一定数量的暖风机安置在采暖间内,构成热风式采暖系统。暖风机又称热风机,它由吸气口、风机、空气加热器和送风口组合成整体机组,如图 2－34 所示。在风机的作用下,室内空气由吸风口进入机体,经空气加热器加热变成热风,然后经送风口送至室内,以保证室内维持一定的温度。空气加热器可以用蒸汽或热水作为热媒。

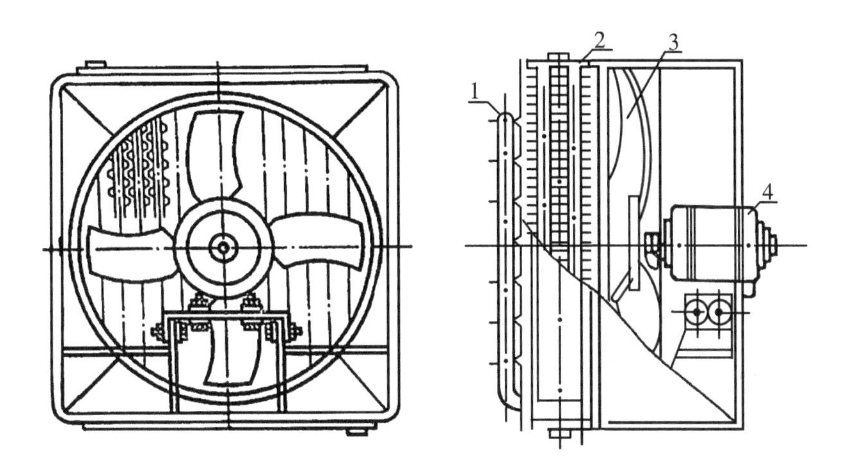

1—导向板;2—空气加热器;3—轴流风机;4—电动机。

图 2－34　暖风机

部分国产吊挂式暖风机的技术性能见表 2－7。

表 2－7　部分国产吊挂式暖风机的技术性能

暖风机型号	热介质	产热量/kW	流量/($m^2 \cdot h^{-1}$)	温度/℃		风速/($m \cdot s^{-1}$)	电机功率/kW	外形尺寸(长×宽×高)/mm
				进口	出口			
NC－30	蒸汽	31.4～40.7	2100	15.0	48.0～58.2	7.2	0.6	533×633×540
	热水	11.0			26.5			
NC－60	蒸汽	58.1～75.5	2100	15.0	50.0～60.0	6.0	1.0	689×611×696
	热水	23.8			29.5			

(4)加热器管道风机式热风采暖系统

除了以热水或蒸汽为热媒的热风机以外,还有烧燃油、天然气或液化石油气的热风机。这类热风机以烟道金属管壁作为热交换器,空气流过时得到加热,这类热风机不需要锅炉,使用方便。我国燃油和可燃气资源不够丰富,这类热风机未得到广泛应用。

2.2.3.2 送风温度和送风量

热风采暖系统的主要参数是送风温度和送风量。二者主要取决于农业建筑设施的类型和设计热负荷。设计热负荷为建筑物的失热和得热之差。设热风采暖系统的送风量为 L_h,则热负荷计算公式为:

$$Q_h = L_h \rho_a c_p (T_2 - T_1) = (\sum KA + L\rho_a c_p)(T_i - T_o) - \frac{nq_s}{3.6} \qquad (2-61)$$

式中:T_2——热风采暖系统出口空气温度,即送风温度,℃;

T_1——热风采暖系统入口空气温度,℃,当入口在室外时,取作室外气温 T_o,当入口在室内时(室内环流热风采暖),取作室内气温 T_i。

为简化起见,式(2-61)未考虑各项附加耗热量的修正,当需要更准确地计算时,可参照式(2-8)的形式进行计算。

对于如图2-32所示的与冬季通风相结合的热风采暖系统,其热风送风量为 $L_h = L$;对于采用暖风机以室内环流热风方式采暖的情况,暖风机送风与温室通风为各自分开的系统,则热风送风量 L_h 与设施的通风量 L 应分别计算。

根据以上热负荷公式,计算时有两个参数需要确定,即送风温度 T_2 和送风量 L_h。我国工业与民用建筑要求的数据是:热风送风温度以不超过45 ℃为宜,暖风机送风温度为30~50 ℃。美国的畜禽舍采用热风机-管道送风采暖,其热风机部分采用的温升为22~39 ℃;如果利用室内空气环流采暖,则热风机出口气流温度为35~60 ℃。苏联生产的燃油热风机出口气流温度为50~60 ℃。我国工业与民用建筑对热风采暖送风量无具体规定,但建议尽量减小送风量以减少风机电耗。

基于某些生物的生理要求,农业建筑设施对热风环流和非采暖期环流的流量有一定的要求,如仔猪舍的环流流量每平方米不大于45 m^3/h。

2.2.3.3　空气加热器的选择

在各种热风采暖系统中,空气加热器是大型农业设施建筑所常用的。空气加热器的选择计算方法如下。

(1)基本计算公式

因为在空气加热器中只有显热交换,所以加热器选择的基本原则就是空气加热器能供给的热量等于加热空气所需要的显热,即:

$$Q_h = KF\Delta T_m = L_h p_a c_p (T_2 - T_1) \tag{2-62}$$

式中:K——空气加热器的传热系数,W/(m^2·℃);

F——加热器换热面积,m^2;

ΔT_m——热媒与空气的对数平均温差,℃。

为简化起见,用算术平均温差 ΔT_p 代替对数平均温差 ΔT_m。

当热媒为热水时:

$$\Delta T_p = \frac{T_{w1} + T_{w2}}{2} - \frac{T_1 + T_2}{2} \tag{2-63}$$

式中:T_{w1},T_{w2}——热水的初、终温度,℃。

当热媒为蒸汽时:

$$\Delta T_p = T_q - \frac{T_1 + T_2}{2} \tag{2-64}$$

式中:T_q——蒸汽平均温度,℃。当蒸汽表压力小于或等于 0.03 MPa 时,T_q = 100 ℃;当蒸汽表压力大于 0.03 MPa 时,T_q 取与空气加热器进口蒸汽压力相应的饱和温度。

(2)选择计算方法和步骤

①初选加热器的型号

一般需先确定通过加热器有效截面积 F' 的空气质量流速 $v\rho$ 来初选加热器型号。空气质量流速 $v\rho$ 过低会使设备投资高,而 $v\rho$ 过高则会因阻力加大而使运行费用增高。最经济的空气质量流速 $v\rho$ 一般在 8 kg/(m^2·s)左右。选择空气质量流速 $v\rho$ 后,需要的加热器有效截面积 F'(m^2)为:

$$F' = \frac{G}{v\rho} \tag{2-65}$$

式中:G——被加热的空气流量,kg/s。

②计算空气加热器的传热系数

通过试验确定空气加热器的传热系数，不同型号空气加热器的传热系数试验公式形式类似，但系数不同，其一般形式为：

以热水为热媒的空气加热器：

$$K = A'(\nu\rho)^{m'}\omega^{n'} \tag{2-66}$$

式中：A'——由试验得出的系数；

m'，n'——由试验得出的指数；

ω——热水流速，m/s。

以蒸汽为热媒的空气加热器：

$$K = A''(\nu\rho)^{m''} \tag{2-67}$$

式中：A''——由试验得出的系数；

m''——由试验得出的指数。

不同型号空气加热器的各系数和指数可查阅手册。对于以热水为热媒的空气加热器，热水流速 ω 应按进、出口热水温度，根据热平衡关系确定，一般取 0.6 ~ 1.8 m/s。

③计算需要的加热面积和加热器台数

根据基本计算式(2-62)，可得需要的加热面积 F 为：

$$F = \frac{Q_h}{K\Delta T_m} \tag{2-68}$$

计算出加热器需要的加热面积后，还应考虑使用时的积垢而选用安全系数，一般取 1.1 ~ 1.2。最后，根据每台所选型号加热器的实际加热面积确定加热器台数。

④计算加热器的空气阻力

空气通过加热器的阻力（加热器的空气阻力）与加热器型号和空气流速有关，可作为选择风机的依据。加热器空气阻力（单位为 Pa）的一般经验公式为：

$$\Delta H = B(\nu\rho)^P \tag{2-69}$$

式中：B，P——由试验得出的系数和指数，可根据加热器型号查阅有关手册得出。

2.2.4 局部采暖设备

常用局部采暖设备包括育雏保温伞、红外线灯、加热地板。

2.2.4.1　育雏保温伞

育雏保温伞是在鸡舍地面平养雏鸡用的局部加温设备。在地面上饲养幼雏时，在育雏前期要求装有育雏保温伞和围栏，后期撤去。1 周龄以内的幼雏所用的育雏保温伞下温度应保持在 33～35 ℃，以后每周下降约 2.5 ℃，至 4～5 周龄后撤去育雏保温伞。舍内温度在幼雏 1～4 周龄时应为 22 ℃，4～8 周龄时为 18 ℃。围栏高 0.6 m，围栏内除育雏保温伞外还设有饲槽和饮水器。育雏保温伞有电热式和燃气式两种。

（1）电热式育雏保温伞

图 2－35 为 9YD－2 型电热式育雏保温伞，是一种温床式保温伞。9YD－2 型电热式育雏保温伞的电流通过按一定要求铺埋在混凝土板或地坪内的电加热线，电能转换为热能，使地表面温度提高（达 31～41 ℃），形成温床，温床上吊挂锥台形保温伞罩，使局部热量不易散失；伞内装有照明灯，伞脚四周用布围住，起到保温和透气作用。9YD－2 型电热式育雏保温伞使用的电源电压为 220 V，电加热线功率为 400 W，加温面积为 2 m^2，保温伞罩直径为 1.5 m，能容纳雏鸡 350～500 只，由控温仪控制温度，耗电量约为 3.31 kW · h。

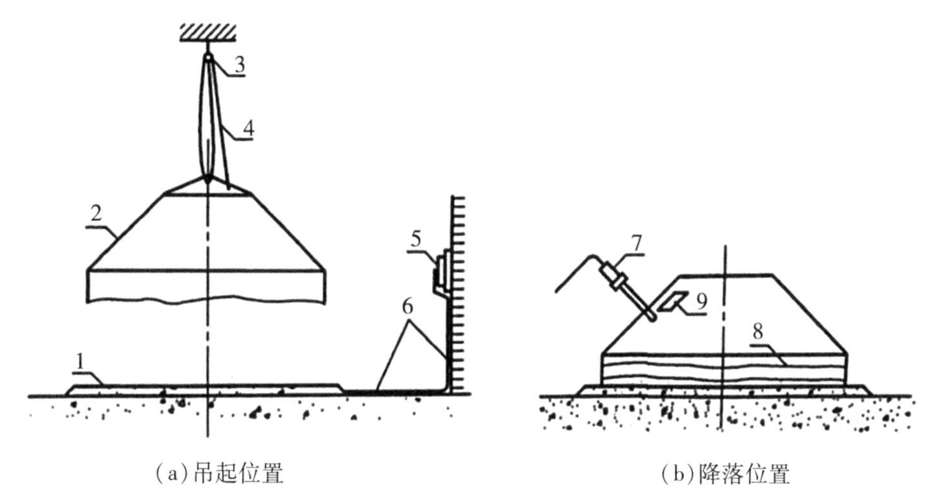

（a）吊起位置　　（b）降落位置

1—温床；2—保温反射罩；3—滑轮；4—拉绳；5—电源；6—电线管；7—感温探头；8—布围裙翻边；9—气孔。

图 2－35　9YD－2 型电热式育雏保温伞

(2)燃气式育雏保温伞

图2-36为9YQ-2型燃气式育雏保温伞的结构图。9YQ-2型燃气式育雏保温伞的热源可采用天然气、液化石油气、沼气、煤气等可燃气体,在辐射器内网和外网间燃烧,产生高温(850~900 ℃),再由铝保温反射罩将热量均匀地向下反射到雏鸡身上。辐射器由铁铬铝合金丝网制成。

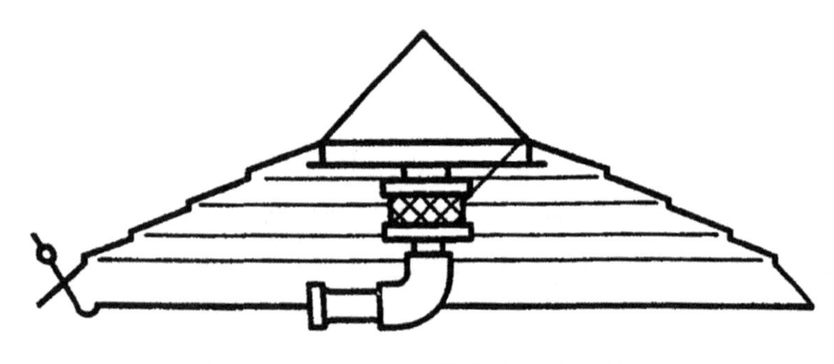

图2-36　9YQ-2型燃气式育雏保温伞

燃烧的气体种类不同时,采用的喷嘴孔径和工作压力也不同:燃烧液化石油气时喷嘴孔径为0.90 mm,工作压力为2.75~2.94 kPa;燃烧天然气时喷嘴孔径为1.44 mm,工作压力为1.47~1.96 kPa;燃烧沼气时喷嘴孔径为1.50 mm,工作压力为1.96~2.94 kPa;燃烧煤气时喷嘴孔径为2.30 mm,工作压力为0.78~0.98 kPa。9YQ-2型燃气式育雏保温伞每天消耗液化石油气4 kg,发热量为2.32 kW;保温反射罩直径为1.17 m,能育雏500只;吊挂高度为0.50 m时,伞内最高温度可达48.5 ℃,最低温度为37.5 ℃,平均温度为44.2 ℃;吊挂高度为1.00 m时,最高温度、最低温度和平均温度分别为34.4 ℃、32.0 ℃、32.7 ℃。

2.2.4.2　红外线灯

红外线灯主要用于产仔母猪舍母围栏中的仔猪活动区,红外线辐射热可以来自电或液化石油气。若下面有加热地板,则产后最初几天的仔猪每窝应有功率为250 W的红外线灯;若下面无加热地板,则每窝仔猪应有650 W的红外线灯。红外线灯悬挂在链子上,离仔猪活动区地板 0.45 m 以上。当红外线辐射热来自液化石油气时,每 300 W 需 6.5 m^3/h 的通风量。

2.2.4.3　加热地板

加热地板有热水管式和电热线式两种。加热地板主要用于产仔母猪舍和其他猪舍。加热地板易引起水分蒸发而增大室内湿度,所以应使饮水器远离加热地板。母猪活动区不应有加热地板。加热地板的设计数据见表 2-8。

表 2-8　加热地板的设计数据

猪质量/kg	加热地板面积/m^2	地板表面温度/℃	热水管间距/cm	电热功率/($W \cdot m^{-2}$)
出生到 13.6	0.67(每窝)	29.5~35.0	每侧仔猪活动区 1 根	333~444
13.6~34.0	0.09~0.18(每猪)	21.0~29.5	12.5	278~333
34.0~68.0	0.18~0.27(每猪)	16.0~21.0	37.5	278~333
68.0~100.0	0.27~0.32(每猪)	10.0~16.0	45.0	222~278

热水管式加热地板的设备示意图见图 2-37。水泵将水从热水锅炉抽出,泵入地板下的加热水管,再送回热水锅炉。加热水管内流动的热水对地板进行加热。地板下的传感器基于所测得的温度通过恒温器来启动或停止水泵。加热水管可采用铸铁管或耐较高温度的塑料管。

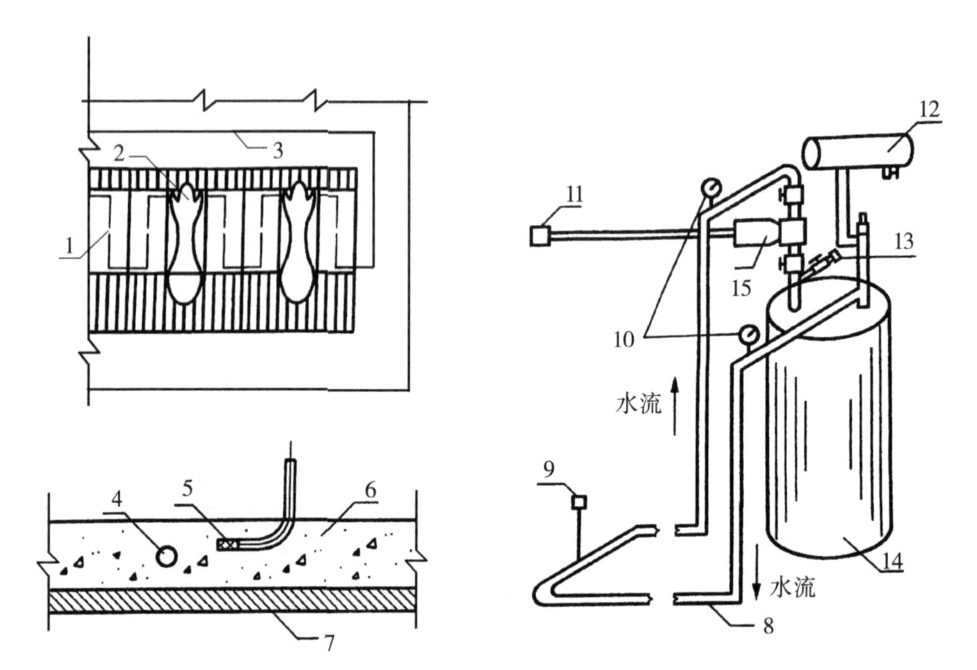

1—地板加热管;2—母猪下设 50 mm 厚硬质绝热板;3—回水管;4—热水管;
5—传感器;6—混凝土地板;7—防水绝热层;8—热水管;9—空气阀;10—水压表;
11—恒温器;12—膨胀水箱;13—供水阀;14—热水锅炉;15—泵。

图 2-37　热水管式加热地板的设备示意图

电热线式加热地板见图 2-38。电加热线外包有聚氯乙烯,功率以 7~23 W/m为宜;安装时装在水泥地面下 3.75~5.00 cm;在安装之前应多次试验确认没有断路或短路现象;采用恒温器控制电热线温度,每个恒温器控制 1~5 栏,每栏设一保险丝以免电热线烧坏;加热地板上应避免有铁栏杆和饮水器;电热线下方应有隔热层。除采用电热线加热地板以外,国外有许多工厂将电热线安在塑料板内制成加热垫,可以铺在地面上供仔猪躺卧活动,若干加热垫为一组,由恒温器控制温度。

热水管式和电热线式加热地板控制温度用的传感器应在加热地板表面以下 25 mm 处,距热水管 100~150 mm,或距电热线 50 mm,应利用一弯曲的 1 英寸(25.4 mm)管子埋在相应深度处,这样传感器可以插入或取出以便进行保养。

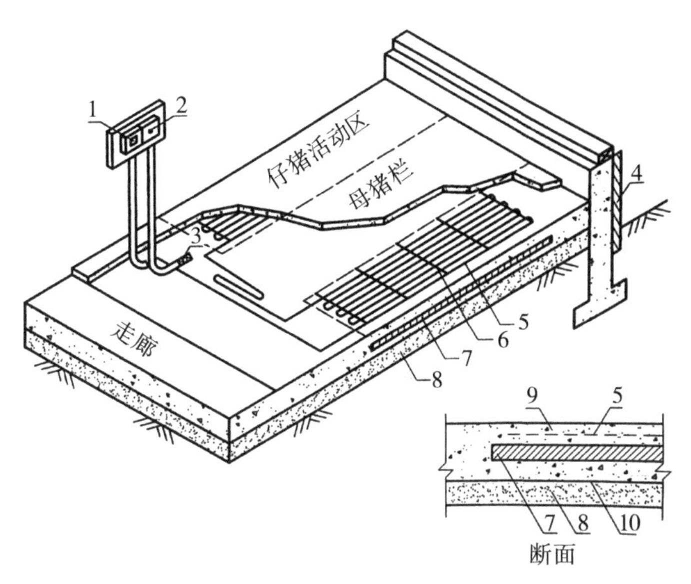

1—电源开关;2—恒温器;3—传感器;4—外墙隔热层;5—电热线;

6—胶带;7—地板隔热层;8—碎石;9—混凝土;10—防水层。

图 2 - 38　电热线式加热地板

2.3　通风系统

2.3.1　通风基本要求

通风换气是调控畜禽舍环境的重要手段,可以避免畜禽舍内热、湿、粉尘及有害气体等因素对畜禽的生长产生影响。

在正常情况下,室外大气是由几种气体组成的,除水蒸气外,各组成气体都有一定的比例,见表 2 - 9。

畜禽舍里如果不交换空气,则舍内的空气成分就会发生变化,二氧化碳和其他有害气体就会积聚起来,使畜禽所需要的氧气供应不足,以致达到危险的水平。畜禽舍通风换气不仅输入新鲜空气,保证畜禽生命活动所必需的氧气,而且排出污浊空气,减少舍内空气中的病原体。

表2-9 空气的组分

气体名称	质量占比/%	体积占比/%
氮气	75.55	78.13
氧气	23.10	20.90
二氧化碳	0.05	0.03
惰性气体	1.30	0.94

在畜禽饲养过程中,舍内会产生大量热量和水汽,这是由畜禽的新陈代谢活动产生的。例如在舍内环境温度为10 ℃时,一头体重为454 kg的乳牛每小时约散发2427.0 kJ显热和0.476 kg水汽;一头91 kg重的猪每小时约散发548.5 kJ显热和0.095 kg水汽;在白昼环境温度为12 ℃的情况下,一只来航蛋鸡在产蛋期,每千克活重每小时散发的显热约为15.4 kJ。在冬季,畜禽散发的热量有助于维持舍内的适宜温度,但过多的水汽会使畜禽舍阴潮,甚至在冷壁面上出现冷凝现象,因此在冬季要注意排出多余水汽。在夏季炎热天气里,畜禽舍内积聚大量的多余热量对生产是不利的,需要加强通风排出多余热量。

空气本身是一种介质,它可以通过温度的变化携带一定的热量和水汽,如图2-39所示。

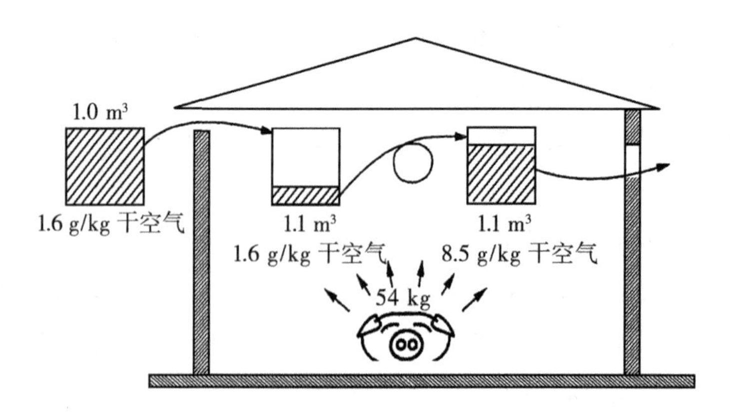

图2-39 通风空气温度和湿度的变化

假设舍外空气温度为 -10 ℃，相对湿度为100%，舍内空气温度为16 ℃，相对湿度为 75%，则 1.0 m^3 冷空气由舍外进入舍内后，其温度从 -10 ℃上升到 16 ℃将吸收 35.20 kJ 的显热[空气定压质量比热容为 1.01 kJ/(kg · ℃)]。-10 ℃时空气的比容为 0.747 m^3/kg 干空气，1 m^3 的空气吸收 35.20 kJ 的显热，空气受热膨胀后，体积变成 1.1 m^3(16 ℃时空气的比容为 0.830 m^3/kg 干空气，于是 0.830/0.747 = 1.11)，而空气的含湿量由 1.6 g/kg 干空气增加到 8.5 g/kg干空气，即每千克干空气吸收了 6.9 g 的水汽。由此可见，冬季可以通过通风排出畜禽舍内多余的水汽。

2.3.1.1　通风换气的目的与要求

(1)通风换气的目的

通风换气是调控农业设施内环境的重要技术手段。农业设施是一个相对封闭的系统，在依靠围护结构形成的与外界相对隔离的设施内部空间中，可以创造适于动植物生长的、优于室外自然环境的条件。但另一方面，在相对封闭的设施内部空间中，室外热作用和动植物的生长发育活动等对设施内温度、湿度、空气成分等产生的影响容易积累起来，从而产生高温、高湿和不利于动植物生长发育的空气成分环境。这时，通风换气往往是最经济有效的环境调控措施，其作用主要包括以下三个方面。

一是排出多余热量，抑制高温。在畜禽舍内，室内多余热量主要来自室外热作用和畜禽产生的代谢热。在气温为 20 ℃左右时，畜禽每小时、每千克体重产生的显热，猪、牛等动物为 4 ~ 10 kJ，鸡则可达 15 ~ 20 kJ。在夏季，这些热量在室内聚积，加上室外向室内传入的热量，室内将产生较高的气温。尤其是在现代集约化高密度养殖条件下，此类问题更为突出。

温室和塑料大棚等园艺设施采用透明材料覆盖，白昼太阳辐射热大量进入设施内，在室外气温较高和太阳辐射强烈的春、夏、秋季，封闭管理的设施内气温可高于外部 20 ℃以上，会出现超过植物生长适宜范围的过高气温。在完全不通风的情况下，设施内气温甚至可高达 50 ℃以上。进行通风可有效引入设施外温度相对较低的空气，排出设施内多余的热量，防止出现过高的气温。

二是引入室外新鲜空气，调控设施内的空气成分。温室和塑料大棚等园艺设施内，植物在白昼进行光合作用吸收二氧化碳，造成室内的二氧化碳浓度降低，光合作用旺盛时，室内二氧化碳的浓度有时会降低至 100 μL/L 以下，不能满足植物进行正常光合作用的需要。通风可通过引入室外空气（二氧化碳浓度约为 330 μL/L）使二氧化碳获得补充。在严寒冬季利用换气补充二氧化碳会造成温室发生很大的热量损失时，应考虑采用二氧化碳施肥的措施。在除此以外的情况下，进行通风从室外空气中获得二氧化碳，是经济可行的二氧化碳补充方法。

在畜禽舍内，畜禽的呼吸、排泄，生产过程中有机物的分解，以及管理作业和一些设备的运行等，将产生有害气体（如氨、硫化氢、二氧化碳、甲烷、粪臭素、一氧化碳等）以及各种粉尘。为保持室内空气卫生，避免有害气体和粉尘达到对畜禽产生危害的浓度，必须进行有效的通风换气，引入室外新鲜空气。

三是排出设施内的水汽，降低空气湿度。畜禽舍内畜禽的呼吸、体表蒸发，以及舍内潮湿地面、饮水设备、饲料和排泄物等产生的水分蒸发，将大大增加室内空气中水汽。温室在封闭管理的情况下，土壤潮湿表面的蒸发和植物蒸腾作用产生的水汽在室内聚积，往往导致室内空气湿度较高，夜间室内相对湿度甚至可达 95% 以上。通风可有效排出室内的水汽，引入室外干燥空气，降低室内空气的湿度。

在不同季节，农业设施进行通风换气的主要目的或侧重点是不同的。夏季通风换气主要是为了从设施内排出大量余热，以缓和高温对动植物的不良影响；冬季通风换气主要是为了引入室外新鲜空气，排出室内污浊空气（畜禽舍）或补充二氧化碳（温室），排出水汽。

2.3.1.2 通风换气设计的基本要求

根据农业设施通风换气的目的，通风换气设计的基本要求首先是，通风系统应能够提供足够的通风量，能够有效调控室内气温、湿度和室内气体成分环境，以达到满足设施内动植物正常生长发育所需的环境条件。

农业设施通风换气的要求因动植物的种类、生长发育阶段、地区和季节的不同，以及一日内不同的时间、不同室外气候条件而异，因此要求能够根据不同需要在一定范围内有效、方便地调节通风量。

畜禽舍内的气流对畜禽的散热等产生影响，应根据不同畜禽种类、龄期以及不同的室内气温，采取不同的适宜气流速度。对于植物，为保证其具有适宜的叶温和蒸腾作用强度，以及有利于二氧化碳扩散和吸收，室内气流要求具有适宜的速度，一般应为 0.3 ~ 1.0 m/s，高湿度、高光强时气流速度可适当大一些。通风换气系统的布置应使室内气流尽量分布均匀、合理，冬季避免冷风直接吹向动植物。

从经济性方面考虑，通风换气系统的设备投资费用要低，设备应耐用、运行效率高、运行管理费用低。在使用和管理方面，要求通风换气设备运行可靠，操作控制简便，不妨碍设施内的生产管理作业，对于植物还要求遮阴面积小。

2.3.1.3　通风的基本原理与形式

(1) 根据工作动力分类

根据通风系统工作动力的不同，通风可分为自然通风和机械通风两种形式。

①自然通风

自然通风是借助设施内外的温度差产生的热压或外界自然风力产生的风压促使空气流动。自然通风系统投资少且不消耗动力，是一种比较经济的通风方式。开放式畜禽舍、日光温室和塑料大棚多采用自然通风的方式。有窗式畜禽舍、大型连栋温室等设置有机械通风系统和自然通风系统，在运行管理中往往优先启用自然通风系统。但是，自然通风的能力有限，并且其通风效果受温室所处地理位置、地势和室外气候条件（风向、风速）等因素的影响。

②机械通风

机械通风又称强制通风，依靠风机产生的风压强制空气流动，其作用能力强，通风效果稳定。机械通风系统可以根据需要采用合适的风机型号、数量和通风量，调节、控制方便，可以通过风机和通风口或送风管道组织设施内的气流，并且可以在空气进入设施前进行加温、降温及除尘等处理。但是，风机等设备需要一定的投资和维修费用，运行需要消耗电能，会增大设施的运行成本。风机等设备会占据一定的室内空间，运行中会产生噪声，对于温室还存在遮光等问题。

对于密闭式和较大型的有窗式畜禽舍、连栋温室等农业设施，由于设施内面积及空间大、环境调控要求高，仅靠自然通风不能完全满足生产要求，因此通常均需设置机械通风系统。

(2)根据作用范围分类

根据作用范围的不同，通风可分为全面通风和局部通风两种方式。

①全面通风

全面通风是对设施内进行全面换气，以对整个设施内的空气温度、湿度和成分进行调控。

②局部通风

局部通风的范围仅限于设施的个别地点或局部区域，又分为局部排风和局部送风两种方式。局部排风是在设施内污染源附近收集空气中的有害污染物，直接集中排向设施外。例如，在畜禽舍粪坑部位排风，以防止有害气体扩散到畜禽舍内。在设施内空间较大、全面调控较困难或不经济时，可采用局部送风、局部调控动植物附近区域环境的方法。有时，局部送风也被用来满足设施内不同动植物对环境的不同要求。例如，在分娩猪舍内，对分娩母猪提供局部的通风气流，以满足其与仔猪不同的对环境气温和气流的要求。

2.3.1.4 确定全面通风量的一般性方法

合理确定设施的通风量是通风设计的一项重要工作内容。根据设施内环境调控需要确定的单位时间内交换的设施内外空气体积称为必要通风量。通风系统的设计通风能力称为设计通风量或设计换气量。设计通风量一般应大于必要通风量，二者的概念是有区别的，但一般在不致产生混淆时均简称为通风量或换气量，其单位为 m^3/s 或 m^3/h 等，有时也按空气质量计算，其单位为 kg/s 或 kg/h。在生产应用中，有时也用换气次数来表示通风量的大小，换气次数与通风量的关系为：

$$n = L/V \tag{2-70}$$

式中：n——换气次数，次/h 或次/min；

L——通风量，m^3/h 或 m^3/min；

V——设施内部空间体积，m^3。

设施在全面通风方式下的必要通风量称为全面通风量。为了确定设施的全面通风量,需分析设施内有害物浓度与通风量间的关系。这里的有害物是广义的,包括多余热量、水汽以及有害气体等。忽略设施内外空气密度的差异(进风量与排风量相等),并假定进入设施内的设施外空气以及设施内散发的有害物与设施内空气的混合是在瞬间完成的,则设施内有害物浓度与全面通风量之间的关系为:

$$Ly_0\mathrm{d}\tau + x\mathrm{d}\tau - Ly\mathrm{d}\tau = V\mathrm{d}y \tag{2-71}$$

式中:L——全面通风量,m^3/s;

x——有害物的散发量,如多余热量为 J/s,水汽为 g/s,二氧化碳为 g/s 或 mL/s;

y_0——进风空气中有害物浓度,J/m^3、g/m^3 或 mL/m^3;

y——某时刻设施内空气中有害物浓度,J/m^3、g/m^3 或 mL/m^3;

V——设施内部空间体积,m^3;

$\mathrm{d}\tau$——微小时间间隔,s;

$\mathrm{d}y$——时间间隔设施内空气有害物浓度的增量,J/m^3、g/m^3 或 mL/m^3。

式(2-71)称为全面通风的基本微分方程。例如设施内初始有害物浓度为 y_1,为求得经时间 t 后的有害物浓度 y,可求解上述微分方程:

$$\int_0^{\tau}\frac{\mathrm{d}\tau}{V} = \int_{y_1}^{\tau}\frac{\mathrm{d}y}{Ly_0 + x - Ly} \tag{2-72}$$

$$\frac{\tau L}{\mathrm{V}} = \ln\frac{Ly_1 - x - Ly_0}{Ly - x - Ly_0} \tag{2-73}$$

则:

$$y = y_1\exp\left(-\frac{\tau L}{V}\right) + \left(y_0 + \frac{x}{L}\right)\left[1 - \exp\left(-\frac{\tau L}{V}\right)\right] \tag{2-74}$$

当 $\tau \to \infty$ 时,$\exp\left(-\frac{\tau L}{V}\right) \to 0$,设施内有害物浓度 y 趋于稳定,有:

$$y = y_0 + \frac{x}{L} \tag{2-75}$$

实际上,只要当$\frac{\tau L}{V} \geqslant 3$ 时,$\exp\left(-\frac{\tau L}{V}\right) \leqslant \exp(-3) = 0.0498 \ll 1$,即可认为 y 基本趋于稳定。在稳定状态下,所需全面通风量为:

$$L = \frac{x}{y - y_0} \tag{2-76}$$

如考虑设施内外温差产生的空气密度差异,则进出设施的体积并不相等,式(2-76)不适用。这时可根据“进、出设施的空气质量流量相同”,在以上分析中将体积流量 L 换作质量流量 G(kg/s),将单位空气体积的有害物浓度 y 换作单位空气质量的有害物浓度 z(J/kg、g/kg 或 mL/kg),经过相同的分析,可得稳定状态下更普遍适用的全面通风量计算公式为:

$$G = \frac{x}{z - z_0} \tag{2-77}$$

式中:z_0——进风空气中的有害物浓度,J/kg、g/kg 或 mL/kg。

式(2-76)与式(2-77)即可用于计算不同通风目的时的全面通风量。

为消除余热所需的通风量(kg/s)应用式(2-77)计算,有:

$$G = \frac{Q}{c_p(T_p - T_j)} \tag{2-78}$$

式中:Q——设施内的余热量(显热),J/s;

c_p——空气的定压质量比热容,$c_p = 1030$ J/(kg·℃);

T_p——排出空气的温度,℃;

T_j——进风空气温度,在进风口不对空气进行加温或降温预处理时,即为室外空气温度,℃。

或:

$$L = \frac{Q}{\rho_a c_p(T_p - T_j)} \tag{2-79}$$

式中:L——消除余热所需要的通风量,m^3/s;

ρ_a——空气密度,kg/m^3。

为调节空气成分所需的通风量为:

$$L = \frac{x}{|y - y_0|} \tag{2-80}$$

式中:x——设施内某气体的散发量或吸收量,g/s 或 mL/s;

y_0——进风空气中该气体的浓度,g/m^3 或 mL/m^3;

y——某时刻设施内空气中该气体的浓度,g/m^3 或 mL/m^3。

为排出多余水汽所需的通风量为：

$$G=\frac{W}{d_p-d_j} \tag{2-81}$$

式中：W——设施内需排出的多余水汽量，g/s；

d_p——排出空气的含湿量，g/kg；

d_j——进风空气的含湿量，在进风口不对空气进行加湿或降湿处理时，即为室外空气的含湿量，g/kg。

或：

$$L=\frac{W}{\rho_a(d_p-d_j)} \tag{2-82}$$

2.3.2　自然通风系统

2.3.2.1　热压作用下的自然通风

(1)热压通风的原理

热压通风是指利用设施内外气温不同而形成的空气压力差促使空气流动。如图 2-40 所示，设施下部和上部分别开设通风窗 A_a 与 A_b，两通风窗中心相距 h，下部通风窗内、外空气压力分别为 P_{ia} 与 P_{oa}，上部通风窗内、外空气压力分别为 P_{ib} 与 P_{ob}，室内气温和空气密度分别为 T_i 与 ρ_{ai}，室外气温与空气密度分别为 T_o 与 ρ_{ao}。当室内气温高于室外即 $T_i>T_o$ 时，室内空气密度小于室外，$\rho_{ai}<\rho_{ao}$。

如图 2-40(a)所示，在上部通风窗关闭、下部通风窗开启的情况下，无空气流动，根据流体静力学原理，下部通风窗内外连通，空气压力相等，即 $P_{ia}=P_{oa}$，而上部通风窗内外存在压力差，即 $P_{ib}-P_{ob}=(\rho_{ao}-\rho_{ai})gh$，则上部通风窗内侧空气压力高于室外一侧压力，这个压力差即为热压。可见，只要打开上部通风窗，如图 2-40(b)所示，空气就要从内向外流动，室内空气压力随之降低，使得下部通风窗处 $P_{ia}<P_{oa}$，则室外空气将向室内流动。

如果设施内外存在温差和通风口的高差，即存在热压，则通风口高度差越大，热压越大。因此，进行利用热压的自然通风设计时，应尽可能增大进出风口高差。在实际工程中，也有仅在一个高度上开设通风窗口的情况，但只要有内外温差，就能进行热压通风，这时通风窗口上部排气、下部进气，如同上、下两个窗口连在了一起。

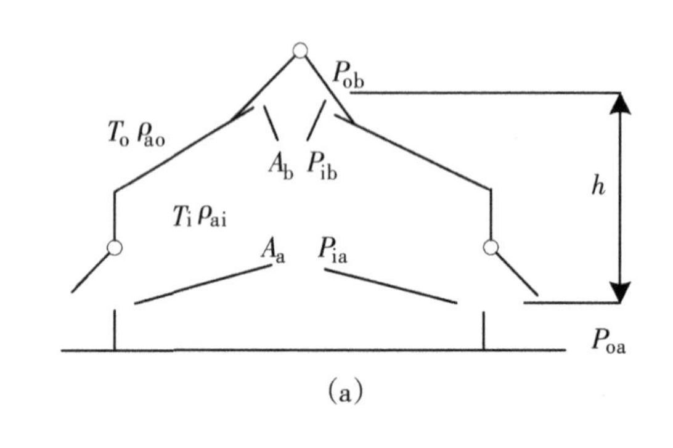

(a)

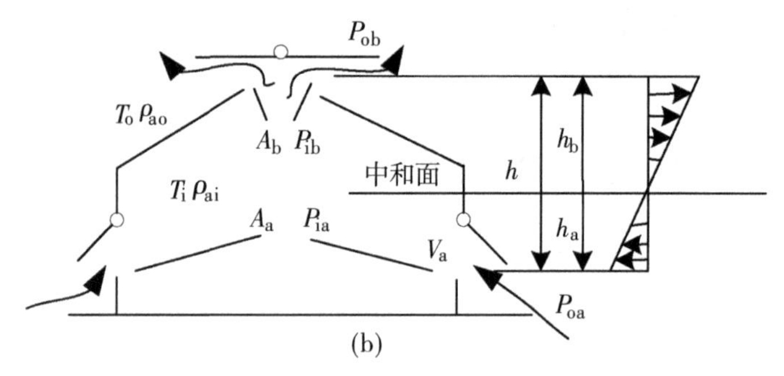

(b)

图 2－40　热压作用下的自然通风

为方便分析计算，将室内某点的空气压力与室外同一高度上未受扰动的空气压力之差称为该点的余压。余压沿设施高度方向的分布如图 2－40(b)所示。一般室内气温高于室外气温且仅有热压作用时，在上部窗口处，余压 $P_{ib}-P_{ob}$ 为正，向外排风；下部窗口处余压 $P_{ia}-P_{oa}$ 为负，向内进风。余压从下至上逐步由负值增大为正值，其中存在某高度，该处余压为零，该高度的平面称为中和面。利用中和面的概念，某窗口处的余压 ΔP_x 可用下式计算：

$$\Delta P_x=(\rho_{ao}-\rho_{ai})gh_x \tag{2-83}$$

式中：h_x——窗口与中和面的高度差，窗口位于中和面以上为正，窗口位于中和面以下为负，m；

g——重力加速度，m/s^2；

ρ_{ai}，ρ_{ao}——设施内、外空气密度，kg/m^3。

在图 2-40(b)中，下部与上部通风窗口的余压分别为：

$$\Delta P_a = (\rho_{ao} - \rho_{ai}) g h_a$$
$$\Delta P_b = (\rho_{ao} - \rho_{ai}) g h_b \tag{2-84}$$

式中：h_a，h_o——下部和上部通风窗口与中和面的高度差，m。

(2)热压通风的计算

考虑图 2-40 设施的全部通风窗口布置在两个高度上的情况，根据流体力学原理，通风窗口内外空气压差为 ΔP 时，通过通风窗口的空气流速(单位为 m^3/s)为：

$$\nu = \sqrt{2\Delta P/\rho_a} \tag{2-85}$$

空气流量为：

$$L = \mu A \nu = \mu A \sqrt{2\Delta P/\rho_a} \tag{2-86}$$

式中：A——通风窗口面积，m^2；

μ——通风窗口流量系数。

通过进风口 A_a、排风口 A_b 的空气流速 ν_a 和 ν_b 与其内、外压力差有如下关系：

$$P_{oa} - P_{ia} = \frac{1}{2}\rho_{ao}\nu_a^2$$
$$P_{ib} - P_{ob} = \frac{1}{2}\rho_{ao}\nu_b^2 \tag{2-87}$$

并有：

$$P_{ia} - P_{ib} = \rho_{ai} g h$$
$$P_{oa} - P_{ob} = \rho_{ao} g h \tag{2-88}$$

则：

$$\rho_{ao} - \rho_{ai} = \frac{1}{2}(\rho_{ai}\nu_b^2 + \rho_{ao}\nu_a^2) \tag{2-89}$$

同时，根据流动的连续性，进入和流出的空气质量应相等，有：

$$\rho_{ao}\nu_a A_a \mu_a = \rho_{ai}\nu_b A_b \mu_b \tag{2-90}$$

式中：A_a,A_b——进风口与排风口面积，m^2；

μ_a,μ_b——进风口与排风口流量系数。

由式(2-89)、式(2-90)可以解出：

$$\nu_a=\sqrt{\frac{2(\rho_{ao}/\rho_{ai}-1)gh}{(\rho_{ao}/\rho_{ai})^2\dfrac{\mu_a^2A_a^2}{\mu_b^2A_b^2}\rho_{ao}/\rho_{ai}}} \tag{2-91}$$

记室内、外空气热力学温度为 T_i 与 T_o(K)，有 $\rho_{ai}/\rho_{ao}\approx T_i/T_o$ 的关系，则

$$\nu_a=\sqrt{\frac{2(T_i/T_o-1)gh}{\dfrac{T_i^2}{T_o^2}\cdot\dfrac{\mu_a^2A_a^2}{\mu_b^2A_b^2}+\dfrac{T_i}{T_o}}}=\sqrt{\frac{2(T_i-T_o)gh}{T_i\left(\dfrac{\mu_a^2A_a^2T_i}{\mu_b^2A_b^2T_o}+1\right)}}\approx\sqrt{\frac{2(T_i-T_o)gh}{T_i\left(\dfrac{\mu_a^2A_a^2}{\mu_b^2A_b^2}+1\right)}} \tag{2-92}$$

热压通风产生的进风口风量为：

$$L_a=\mu_aA_a\nu_a=\mu_aA_a\sqrt{\frac{2(T_i-T_o)gh}{T_i\left(\dfrac{\mu_a^2A_a^2}{\mu_b^2A_b^2}+1\right)}}=\sqrt{\frac{2(T_i-T_o)gh}{T_i\left(\dfrac{1}{\mu_a^2A_a^2}+\dfrac{1}{\mu_b^2A_b^2}\right)}} \tag{2-93}$$

或

$$L_a=k\sqrt{\frac{2(T_i-T_o)gh}{T_i}}=k\sqrt{\frac{2gh\Delta T}{T_i}} \tag{2-94}$$

式中：ΔT——室内、外温差，$\Delta T=T_i-T_o$；

k——由进、排风口面积与流量系数确定的系数。

则：

$$k=\frac{1}{\sqrt{\dfrac{1}{\mu_a^2A_a^2}+\dfrac{1}{\mu_b^2A_b^2}}} \tag{2-95}$$

同理，可得到排风口风量为：

$$L_b=\mu_bA_b\nu_b=\sqrt{\frac{2(T_i-T_o)gh}{T_i\left(\dfrac{1}{\mu_a^2A_a^2}+\dfrac{1}{\mu_b^2A_b^2}\right)}}=k\sqrt{\frac{2gh\Delta T}{T_o}} \tag{2-96}$$

在以上热压自然通风系统的通风量计算公式中，进风口风量与排风口风量因空气密度的差异而略有不同，工程计算中可忽略其差异，只计算其中之一即可。

直接利用以上计算公式即可解决已知自然通风窗口位置与面积等条件下的通风量计算、校核等问题。对于设计计算问题,即已知必要通风量,需确定自然通风窗口的位置、面积时,可先根据设施的使用要求和形式、结构等确定通风窗口的位置分布,再确定进、排风口的流量系数和面积比例,得出 $\mu_a A_a / \mu_b A_b$ 之后,则不难利用以上计算公式求得所需进、排风口的面积。

对于全部通风窗口分布于三个以上高度的情况,可利用中和面的概念进行计算。需先假定中和面的位置,计算各窗口的余压为:

$$\Delta P_j = (\rho_{ao} - \rho_{ai}) g h_j \quad (j = 1, 2\cdots) \tag{2-97}$$

式中:h_j——各通风窗口至中和面的距离,窗口位于中和面以上为正、以下为负,m。

通过各通风窗口的空气质量流量可逐一用下式计算:

$$G_j = \pm \rho_a L_j = \pm \rho_a \mu_j A_j \sqrt{2|\Delta P_j|/\rho_a} = \pm \mu_j A_j \sqrt{2|\Delta P_j|/\rho_a} \quad (j = 1, 2\cdots) \tag{2-98}$$

在式(2-98)中,当余压为正时取正值,为排风量,取 $\rho_a = \rho_{ao}$;余压为负时取负值,为进风量,取 $\rho_a = \rho_{ai}$。空气密度可近似按 $\rho_{ai} = 353/T_i$ 与 $\rho_{ao} = 353/T_o$ 计算。

计算结果应满足:

$$\sum_j G_j = 0 \tag{2-99}$$

若不能满足式(2-99),则应适当调整中和面高度,重新试算,直至满足要求为止。

2.3.2.2　风压作用下的自然通风

在室外存在自然风力时,由于建筑物的阻挡,气流将发生绕流,在建筑物四周呈现变化的气流压力分布,如图 2-41 所示。建筑物迎风面气流受阻,形成滞流区,流速降低,静压升高;侧面和背风面气流流速增大并产生涡流,静压降低。

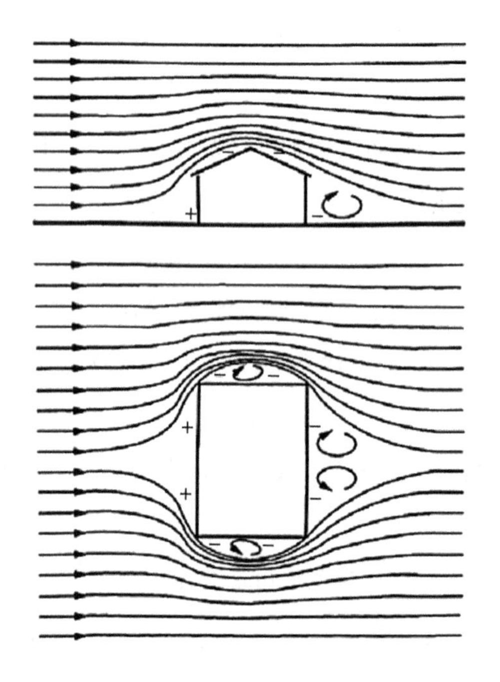

图 2-41　建筑物周围的气流与静压分压

这种由于风的作用在建筑表面形成比远处未受扰动处升高和降低的空气静压称为风压。基于风压的作用，建筑物迎风面室外空气压力大于室内，侧面和背风面室外空气压力小于室内，外部空气便从迎风墙面上的开口处进入室内，从侧面或背风面开口处流出。

风压以气流静压升高为正值、以气流静压降低为负值，其大小与气流动压成正比。风压在建筑物各表面的分布与建筑物体型、部位、室外风向等因素有关。在风向一定时，建筑物外表面上某处的风压 P 可用下式计算：

$$P\nu = \frac{1}{2}C\rho_{ao}\nu_o^2 \tag{2-100}$$

式中：ρ_{ao}——室外空气密度，kg/m^3；

ν_o——室外风速，m/s；

C——风压体形系数，其取值与建筑物外形及具体部位、风向有关，几种典型情况的风压体形系数见表 2-10。

表 2－10　风压体形系数

屋面类型	示意图	风压体形系数			
双坡屋面	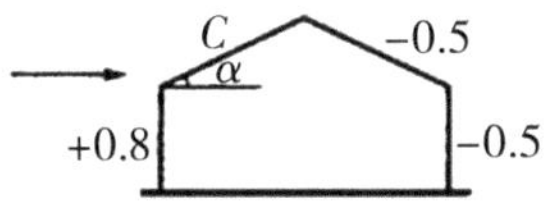	α	C	中间值，按插入法计算	与气流平行的表面风压体形系数均为－0.7
		≤ 15°	－0.6		
		30°	0		
		≥ 60°	+0.8		
拱形屋面	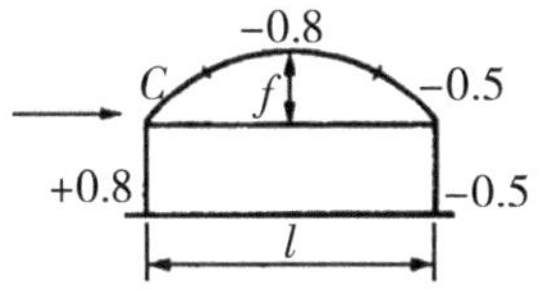	f/l	C	中间值，按插入法计算	
		0.1	－0.8		
		0.2	0		
		0.5	+0.6		
落地拱形屋面	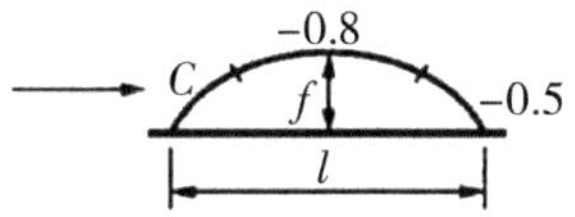	f/l	C	中间值，按插入法计算	
		0.1	+0.1		
		0.2	+0.2		
		0.5	+0.6		

在各窗洞口处，室外与室内的空气压差为：

$$\Delta P_j = P\nu_j - P_i - P_a \quad (j=1,2\cdots) \tag{2-101}$$

式中：P_i——室内空气压力，Pa。

通过各通风窗洞口的空气质量流量可逐一用下式计算：

$$G_j = \pm\rho_{ao}L_j = \pm\rho_{ao}\mu_j A_j\sqrt{2|\Delta P_j|/\rho_{ao}} = \pm\mu_j A_j\sqrt{2|P\nu_j - P_i|\rho_{ao}} \quad (j=1,2\cdots) \tag{2-102}$$

式中：A_j——各窗洞口面积，m^2；

μ_j——各窗洞口流量系数。

但一般情况下，P_i 并不已知，计算中可先假定一个数值（如最初可假定 $P_i=0$），根据式（2－102）逐一计算各窗洞口的空气流量，显然进风量总和应与排风量总和相等，应满足式（2－99）的要求。

当在假定的室内空气压力下式（2－99）不能满足时，则调整 P_i 的大小再进行试算，直至满足要求为止。

所有进风口的进风量之和或所有排风口的排风量之和即为所给条件下风压自然通风的通风量。

若所有进风口的风压系数和流量系数均相同（分别为 C_a、μ_a），所有排风口的风压系数和流量系数均相同（分别为 C_b、μ_b），则这时风压通风的通风量计算公式可以简化为：

$$L=L_a=L_o=k\nu_o\sqrt{C_a-C_b} \tag{2-103}$$

其中系数 k 的计算公式如下：

$$k=\frac{1}{\sqrt{\frac{1}{\mu_b^2A_b^2}+\frac{1}{\mu_a^2A_a^2}}} \tag{2-104}$$

式中：A_a——进风口面积总和，m^2；

A_b——排风口面积总和，m^2。

作为更加简便的估计方法，在美国通常使用以下经验公式计算风压通风量：

$$L=EA\nu_o \tag{2-105}$$

式中：A——进风口面积总和或排风口面积总和，m^2；

E——风压通风有效系数，风向垂直于墙面时取 0.50～0.60，风向倾斜时取 0.25～0.35。

由于室外自然风向与风速具有不断变化的特点，因此依靠风压的自然通风效果也是非稳定的。同时，通风效果还受地形、附近建筑物及树木等障碍物的影响，这些因素在设计计算中难以较准确地考量。因此，一般对于室内外温差较大、主要依靠热压通风的建筑，为可靠起见，设计计算中仅考虑热压的作用，据此设计自然通风系统，确定通风窗口面积。而对于风压对通风的影响仅进行定性分析，在确定自然通风系统的设计布置方案以及生产运行管理时作为参考。对于主要依靠风压通风的建筑,为保证大多数情况达到要求的通风效果,室外风速应按常年统计资料取较低值计算。

2.3.2.3 热压和风压同时作用的自然通风

实际情况下,风压与热压两种自然通风作用是同时存在的。当需要确定两种作用下的通风量时,可采用以下方法进行计算。

首先假设中和面的高度,则各通风窗口处室内外空气压差为:

$$\Delta P_j = (\rho_{ao} - \rho_{ai}) g h_j - \frac{1}{2} C_j \rho_{ao} \nu_o^2 \quad (j = 1, 2\cdots) \tag{2-106}$$

式中:ρ_{ai},ρ_{ao}——室内、室外空气密度,kg/m^3;

g—重力加速度,m/s^2;

h_j—各通风窗口至中和面的距离,窗口位于中和面以上为正、以下为负,m;

ν_o——室外风速,m/s;

C_j——各通风窗口的风压体形系数。

各通风窗口的空气质量流量为:

$$G_j = \pm \rho_{ao} \mu_j A_j \sqrt{2 |\Delta P_j| / \rho_{ao}} = \pm \mu_j A_j \sqrt{2 | P\nu_j - P_i | \rho_{ao}} \quad (j = 1, 2\cdots) \tag{2-107}$$

式中:A_j——各窗洞口面积,m^2;

μ_j——各窗洞口流量系数。

计算中统一取排风量为正、进风量为负。

根据进风量总和与排风量总和相等,应有 $\sum_j G_j = 0$。不能满足此关系式时,调整中和面的高度再进行试算,直至满足要求为止。当采用假定的中和面高度计算公式不能满足要求时,调整中和面的高度再进行计算,直至满足要求为止。所有进风口的进风量之和或所有排风口的排风量之和即为所给条件下自然通风的通风量。

上述计算方法较为麻烦,实际上可采用如下方法近似估计热压与风压两种作用下的自然通风通风量:

$$L = \sqrt{L_w^2 + L_t^2} \tag{2-108}$$

式中:L_w——按风压单独作用情况下计算的通风量,m^3/s;

L_t——按热压单独作用情况下计算的通风量,m^3/s。

2.3.2.4 自然通风的组织

减少能耗和降低生产成本是农业设施设计与生产管理中的一项基本要求。自然通风不需要消耗动力,非常经济(尤其对于跨度较小的农业设施),也较易满足其通风的要求。

但是,自然通风存在一些缺点。例如:通风能力相对较小,通风效果易受外界条件影响;需设置较大面积的通风窗口,冬季关闭时因缝隙不严导致的冷风渗透热损失较大,对于畜禽舍而言,窗户的热量损失比墙体大得多,因此冬季设施内的热量损失较大;自然通风一般是利用热压进行垂直排气,冬季其所排出的设施内上部的空气含热量较高,这样会进一步使设施内的热量损失增大;在夏季,室外气温较高时,设施内外温差较小,这时较难以利用热压进行自然通风,若室外又没有风,则自然通风就比较困难;自然通风虽然节省了风机设备的投资和电能的消耗,但是在建筑上增加了窗扇及其调节机构,尤其是加设了天窗,也会造成建设投资的增加。因此,在某一地区的气候条件下,对于各种类型的农业设施要做全面的分析,比较其建造、运行成本以及经济效益,合理选用和配置。

农业设施的自然通风系统应尽量能在各种气候条件下良好地运行。自然通风组织一般分为水平式通风和竖向式通风两类。水平式通风以穿堂形式为较好;竖向式通风以风帽或通风屋脊通风形式为较好。在大多数情况下,自然通风是在热压和风压同时作用下进行的。当热压较大、风压较小时,在迎风面的下部开口和背风面的上部开口,使热压和风压的作用方向一致,可保证达到较大的通风量。进、排气口的位置如果与风向配合得不恰当,则不仅会抵消温差作用,甚至还会发生倒灌现象。因此,应该根据当地的风向频率统计,把进气口设置在迎风面,把排气口设置在背风面。

(1)夏季自然通风

夏季通风的主要目的是排出设施内的多余热量,因此应特别注意自然通风的流速和路径。一般人们能感觉到的最低风速是 0.4 ~ 0.5 m/s,在气温为 30 ℃时,利用这样的风速约能降低 1 ℃的体感温度。在设施外风速大、窗户开口面积大和通风阻力小的情况下,通风量和通风速度较大。因此,夏季自然通风系统应有足够大的进、排气口面积。风流过设施内的路径称为通风路径,它受到室外风向、窗户位置和设施内物体配置的影响。应尽量使设施内通风路径流畅,没有滞留的场所。

由于夏季农业设施内外温差较小,热压通风的效果往往不如风压通风的效果好,而风是一种随机现象,因此要合理地组织好穿堂风。在以满足夏季通风要求为主的有窗式畜禽舍里,往往是对面开窗(南北),而且常打开畜禽舍两端的门,以组织穿堂风。此外,加设天窗或增大上部排气口的标高对夏季通风也是有利的。为了进一步改善下部通风,可在接近地面处安装百叶窗通风。

(2)冬季自然通风

冬季寒风是一个不利因素,所以应避开冬季风口,同时应充分利用防风林和防风栅。冬季通风换气量较小,在南方的有窗式建筑物里,外界冷空气通过围护结构缝隙的渗透就产生一定的通风量,因此只要在上部开设少量的排气孔就可以满足热压换气的要求。在北方地区,冬季自然通风的问题比较多,它要求围护结构的保温性能和密闭性能比较好,以保持冬季设施内的适宜环境,然而这种结构往往与夏季通风要求有矛盾。此外,冬季保温设施的内外温差比较大,其热压通风的能力也强,但是冬季通风所需的换气量比较小,因此在排风帽处要设置灵活、方便的调节机构,在生产过程中也必须精心管理。

2.3.3　机械通风系统

机械通风系统一般有进气通风、排气通风和进排气通风三种基本形式。

2.3.3.1　进气通风系统

进气通风系统是指由风机将外部新鲜空气强制送入设施内,形成高于设施外空气压力的正压,迫使设施内的空气通过排气口排出,又称正压通风系统。

进气通风系统的优点是便于对空气进行加热、冷却、过滤等预处理。设施内空气形成的正压可阻止外部粉尘和微生物随空气从门、窗等缝隙处进入,避免污染设施内环境,因此设施内卫生条件较好。一些内部需要洁净、卫生防疫要求较高的设施往往采用进气通风系统。

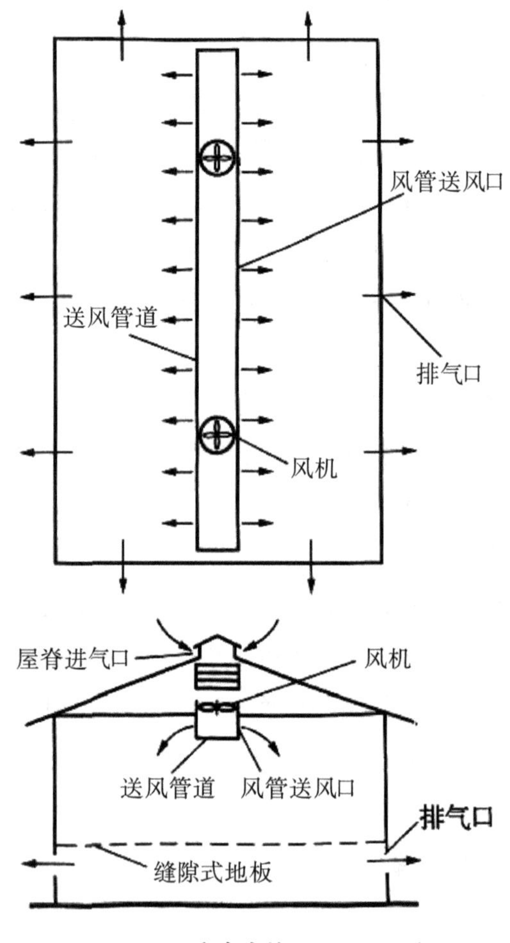

图 2-42　畜禽舍的正压通风系统

但是,进气通风系统风机出风口朝向设施内,风速较大,大风量时易造成吹向动植物的风速过大,因此不易实现大风量的通风。同时,室内气流不易分布均匀,易产生气流死角,降低换气效率。在正压通风畜禽舍内,有害气体容易残留在屋角,以致舍内的臭味比较重。此外,设施内的正压作用在冬季会使水汽渗入顶棚、墙体等围护结构中,降低其保温能力,还会使水汽渗入门、窗缝隙中引起结冰,因此要求围护结构要有较好的隔气层。

进气通风系统为使气流在设施内均匀分布,往往需设置气流分布装置,如在风机出风口连接塑料薄膜风管,使气流通过风管上分布的小孔均匀送入设施内。进气通风系统一般在天棚处设置通风管道输入室外新鲜空气。图 2－42 所示为一座畜禽舍的正压通风系统,由天棚处的均匀送风管道进风,舍内污浊空气通过缝隙地板下的侧墙排气口排出。当建筑跨度小于 12 m 时,室内可单设一条进风管道;当建筑跨度大于 12 m 时,可设置两条进风管道。进风管道内设计空气流速为 1 m/s 左右,管道均匀送风口的出流速度一般小于 4 m/s。果蔬贮藏库采用的进气通风系统为保证库内的贮藏空间,常将进气管道设在地板下。

2.3.3.2　排气通风系统

排气通风又称负压通风,是将风机布置在排风口,由风机将设施内空气强制排出,设施内呈低于设施外空气压力的负压状态,外部新鲜空气由进风口被吸入。排气通风系统气流速度较大的风机出风口一侧朝向室外,而面向设施内的风机进风口一侧,气流流速较大的区域仅限于很小的局部范围,这样可避免在大通风量时产生吹向动植物的过大风速,因此易实现大风量的通风,换气效率高。通过适当布置风机和进风口的位置,容易使室内气流分布较均匀。在有降温方面的要求时,排气通风系统便于在进风口安装湿垫等降温设备。此外,排气通风系统还具有系统简单、施工及维护方便、投资及运行费用较低等优点,因此目前其在农业设施中应用得最为广泛。

但是,排气通风系统一般要求设施有较好的密闭性,在门、窗等密闭不严的缝隙处,基于负压作用可能产生直接吹向动植物的贼风,使动植物受到冷害。尤其是在靠近风机处的漏风还会造成气流的“短路”,降低全设施内的换气效率。此外,排气通风系统不便于与外界的卫生隔离。

根据风机的安装位置与气流方向,排气通风系统分为上部排风、下部排风、横向排风与纵向排风等形式。

(1)上部排风

上部排风是指风机装在屋顶上,从屋顶的气楼排出污浊空气,新鲜空气由侧墙进气口进入设施内。图 2 - 43 为一座水果贮藏库的上部排风通风系统。这种形式适用于气候温和的地区,建筑物跨度一般小于 9 m,一旦停电,还可以利用热压作用自然通风。

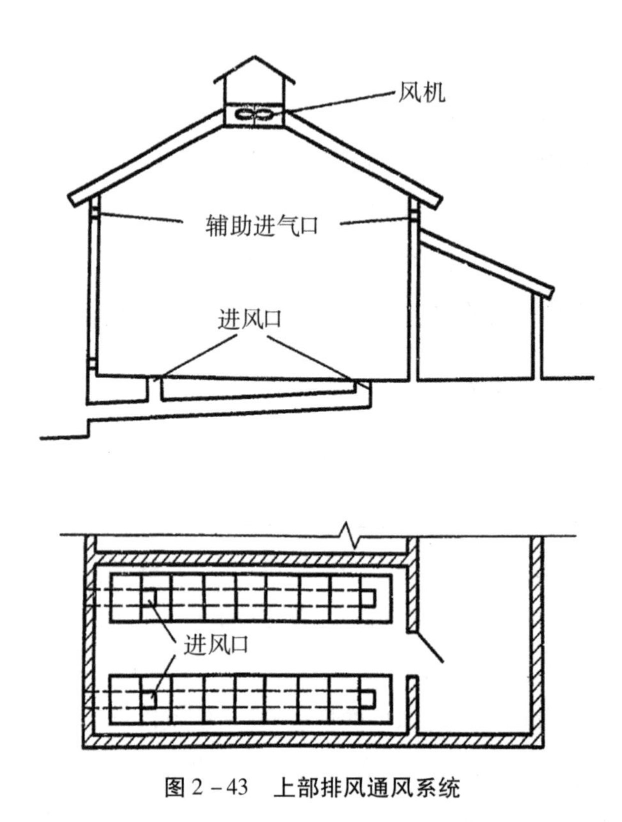

图 2 - 43　上部排风通风系统

(2)下部排风

下部排风是指风机安装在侧墙下部,进气口设置在屋顶部分。在畜禽舍中,很多做法是将进气口设置在檐口部分,可沿屋檐通长设置,保证有足够的进风口面积,且气流沿建筑纵向分布均匀,进风口设置有调节板,可调节风口的大小与进气气流的方向,以适应冬、夏不同气候条件下的通风要求。冬季冷气流进入进风口后,可沿顶棚流动较长距离,温度升高一定程度后,气流再下降到畜禽舍的活动区;夏季则调节风口,使进气气流直接下降到畜禽的活动区。图

2 -44 所示通风系统在粪坑部位安装有排风机,舍内空气通过缝隙地板流向粪坑,将连同粪坑部位的污浊空气一起排向舍外,可有效改善舍内的空气质量。

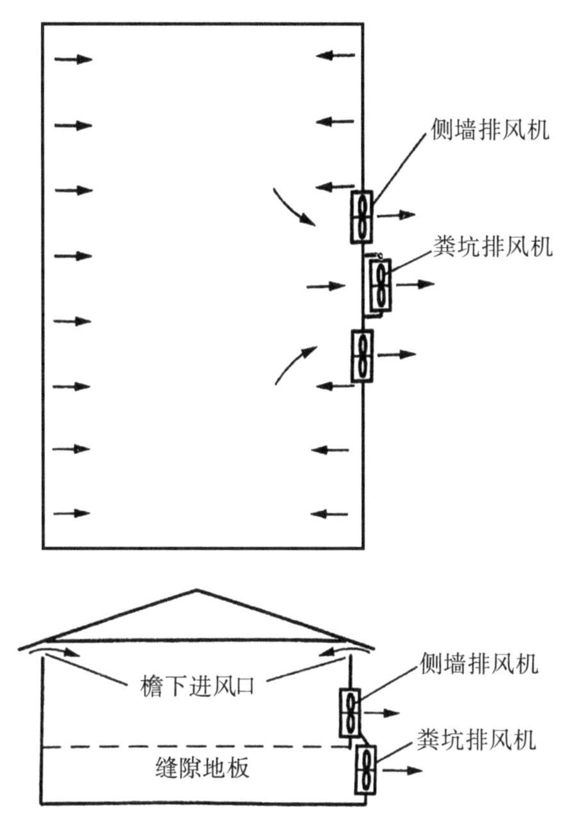

图 2 -44　下部排风通风系统

(3)横向排风

横向排风是大型密闭畜禽舍常用的通风形式,如图 2 -45 所示。当畜禽舍跨度小于 9 m 时,排气风机可安装在一侧纵墙上,新鲜空气从对面纵墙上的进气口进入舍内。当畜禽舍跨度较大时,这种单向的横向排风容易导致舍内空气温度分布不均匀,而且气流速度偏小。因此,在大跨度密闭畜禽舍内可采用两侧纵墙排风,中间屋脊进风,这种形式适用于跨度在 20 m 以内的密闭式畜禽舍,例如有五列笼架的产蛋鸡舍,或两侧有粪沟的双列式畜禽舍。

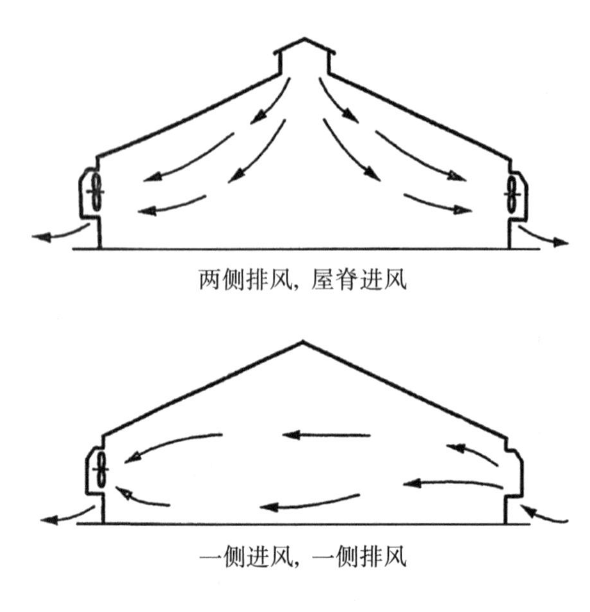

图 2－45　横向排风通风系统

（4）纵向排风

纵向排风通风系统是在农业建筑一端山墙安装全部排气风机，在另一端山墙设置所有进风口，从而在建筑物形成纵向的通风换气，如图 2－46 所示。

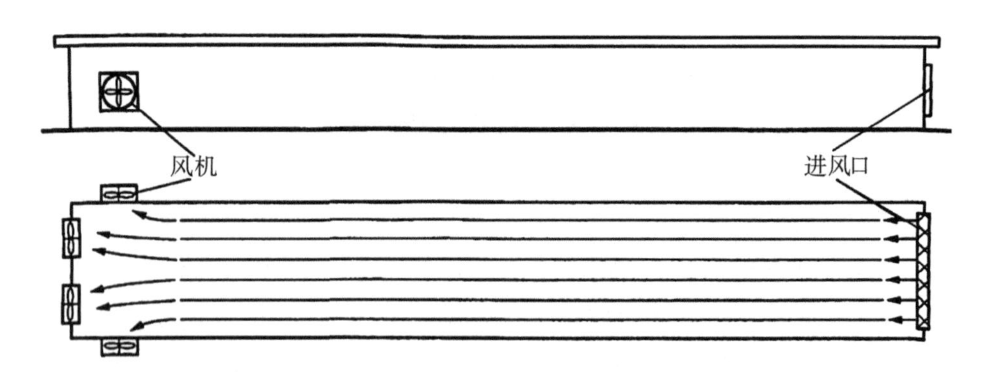

图 2－46　纵向排风通风系统

与横向排风相比，纵向排风具有较多优点。

①由于在气流方向，纵向排风气流通过的断面固定不变，且进风口与排风

口的气流局部不均匀区相对很小,因此舍内气流速度分布均匀,气流死角很少。

②舍内气流流动横断面面积远比横向排风小,因此容易用较小的通风量获得较大的舍内气流速度,有利于在夏季通风中提高舍内风速,促进畜禽身体的散热。

③采用的风机数量比横向排风少,节省设备和运行费用。

④排风集中于畜禽场区脏道一端,避免了并列相邻畜禽舍之间的排气污染,有利于卫生防疫。

⑤由于相邻畜禽舍之间没有排气干扰和污染,因此畜禽舍之间的卫生防疫间隔可大大缩小,有利于节约畜禽场建设用地和投资。

基于以上原因,近年来纵向排风逐渐取代横向排风,得到越来越多的应用。纵向排风的缺点是,从进风口至出风口,空气温度等环境参数有较大的不均匀性。

2.3.3.3 进排气通风系统

进排气通风系统又称联合式通风系统,是一种同时采用风机送风和排风的通风系统,室内空气压力近似等于室外压力。进排气通风系统使用设备较多,投资费用较高,实际生产中应用较少,仅在有较高特殊要求且以上通风系统不能满足时采用。

2.3.4 进排气设计

设施内空气的流动速度及分布对动植物的生长有很大影响。因此,通风空气在室内的分布是完善通风设备和通风均匀性设计的一个重要组成部分。它主要与进、排风口形状和位置以及进风射流等参数有关。

2.3.4.1 进气口空气射流

为了实现通风空气在室内均匀分布的设计,应当充分了解空气射流的特性及其对气流分布的影响。

(1)空气射流的概念与分类

空气从孔口或管嘴以一定的速度流出后,气流在空间的运动过程称为空气射流。研究射流运动的目的在于讨论气体出流后的流速场、温度场和浓度场。建筑物或房间的进气口射流对室内空气的分布有重要作用,因此必须了解、掌握进气口的空气流动规律。

空气射流按流态不同可分为层流射流和紊流射流；按是否受限可分为自由射流和沿墙射流（也称受限射流）；按射流温度与室温的差异可分为等温射流（空气射流温度与室内空气温度差在5 ℃以内）和非等温射流（空气射流温度与室内空气温度差超过5 ℃），在非等温射流中，送风温度低于室内空气温度称为冷射流，送风温度高于室内空气温度则称为热射流；按孔口形式不同可分为圆形射流、矩形射流和缝隙射流。

（2）等温自由射流

空气从进风口以一定的速度流出而不受任何硬边界限制时，称为自由射流。空气射流温度与室内空气温度差在5 ℃以内时的自由射流称为等温自由射流。

当等温自由射流进入室内空间时，室内周围空间体积比射流断面体积大得多，送风口长宽比小于10，气流流动不受任何固体壁面限制，射流呈紊流状态，通常将这种条件下的射流称为等温自由紊流射流。

射流进入房间后，射流边界与周围气体不断进行动量、质量交换，周围空气不断被卷吸，射流的流量不断增加，断面不断扩大，而射流的速度不断下降，形成向周围扩散的锥体状流动场。在射流理论中，通常将射流轴心速度保持不变的一段长度称为起始段，其后称为主体段。在主体段，射流边界层扩散到轴心，轴心气流速度也开始下降。随着射程的继续增大，射流速度继续减小，最后直至消失。等温自由射流的速度变化过程如图2－47所示。

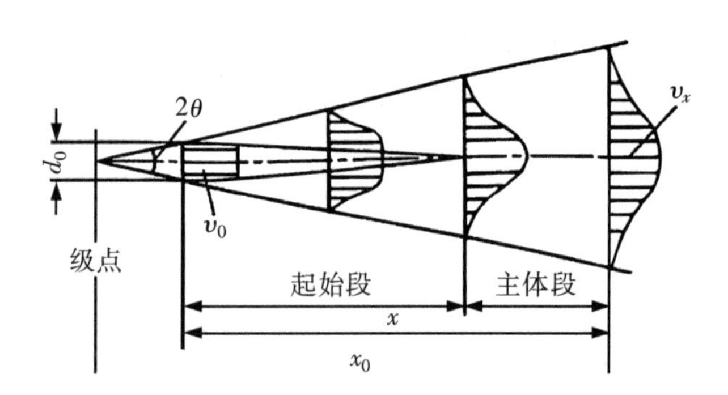

图2－47　等温自由射流的速度变化过程

射流轴心速度的计算公式为：

$$\frac{\nu_x}{\nu_0}=\frac{0.48}{\dfrac{ax}{d_0}+0.147} \tag{2-109}$$

式中:x——射流断面至级点的距离,m;

ν_x——射程 x 处的射流轴心速度,m/s;

ν_0——射流出口速度,m/s;

d_0——送风口直径或当量直径,m;

a——送风口的紊流系数。

射流断面直径的计算公式为:

$$\frac{d_x}{d_0}=6.8\left(\frac{ax}{d_0}+0.147\right) \tag{2-110}$$

式中:d_x——射程 x 处的射流断面直径,m。

紊流系数的大小与射流出口截面上的速度分布情况有关,分布越不均匀,紊流系数越大。此外,紊流系数的大小还与射流截面上的初始紊动强度有关。紊流系数的大小直接影响射流发展的快慢,紊流系数大,横向脉动大,射流扩散角就大,射程就短。常见风口喷嘴形式及紊流系数见表 2-11。

表 2-11　常见风口喷嘴形式及紊流系数

喷嘴形式		紊流系数
圆断面射流	收缩极好的喷嘴	0.066
	圆管	0.076
	扩散角为 8°~12°的扩散管	0.090
	矩形短管	0.100
	带有可动导向叶片的喷嘴	0.200
	活动百叶风格	0.160
平面射流	收缩极好的平面喷嘴	0.108
	平面壁上的锐缘斜缝	0.115
	具有导叶加工磨圆边口的通风管纵向缝	0.155

由此可以看出,在确定送风口时,如需增大射程,则可以提高出口速度或减小紊流系数;如需增大射流扩散角,即增大与周围介质的混合能力,则可以选用紊流系数较大的送风口。

(3)非等温受限射流

在很多情况下,农业建筑室内外气温差较大,进风口气流以接近室外气温的状态进入室内,因此在农业建筑环境工程中遇到的射流大多数属于非等温射流。如果进入室内的气流的扩展受到围护结构的限制,则称为非等温受限射流。

①轴心温差计算公式

非等温射流的出口温度与周围空气温度不相同,射流将沿射程逐渐与室内空气相掺和,这不仅引起空气动量的交换(决定流速的分布及变化),还会带来热量的交换(决定空气温度分布及变化)。因此,随着射流与出口距离的增大,其轴心温度也在变化。轴心温差的计算公式为:

$$\frac{\Delta T_x}{\Delta T_0}=\frac{0.35}{\frac{ax}{d_0}+0.147} \tag{2-111}$$

式中:ΔT_x——射流主体段内横断面上轴心点与周围空气温度的差值(轴心温差),K;

ΔT_0——射流出口与周围空气之间的温度差(送风温差),K。

比较式(2-111)与式(2-109)可知,热量扩散比动量扩散要快些,即射流的温度扩散角大于速度扩散角,因而射流温度衰减得要比速度更快,且有下式成立。

$$\frac{\Delta T_x}{\Delta T_0}=0.73\frac{v_x}{v_0} \tag{2-112}$$

②阿基米德数(Ar)

阿基米德数在非等温射流中起着重要作用,它是决定射流弯曲程度的主要因素。实际上,阿基米德数是格拉晓夫数(Gr)与雷诺数(Re)的综合,即$Ar=Gr/Re^2$。阿基米德数综合反映浮力与惯性力两方面的作用。当浮力作用超过惯性力作用(Ar数值较大)时,则射流轴线呈现向下或向上弯曲;当惯性力作用很大而浮力作用相对较小时,则射流轴线趋向直线;当$Ar=0$时,则为等温射

流。一般，当 $|Ar| < 0.001$ 时，就可忽略射流的弯曲，按等温射流来计算。

阿基米德数的计算公式为：

$$Ar = \frac{gd_0(T_o - T_i)}{v_0^2 T_i} \tag{2-113}$$

式中：T_o——射流出口温度，K；

T_i——室内空气温度，K；

g——重力加速度，取 9.81 m/s^2。

当 $T_o > T_i$ 时，$Ar > 0$，射流轴线向上弯曲；当 $T_o < T_i$ 时，$Ar < 0$，射流轴线向下弯曲。

在非等温射流的射程中，气流不仅受出口动能的作用以惯性力向前移动，同时还因射流与周围空气密度不同而受到浮力的影响，气流所受的重力与浮力不平衡，使射流在前进的同时发生向下或向上弯曲。但是，整个射流仍可看作对称于轴心线，因此了解轴心线的弯曲轨迹后便可得出整个弯曲的射流。当水平射出的是冷射流时，因其密度（或容重）大于周围空气的密度，故射流轴线向下偏斜。

非等温射流的轴心轨迹公式可以采用近似的处理方法得出。射流轴线的弯曲取轴心线上的单位体积流体作为研究对象，只考虑受重力与浮力作用，应用牛顿定律可导出下式：

$$y = Ar = 0.51\frac{ax^3}{d^2} + 0.11\frac{x^2}{d} \tag{2-114}$$

在实际应用过程中，为了使式（2-114）更符合试验数据，通常将式中的 0.11 取为0.35，从而得到非等温射流的轴心轨迹试验公式为：

$$y = Ar = 0.51\frac{ax^3}{d^2} + 0.35\frac{x^2}{d} \tag{2-115}$$

式中：y——射流轴线上某点离开喷口轴线的垂直距离，m；

d——射流喷口直径，m；

x——射流轴心线上某点与喷口沿喷口轴线方向的距离，m。

当射流出口轴线与水平面夹角为 α 时，则轴心轨迹公式为：

$$y = \frac{Ar}{\cos^2\alpha} = 0.51\frac{ax^3}{d^2\cos\alpha} + 0.35\frac{x^2}{d} \tag{2-116}$$

③贴附效应

在通风工程中，常常把送风口贴近天花板布置，送风气流的流动受到壁面的限制。射流贴近天花板的一侧不能卷吸空气，因而流速大、静压小。但是，射流的下部因流速小而静压大，这样上、下的压力差将射流往上举，使气流贴附于板面流动，形成射流的贴附现象（也称附壁效应）。由于贴附射流仅有一边卷吸周围空气，因而速度衰减慢，射程比较长。贴附的长度与阿基米德数有关，阿基米德数越小，贴附的长度越大。因此在工程应用中，可以利用贴附效应来增大送风口的射流射程，并可减小水平射流的下降距离。

如果忽略空气在壁面上流动的附面层，则可以认为贴附射流就是把喷口面积扩大1倍后，再取半个射流，如图2－48所示。那么，对于贴附射流，可以采用自由射流的相应公式进行计算，但是要用假想扩大1倍后的射流喷口直径代入。也就是说，如果贴附射流圆形断面喷嘴直径为 d_0，假想射流喷口直径为 d'_0，则有$\frac{\pi}{4}d'^2_0=2\frac{\pi}{4}d_0^2$，计算时采用的假想射流喷口直径为：

$$d'_0=\sqrt{2}d_0 \tag{2-117}$$

如果是条缝贴附射流，则由于条缝长度不变，所以扩大1倍后的假想射流喷口缝宽为原来缝宽的2倍。

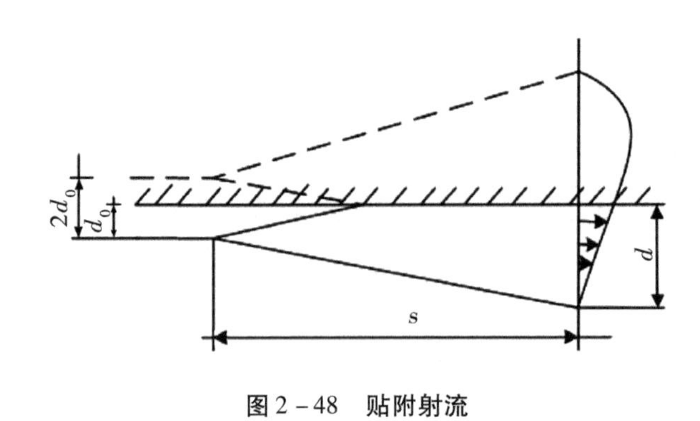

图2－48　贴附射流

2.3.4.2　排气口空气流动规律

排气口吸入的空气流与进气口射流的流动规律显著不同。进气口送风射

流的扩散角 2θ 比较小，所以其断面是逐渐扩展的。排气口吸入的气流从四周汇流而入，它的作用范围大，因此排气口周围气流速度场的速度衰减得比射流速度场快得多。图 2－49 为圆形排气口速度分布图，显示了圆形排气口周围空气的流动情况。可以看出，排气口速度场近似一个稍扁的球面，等速面为椭球面，气流从四周汇入排气口，如图 2－49(a)所示。

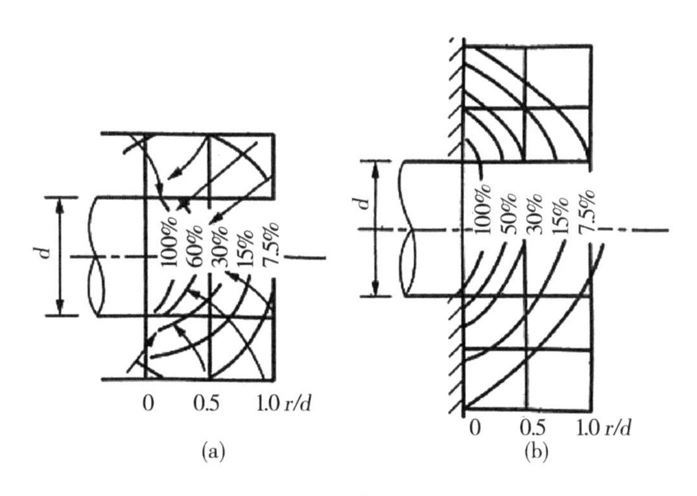

图 2－49　圆形排气口速度分布图

如果排气口紧贴着壁面，则空气只能从一侧空间流入，所以等速面呈球形。由于各等速面上流向排气口的流量都相等，等于排气口吸入风量，故距排气口 x(m)处某点的流速为：

$$\nu_x = \frac{L_x}{A_x} = \frac{L_0}{4\pi x^2} \tag{2-118}$$

式中：L_0——排气口流入的风量，m^3/s；

L_x——距排气口 x 处的空气流量，m^3/s；

A_x——距排气口 x 处等速面的面积，m^2。

如果排气口直径为 d，排气口风速为 ν_0，则排气口流入的流量为：

$$L_0 = \frac{\pi}{4} d^2 \nu_0 \tag{2-119}$$

将式(2－119)代入式(2－109)可得：

$$\frac{v_x}{v_0} = \frac{1}{16}\left(\frac{d}{x}\right)^2 \tag{2-120}$$

可见,排气口气流速度的衰减是很快的。

2.3.4.3 进气口与排气口形式

一个良好的进、排气口,必须能根据季节变化来调节进气流量,并保证新鲜空气均匀地分布到整个建筑物内。在畜禽舍中,常见的进气口有缝隙式进气口和矩形进气口。在排气通风系统和联合通风系统中,排气口往往与排风机相结合。下面主要介绍缝隙式进气口的设置与计算。

在畜禽舍排气通风系统中,影响舍内气流模型的关键是进气射流的速度和方向,因此进气口的尺寸、位置和形状是进行通风系统设计时必须考虑的重要因素。尽管风机决定畜禽舍内的排风量,但其只能在 1.5 m 左右的半径范围内对气流的分布发挥一些作用,而在畜禽舍屋檐下设置一条连续的缝隙式进气口,就可以为畜禽舍提供均匀一致的新鲜空气。

(1)缝隙式进气口的位置

缝隙式进气口的位置取决于畜禽舍的跨度。对于跨度小于 12 m 的畜禽舍,可沿两侧屋檐下设置连续的缝隙式进气口(进气缝隙应在风机两侧 3 m 范围内隔断,以免发生空气“短路”);对于跨度大于 12 m 的畜禽舍,应增加天花板中央的缝隙进气口,如图 2-50 所示。

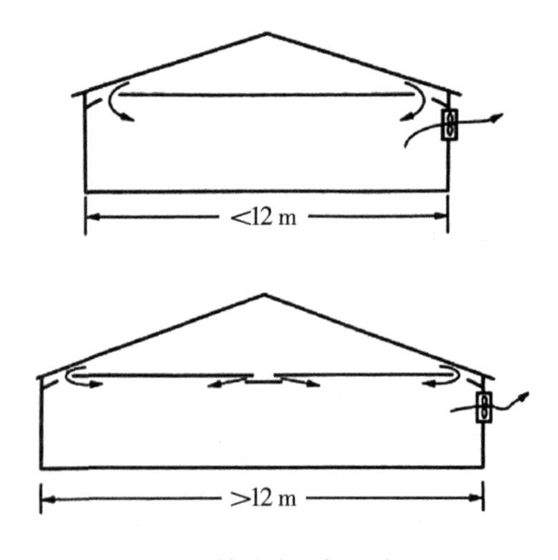

图 2-50 缝隙式进气口的位置

图 2－51 为一种畜禽舍的连续缝隙式进气口。冬季关闭屋檐进气口,舍外空气通过下风的山墙进入阁楼,连续运转风机从屋顶阁楼里引入新鲜空气。夏季打开两侧檐下的进风门,直接从舍外进风,同时为了降低天花板的温度,利用部分进入屋檐进气口的空气为阁楼通风。

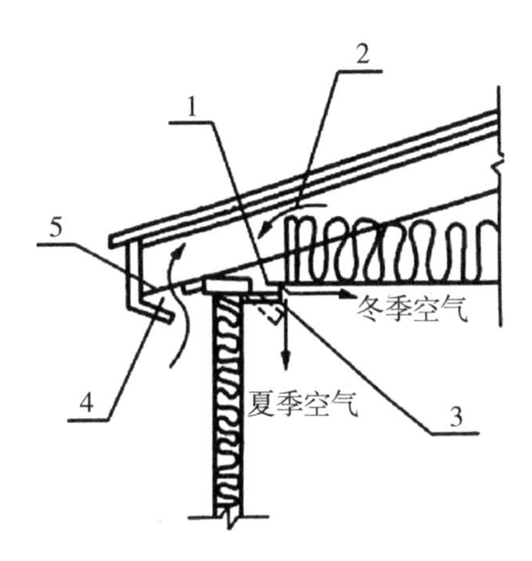

1—按热天通风量设计的进风口;2—孔口;3—可完全关闭的调节挡板(保温);

4—屋檐进气口;5—金属网。

图 2－51　连续缝隙式进气口

(2)缝隙式进气口的宽度

根据射流理论,各种形式的进气射流的特性可概括为:进气射流的初始速度直接影响射流气流中任意一点的空气速度;进气射流的射程与进气口初始速度成正比;进气射流的初始速度越大,射流气流下沉得越慢,新鲜空气与畜禽舍内空气混合得就越充分;进气射流的动量依赖于进气初始速度和空气流量。

运用这些理论来设计缝隙式进气口,有助于建立均匀的气流分布模型。冬季室外气温低,空气密度大,如果进气口比较宽,则进气流速较小,新鲜空气进入畜禽舍后会迅速地下沉到地面,形成冷气流,对牲畜不利,如图 2－52(b)所示。适当地调整进气缝隙口的宽度,提高进气射流的初始速度,利用射流的贴附效应,使空气沿天花板表面流动,避免冷空气过早地下沉,使新鲜空气在流经牲畜之前就与舍内空气较充分地混合,使室内空气分布均匀、一致,如图 2－52

(a)所示。

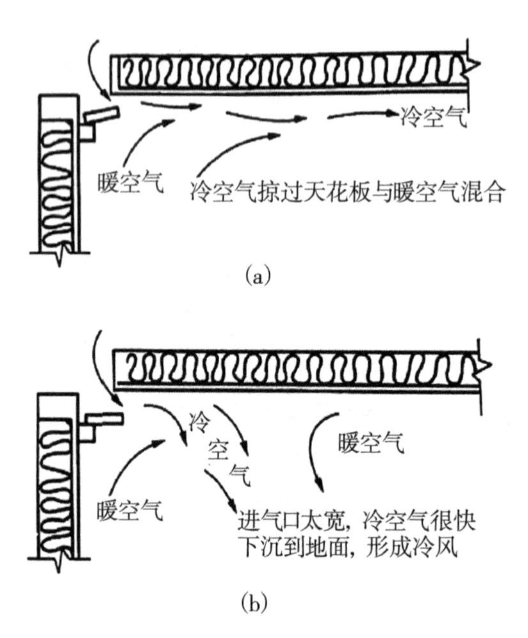

图2-52　不同宽度进气口的气流分布

在夏季，为了排出畜禽舍内的多余热量，要求通风空气能吹到牲畜身边，使其感到凉快，因此在夏季也需要高速通风。从通风系统的运行来看，冬季进排气口及风机上都承受一定的风压力，如果进气射流的速度比较大，而且风机在较高的压力下运行，那么在相同的室外风压作用下，这样的通风系统所受室外风力的影响相应要小一些。

上述内容都着重强调了进气口高速进风的重要性。畜禽舍实际采用的进气气流的流速应根据通风系统的形式、畜禽舍建筑的跨度、饲槽围栏等因素来考虑，任何形式的进气口所形成的射流速度应为3.5～5.0 m/s，则相对应的进气口内外空气压差为10～20 Pa。进风流速低于1.0～2.0 m/s时对畜禽舍内的气流分布是很不利的。

当空气流过孔口时，基于孔口的收缩效应，喷射出的气流横断面将收缩为孔口总有效面积的60%～80%，这种收缩效应会提高空气的初始速度。畜禽舍缝隙式进气口的总面积为：

$$A = \frac{L}{\varepsilon \times \nu} \tag{2-121}$$

式中:L——畜禽舍通风流量,m^3/s;

ε——孔口收缩系数,设计时一般取0.6;

ν——进气口空气流速,m/s。

由于畜禽舍进气缝隙口内外两侧的静压降影响通风流量,因此在不同静压降下要求的进气缝隙口面积也不相同。在静压降一定时,通风流量与缝隙进气口的宽度成正比。

第3章
寒区试验猪舍与监测数据分析

3.1　试验猪舍

生猪养殖向规模化发展趋势明显,而考虑北方冬季舍外冷空气温度极低的环境特点,针对通风均匀性、小环境模拟、环境调控策略以及通风性能评价的相关研究较少。本章根据寒区冬季保育猪舍实际养殖环境调控的需求,以缓解或解决寒区保育猪舍冬季通风与保温之间的矛盾为目的,对气流均匀性、养殖环境适宜性进行深入分析,针对寒区冬季保育猪舍送排风管道组合通风换气系统进行研究。

试验猪舍位于黑龙江省齐齐哈尔市建华区某生猪养殖场(47°44’N,124°04’E)。该地区属于严寒地区,当年 11 月至次年 2 月日均气温多在 0 ℃以下,2020 年 1 月日均最高气温为 -14 ℃,日均最低气温为 -25 ℃。试验猪舍占地面积约为 150000 m^2,年出栏量可达 5000 头。

该养殖场设有 6 个保育猪舍,单间保育猪舍面积为 170 m^2。其南侧墙体设置 2 扇窗户(尺寸均为长 1.75 m、宽 1.35 m),并配有 2 台定速风机(功率均为 370 W)和 1 台变速风机(功率为 320 W);北侧即连廊一侧墙体设置 1 个门(长 2.10 m、宽 1.20 m)和 2 扇窗户(尺寸均为长 1.75 m、宽 1.35 m)。冬季保育猪舍通过开启北侧门和窗进行通风换气。

图 3-1 为试验猪舍平面图,每间猪舍共有 12 个围栏,每栏面积约为 8.75 m^2,每栏养殖 10 ~ 12 头保育猪,围栏地面由漏粪地板(长 2.5 m、宽 1.0 m)和水泥地板暖炕(长 2.5 m、宽 3.0 m)组成,暖炕添加燃料入口设置在连廊内。漏粪地板缝隙宽度为 15 mm,距舍内水泥地面高度为 0.5 m,中间过道下方为粪道(长 17.0 m、宽 1.0 m),采用刮粪板自动清粪。舍内地面距棚顶 3.0 m。实测保育猪站立时高度约为 0.4 m,趴卧时高度约为 0.2 m。舍内取暖方式以水泥地板暖炕为主、以灯暖为辅,易满足仔猪对环境温度的需求,同时取暖成本低廉,使用方便。

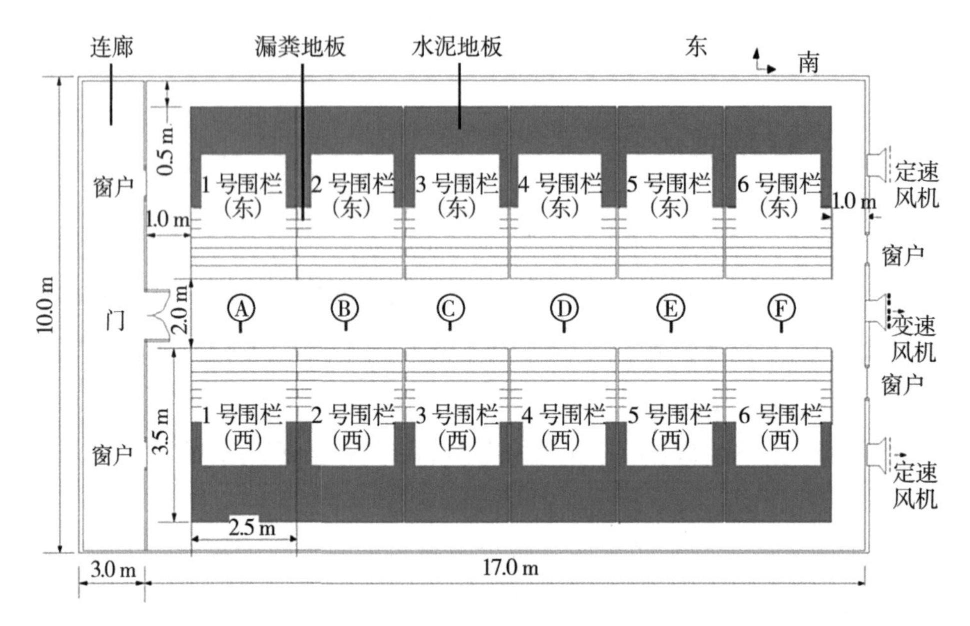

注：A～F为传感器节点所在位置；→为排风方向。

图3－1　试验猪舍平面图

3.2　试验猪舍环境监测

3.2.1　传感器监测节点设计

传感器监测节点是采集猪舍环境数据的技术保障，也是优化通风系统实现自动化控制的重要支撑。猪舍内部环境受多方面因素影响，存在较多不确定性。为保证舍内数据采集的准确性和实时性，同时避免大量布线的问题，我们设计基于LoRa技术的无线通信监测系统，该系统由各监测节点（终端节点）和主控节点组成。如图3－2所示，各终端节点与主控节点之间以星型网络拓扑结构进行搭建。

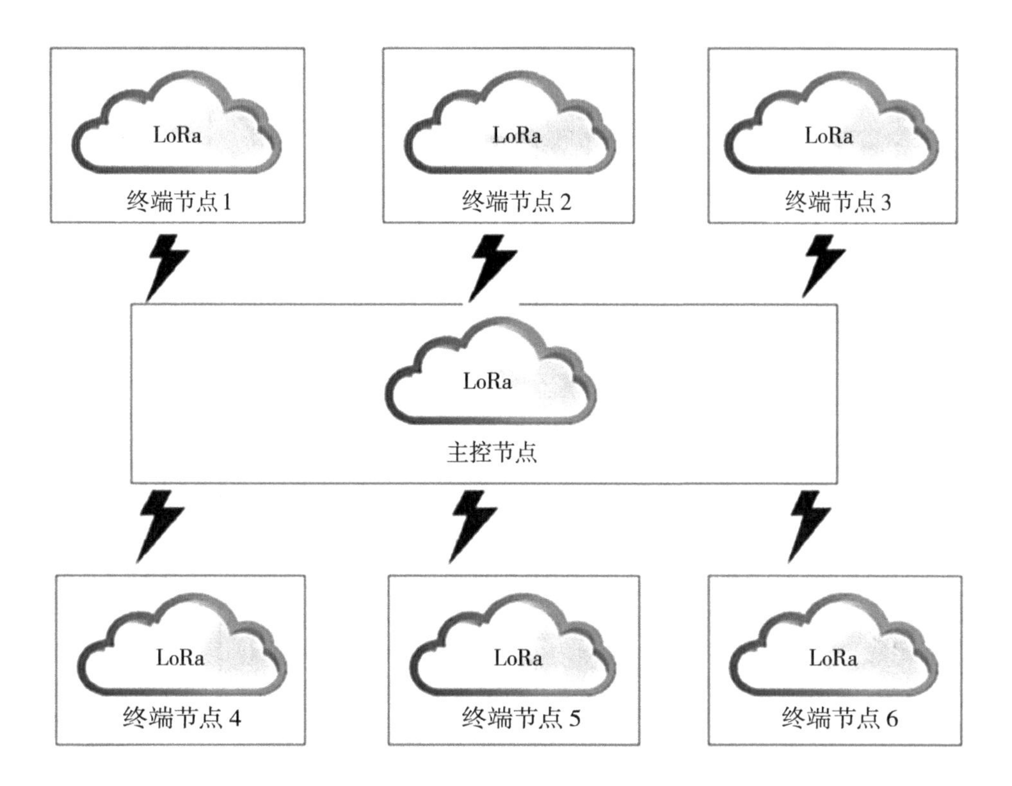

图 3－2　传感器监测系统网络拓扑结构

图 3－3 为监测系统组成框图。各监测节点由传感器集成模块(型号:SHT30)、微控制器模块(型号:STM32F103VET6)和 LoRa 模块(型号:SX1278TR3－DTU)构成,可实时采集舍内环境温度、湿度、二氧化碳浓度、氨气浓度等数据,通过 LoRa 模块以无线形式传送数据至主控节点,主控节点微控制器对现场采集的数据进行实时处理,并可配置智能控制算法,控制风机、加热设备等,从而调控保育猪舍环境。

为了准确地监测舍内环境数据,在试验猪舍一侧围栏分别安装传感器监测节点(A～F 共计 6 个监测节点)。传感器监测节点安装高度为渗漏地板上方 0.2 m(保育猪呼吸高度)处,此高度的环境数据可以代表保育猪呼吸空气质量的优劣程度。

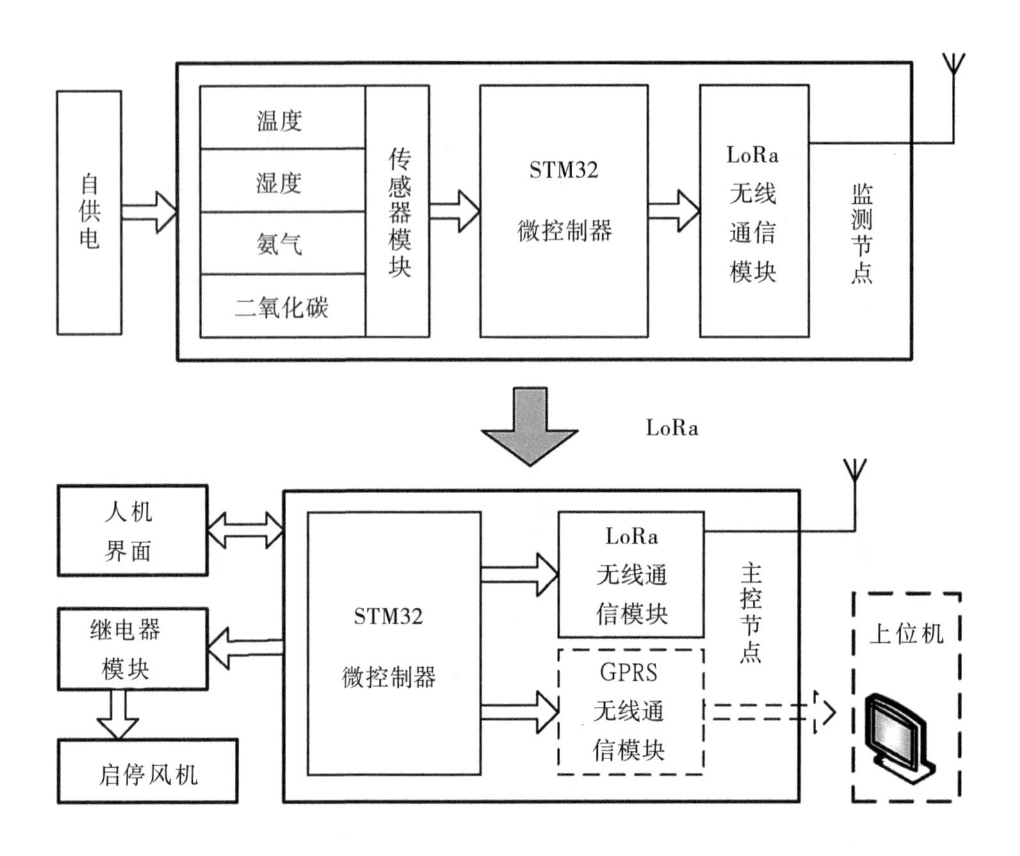

图 3-3 监测系统组成框图

传感器监测节点安装完成后，于2020年1月5日进行测试并记录数据。采用 HD5S + 泵吸式气体检测仪（出厂前已经校准，并出具计量标准证书）作为标准仪器对监测节点进行误差校对。以 1 h 为间隔，对氨气浓度、二氧化碳浓度、相对温度和湿度数据连续记录 12 h，取传感器终端节点 A 监测数据。根据式（3-1）计算温度、相对湿度、氨气浓度和二氧化碳浓度测定数值的相对误差。各数据相对误差变化曲线如图 3-4 所示。

$$相对误差 = |B - A| / A \times 100\% \qquad (3-1)$$

式中：A——HD5S + 泵吸式气体检测仪检测数据；

B——无线通信监测系统采集数据。

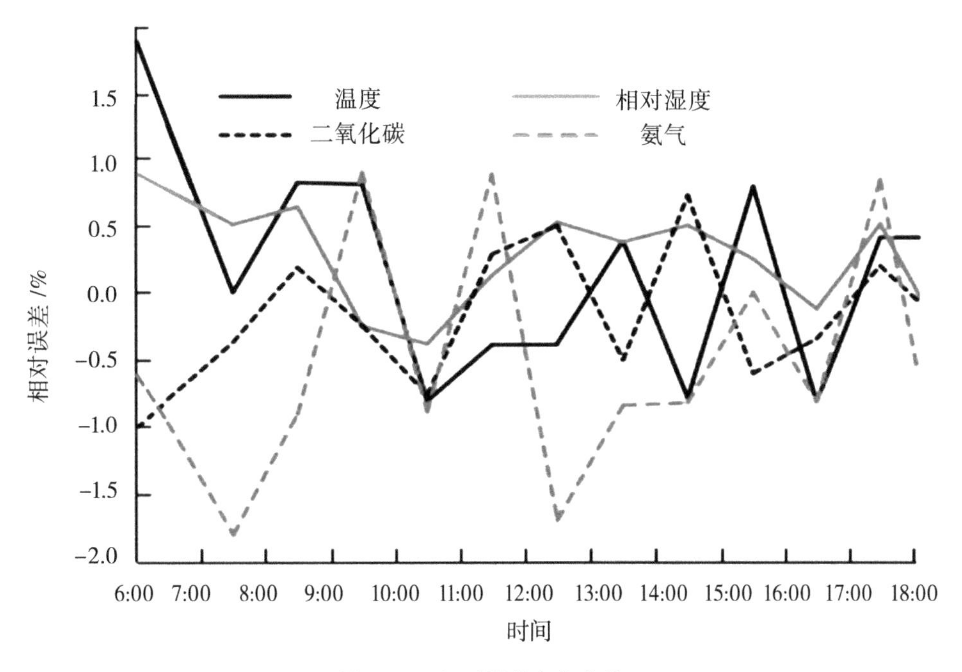

图 3－4　相对误差变化曲线

由图 3－4 可知，与其他时刻相比，早上 6:00 时温度的相对误差较大，为 1.85%，主要原因是监测节点实时采集数据，而泵吸式气体检测仪采集数据存在延迟，导致数据采集未在同一时刻进行，并且节点 A 处临近连廊一侧门、窗，工人开门进入导致温度瞬时变化较大，采集时间的延迟导致采集数据差值较大。早上 7:30，氨气浓度的相对误差较大，为 1.75%，主要原因是保育猪排便量及排便时间较为随机，泵吸式气体检测仪与监测节点采集数据未在同一时刻进行，采集时间的延迟导致采集数据差值较大，所以在当前时刻误差较大。各监测数据的相对误差均在 2.00% 以内，为进一步提高系统的监测精度，根据曲线变化，在监测节点软件系统中对各项数据误差逐一修正，其中温度修正值为 －0.1，相对湿度修正值为 －0.1，二氧化碳浓度修正值为 ＋1.2，氨气浓度修正值为 ＋0.1。

3.2.2 自供电系统设计

冬季通风热量损耗较多，若采用管道通风，则需实时采集送风主管道和排风主管道通风口处的温度，为通风热量回收提供数据支撑。温度传感器监测节点需置于送风管道和排风管道通风口内侧，不易接线或更换电池。针对通风口处风速较大、风能较易收集的特点，采用风致振动压电俘能结构收集通风口处的风能，其结构简单，易于制造，发电能力不受环境影响，同时可以为监测节点提供足够的电能。大部分监测节点为电池供电，电池供电效率受环境影响较大。若采用长距离接线供电，则成本高，接线复杂。可以利用风能与电能之间的转换为传感器监测节点供电，从而达到节能的目的。

本章设计的压电俘能系统由压电俘能结构、能量管理电路、存储供电装置三部分组成，如图 3 – 5 所示。压电俘能结构可将风振能量转换为电能，通过能量管理电路将交流电转换为直流电，为传感器监测节点供电。

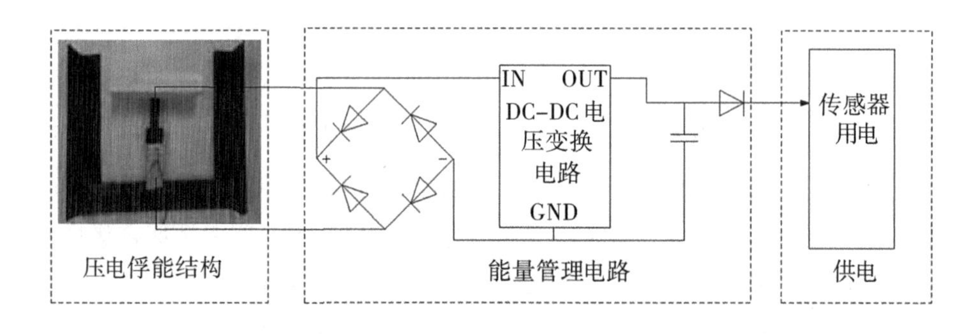

图 3 – 5 压电俘能系统组成

3.2.2.1 压电俘能结构设计及分析

根据风致振动原理设计如图 3 – 6 所示的压电俘能结构。该结构呈“山”形，压电片悬臂梁结构一端固定在横梁上，另一端固定质量块，质量中心轴偏上，形成不均匀分割。左右两侧悬臂起到固定作用，结构整体固定在通风口处的轴流风机防护网上。风通过质量块时,上下两端产生压强差使其上下摆动,从而使压电片发生振动形变产生电能。

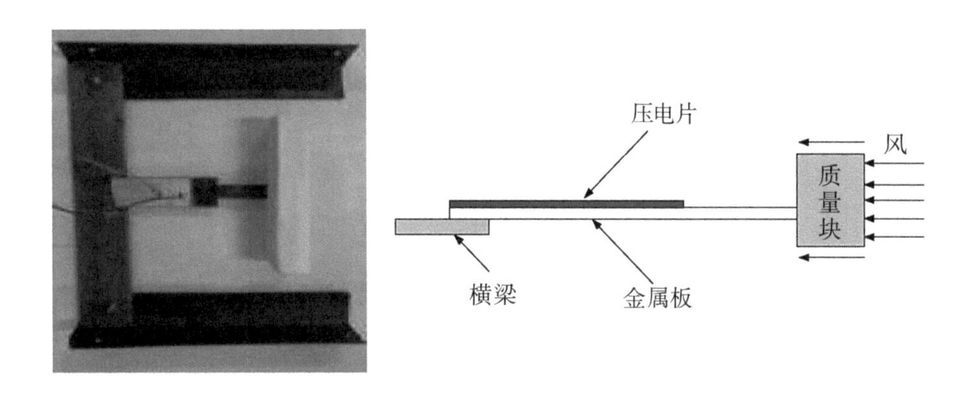

图 3 -6　压电俘能结构

结合各项研究成果所提出的压电模型,本章所设计的压电片悬臂梁结构可转化为图 3 -7 所示的物理模型。

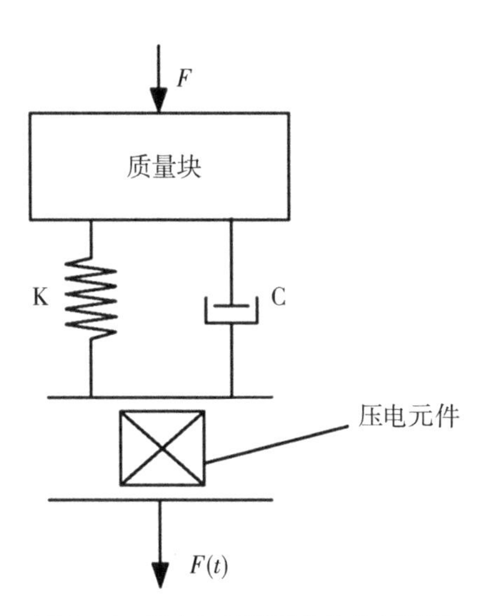

图 3 -7　压电片悬臂梁结构物理模型

图 3-7 所示物理模型对应的数学模型为：

$$k_t Z(t) + c_t Z(t) + mZ(t) + G = F(t) \tag{3-2}$$

式中：k_t——弹簧劲度系数；

c_t——阻尼系数；

$Z(t)$——悬臂梁结构挠度，mm；

m——质量块质量，kg；

G——质量块重力，N；

$F(t)$——作用在压电片上的合外力，N。

所以，质量块质量 m 与其所受合外力 F 直接影响作用在压电元件上的合外力 $F(t)$。压电元件输出电压、电流与合外力 $F(t)$ 的关系为：

$$F(t) = \frac{UIt}{k_e^2 \int\int \left(\frac{M}{k_z}\mathrm{d}x\right)\mathrm{d}x + Bx + D} \tag{3-3}$$

式中：U——压电元件输出电压有效值，V；

I——输出电流有效值，mA；

t——$F(t)$ 作用在压电片上的时间，s；

k_e——机电耦合系数；

M——压电元件截面上的弯矩，N · m；

B、D——积分常数；

k_z——压电元件抗弯刚度，N/mm。

功率 $P = UI$，则式(3-3)可转换为式(3-4)，即系统整体输出功率 P 为：

$$P = \frac{F - kZ(t) - cZ(t) - mZ(t) - G}{tk_e^2 \int\int \left(\frac{M}{k_z}\mathrm{d}x\right)\mathrm{d}x + Bx + D} \tag{3-4}$$

综上所述，质量块质量是影响系统整体输出功率的主要变量。通过多次试验测试，我们确定质量块的最优参数为：尺寸为 102 mm × 23 mm × 37 mm，重 20 g。

设定风速为 1.5 ~ 2.5 m/s，每间隔 10 s 记录 1 组测试数据，共记录 30 组。图 3-8 为测试数据（有效输出电压、输出功率）变化曲线，输出电压在 9.00 V 至 13.00 V 之间波动，输出电压平均值为 10.88 V，输出功率平均值为 6.98 mW，输出数值在能量管理电路有效转换范围内,表明结构设计合理。

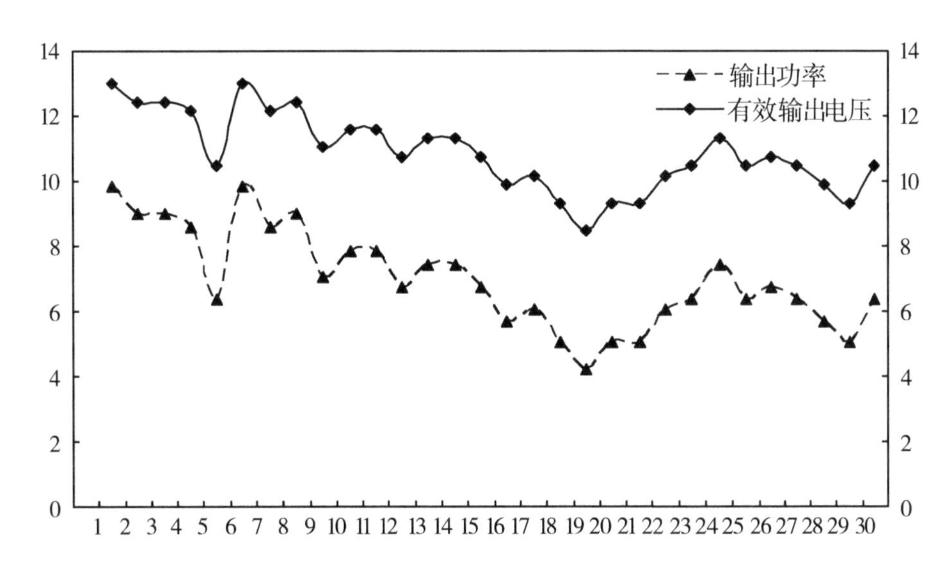

图 3 - 8　输出电压、输出功率变化曲线

3.2.2.2　LTC3588 - 1 能量管理电路

风致振动压电俘获结构输出能量为交流信号,但各监测节点需直流供电,因此需设置能量管路电路进行转换。针对压电片具有输出电压高、电流小(仅有微安级)的特点,LTC3588 - 1 芯片可满足压电片输出电能的要求。该芯片功耗小,最低工作电流为 450 nA,输入电压范围为 2.7 ~ 20.0 V。同时,该芯片具有 1.8 V、2.5 V、3.3 V、3.6 V 四种可设置固定输出电压值。由于当前大部分传感器的供电电压为 3.3 V,因此本章选择输出电压值为 3.3 V。图 3 - 9 为基于 LTC3588 - 1 的能量管理电路。

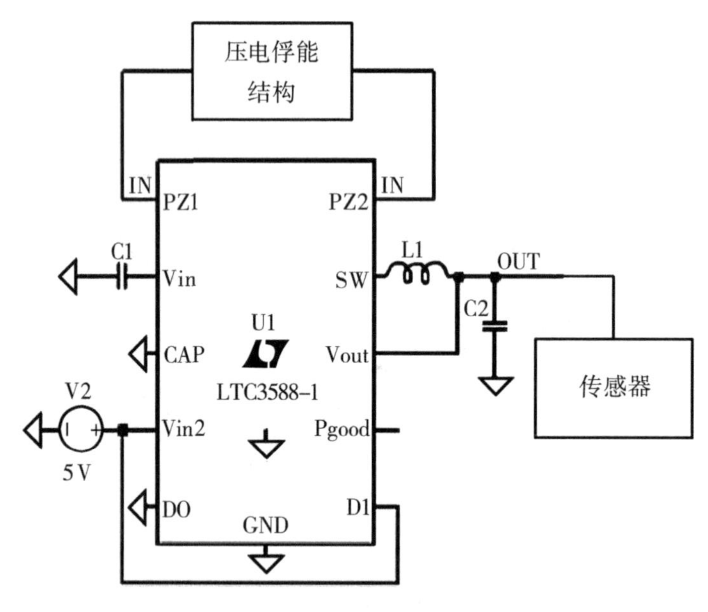

图 3－9　基于 LTC3588－1 的能量管理电路

3.2.2.3　系统等效电路模型

为验证压电俘能系统的整体可行性，运用 MATLAB Simulink 软件工具对系统进行整体建模和仿真。但是，该软件无法同时仿真机械－电路模型，因此根据电路系统与机械系统的耦合关系，将压电悬臂梁机械结构转化为电路模型，从而进行电路－电路模型仿真。机械系统与电路系统的相似关系如表 3－1 所示。

表 3－1　机械系统与电路系统的相似关系

机械平移系统	力－电压相似变换
力，F	电压，U
位移，$x\int \nu \mathrm{d}t$	电荷，$g=\int I\mathrm{d}t$
速度，$\nu=\mathrm{d}x/\mathrm{d}t$	电流，$I=\mathrm{d}g/\mathrm{d}t$

续表

机械平移系统	力 - 电压相似变换
质量,m	电感,L
黏滞阻尼系数,c	电阻,R
弹簧柔度,$1/k$	电容,C
电 - 力耦合	理想变压器 T
连接点	闭合回路
参考壁(地)	地

根据表 3 - 1 所示的机械系统与电路系统的相似关系,建立图 3 - 10 所示压电悬臂梁相似电路模型。

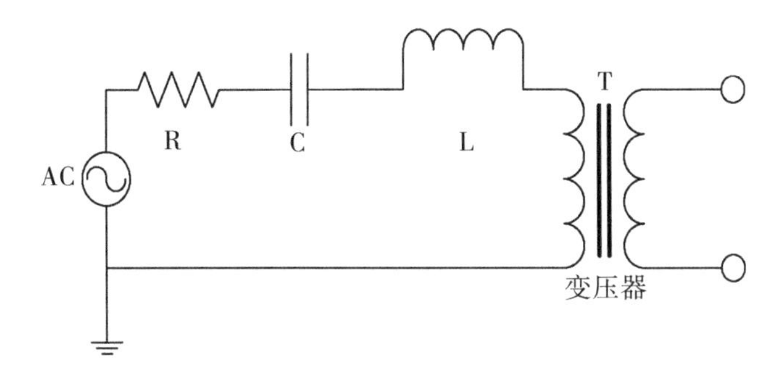

图 3 - 10　压电悬臂梁相似电路模型

LTC3588 - 1 芯片对压电俘能器输出电能可进行降压、整流处理,因此在搭建芯片电路模型过程中,使用降压电路和整流电路实现该芯片功能。将压电悬臂梁相似电路模型与 LTC3588 - 1 电路模型联合,建立自供电系统相似电路模型,如图 3 - 11 所示。

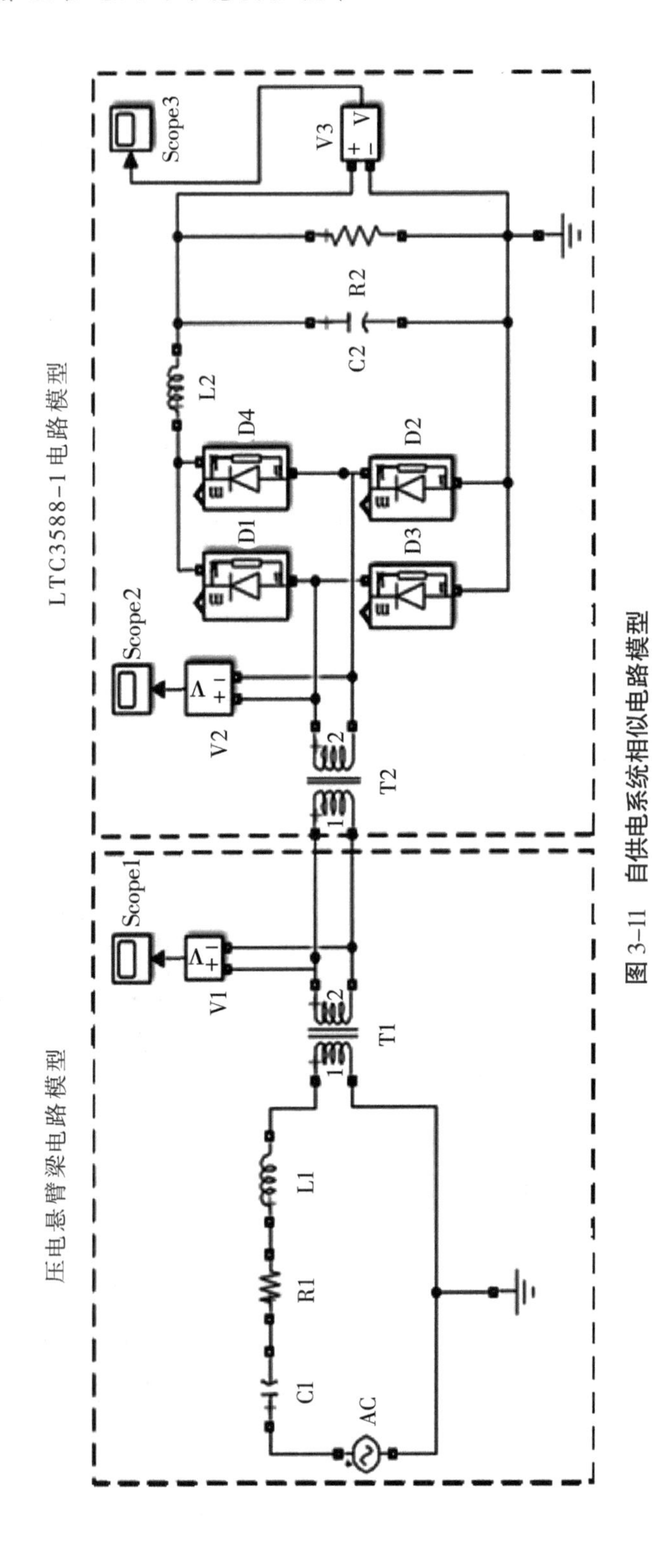

图 3-11　自供电系统相似电路模型

图 3－11 中 Scope1、Scope2 分别监测压电悬臂梁相似电路模型的输出电压和电流；Scope3 监测系统电路的最终输出电压。设置交流电源的输入电压为 10.88 V，仿真时间为 1 s，则仿真结果分别如图 3－12、3－13 和 3－14 所示。

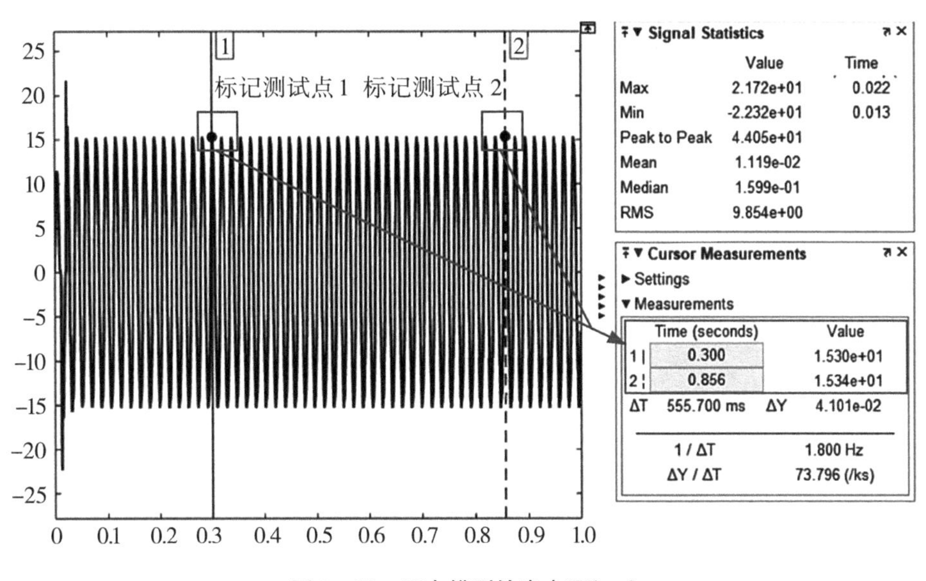

图 3－12　压电模型输出电压(一)

由图 3－12 所示的仿真结果可知：俘能结构输出电压峰值在标记测试点 1 为 15.30 V，在标记测试点 2 为 15.34 V，输出稳定，记为 15.30 V，其有效电压值记为 10.80 V。

由图 3－13 所示的仿真结果可知，俘能结构的输出电流峰值在测试点 1 为 0.91 mA，在测试点 2 为 0.90 mA，输出稳定，记为 0.90 mA，有效电流值记为 0.64 mA。计算后可得输出功率为 6.91 mW，与俘能结构实测结果 6.98 mV 的相对误差较小，表明模型建立正确。

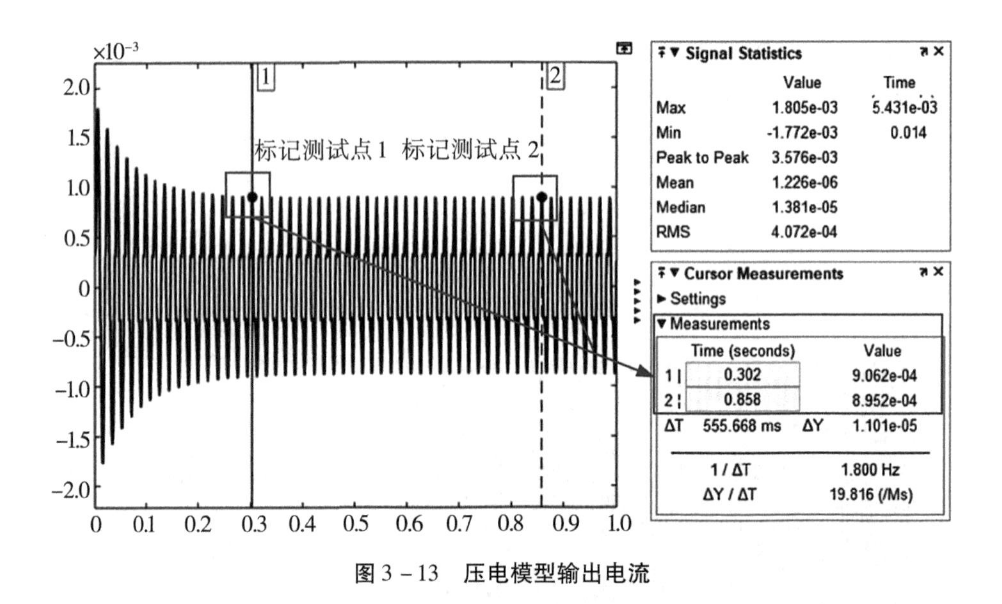

图 3－13　压电模型输出电流

由图 3－14 所示的仿真结果可知，系统整体输出电压为 3.3 V，与 LTspice 软件的仿真结果基本一致，说明 LTC3588－1 电路模型正确。

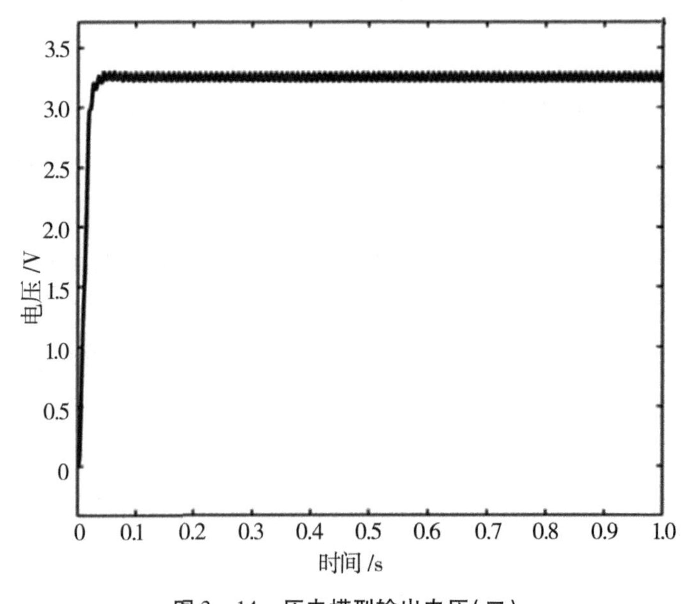

图 3－14　压电模型输出电压(二)

综上所述,系统等效电路模型建立正确,基于风致振动压电俘能的传感器监测节点自供电系统设计合理。

3.2.2.4　自供电系统应用

新风入口处轴流风机为变速风机,风速调节范围为 1.5 ~ 3.0 m/s。自供电系统安装于垂直风机叶片端部的安全护网上,安全护网距风机叶片 17 cm,风能俘获结构质量块距叶片 21 cm,风机工作时,此位置的风速调节范围为 1.2 ~ 2.5 m/s。设计温湿度传感器监测节点,包括 DHT11 温湿度传感器(功耗为 1.5 mW)、EN8F18308 低功耗单片机(功耗为 2.0 mW)、低功耗 LED 指示灯(功耗为 2.0 mW),模块总功耗为 5.5 mW。模块需 3.3 V 供电,LED 指示灯作为传感器采集数据输出指示使用。风机启动,测试装置的数据输出 LED 指示灯点亮,表明自供电系统输出电能可使模块正常工作,传感器稳定采集数据。该自供电系统主要为试验猪舍热交换器各通风口的温度监测节点供电。

3.3　改造前试验猪舍监测数据分析

2019 年 12 月至 2020 年 1 月,我们对未改造前试验猪舍环境进行监测,运用泵吸式气体检测仪(型号为 HD5S +,分辨率为 0.1 mg/L,误差为 ±3% FS)对舍内气体随机检测,得到相对湿度平均值为 91%,二氧化碳浓度平均值为 1785.0 mg/m^3,相对湿度和二氧化碳浓度严重超标,氨气浓度和硫化氢浓度较小,分别为 2.8 mg/m^3 和 0.8 mg/m^3。原因分析:猪舍采用自动清粪装置,粪便由漏粪地板排到粪道中,然后由装置清理到舍外,清粪较为及时,所以产生的氨气与硫化氢等有害气体较少;同时为使舍内保温,猪舍通风较少,二氧化碳和湿气无法排出。记录 2020 年 1 月 1 日至 2020 年 1 月 7 日数据,图 3 - 15 为试验猪舍所在地区一周内户外温度变化曲线。由图 3 - 15 可知:一周内最高气温为 1 月 5 日的 -5 ℃,最低气温为 1 月 1 日的 -24 ℃,平均气温为 -20 ~ -14 ℃;单日内温差最大为 12 ℃,最小温差为 9 ℃,温差较大,所以在通风状态下,需实时调控通风加热。

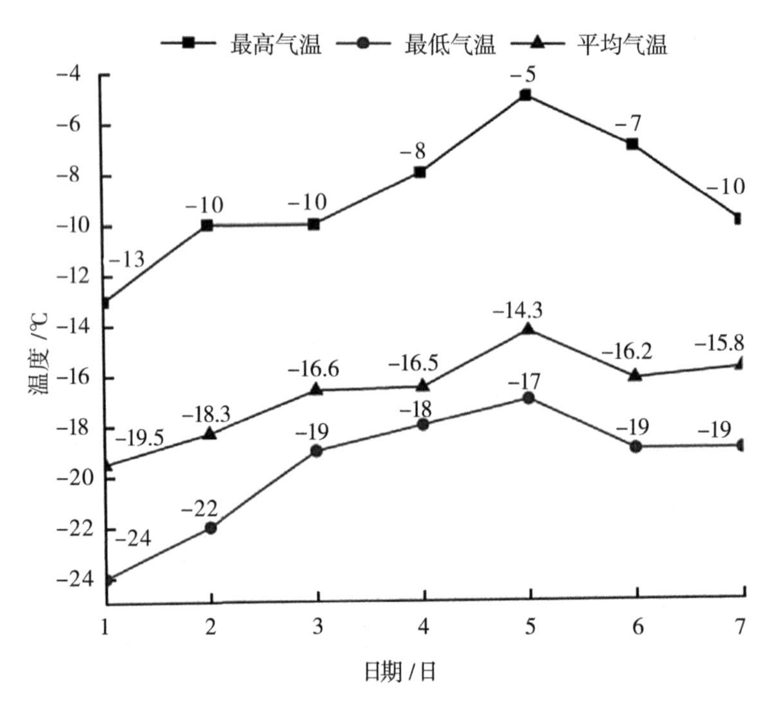

图 3－15　试验猪舍所在地区一周内户外温度变化曲线

在舍内多点布置传感器监测节点（A、B、C、D、E、F），监测试验猪舍温度、湿度、氨气浓度和二氧化碳浓度，传感器监测节点安装的高度为渗漏地板上方 0.2 m（保育猪呼吸高度）处，每 15 min 监测一次数据。记录各环境数据的当日最大值和最小值，并计算各传感器监测节点所采集数据的当日平均值。图 3－16 为 2020 年 1 月 1 日至 2020 年 1 月 7 日试验猪舍环境数据变化曲线。

由图 3－16 可知：舍内温度最大值为 1 月 5 日的 26.4 ℃，最小值为 1 月 1 日的 22.2 ℃，单日平均值为 23.0～25.0 ℃，整体变化趋势与户外温度变化一致，说明户外温度对舍内温度存在一定的影响；舍内相对湿度最大值为 93.3%，最小值为 71.7%，单日平均值为 85.0%～88.0%；舍内氨气浓度最大值为 3.5 mg/m^3，最小值为 0.6 mg/m^3，单日平均值为 2.5～2.8 mg/m^3；舍内二氧化碳浓度最大值为 2011 mg/m^3，最小值为 1380 mg/m^3，单日平均值为 1698～1766 mg/m^3。

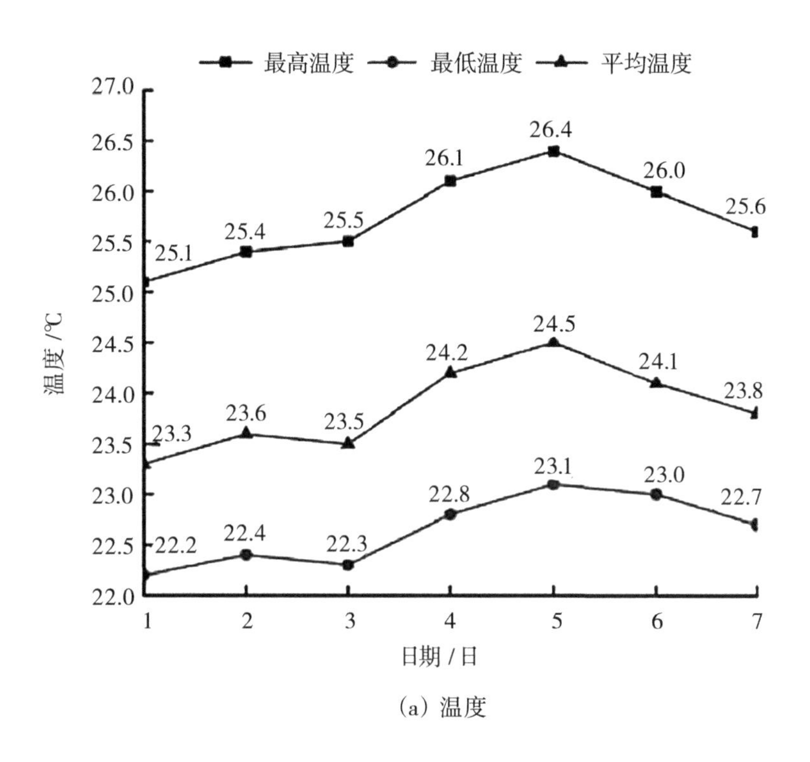
最高温度
最低温度
平均温度
温度 /℃
日期 / 日
27.0
26.5
26.0
25.5
25.0
24.5
24.0
23.5
23.0
22.5
22.0
1
2
3
4
5
6
7
25.1
25.4
25.5
26.1
26.4
26.0
25.6
23.3
23.6
23.5
24.2
24.5
24.1
23.8
22.2
22.4
22.3
22.8
23.1
23.0
22.7

(a) 温度

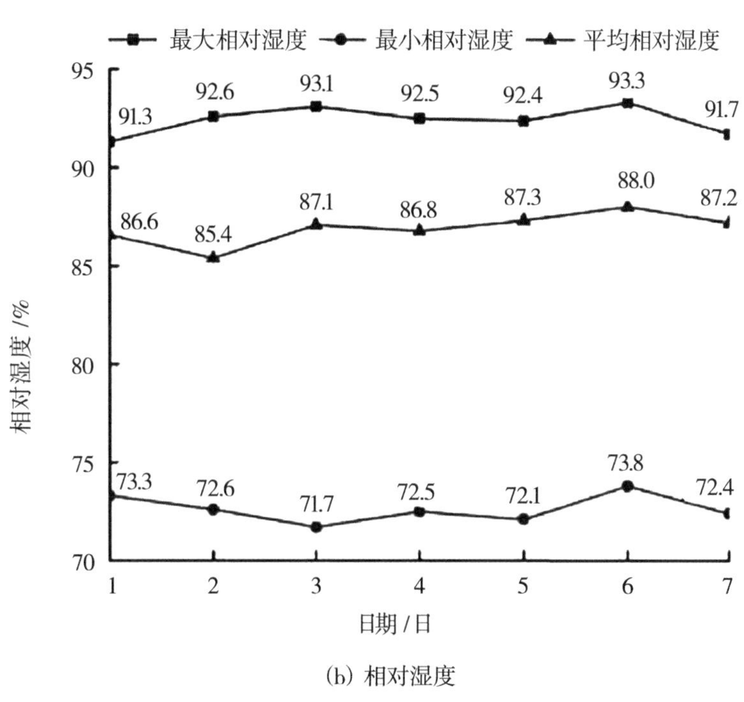
最大相对湿度
最小相对湿度
平均相对湿度
相对湿度 /%
日期 / 日
95
90
85
80
75
70
1
2
3
4
5
6
7
91.3
92.6
93.1
92.5
92.4
93.3
91.7
86.6
85.4
87.1
86.8
87.3
88.0
87.2
73.3
72.6
71.7
72.5
72.1
73.8
72.4

(b) 相对湿度

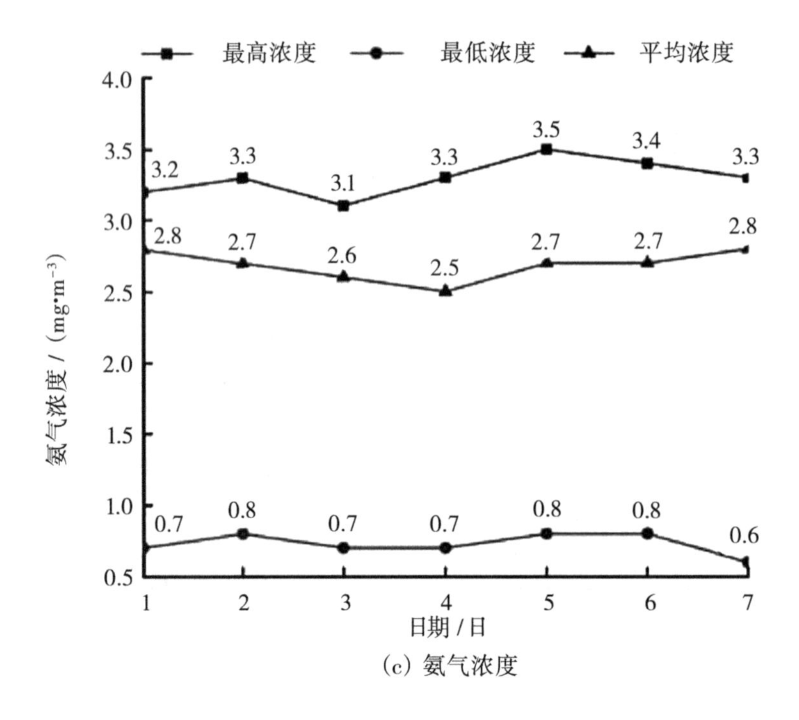

(c) 氨气浓度

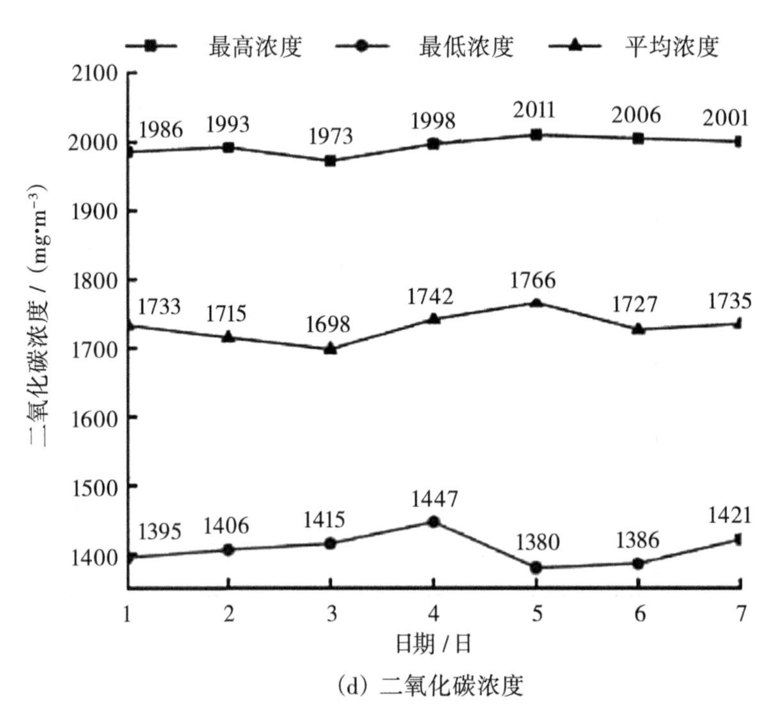

(d) 二氧化碳浓度

图 3-16 一周内试验猪舍环境数据变化曲线

《规模猪场环境参数及环境管理》(GB/T 17824.3—2008)标准显示,保育猪舍舒适范围为:温度为 20 ~ 25 ℃,相对湿度为 60% ~ 70%,二氧化碳浓度为 1300 mg/m³,氨气浓度为 20 mg/m³。根据图 3 - 16 所示的监测数据,舍内温度适宜保育猪生长;因猪舍采用自动清粪装置,粪便清理及时,所以氨气浓度较低,符合标准;二氧化碳浓度和相对湿度超标严重,主要原因是冬季猪舍通风较少,开窗或开门通风无法有效排出舍内的二氧化碳和水汽。

为详细掌握试验猪舍环境数据单日内的变化规律,对 2020 年 1 月 5 日的监测数据进行具体分析,得到的舍内环境数据变化曲线如图 3 - 17 所示。

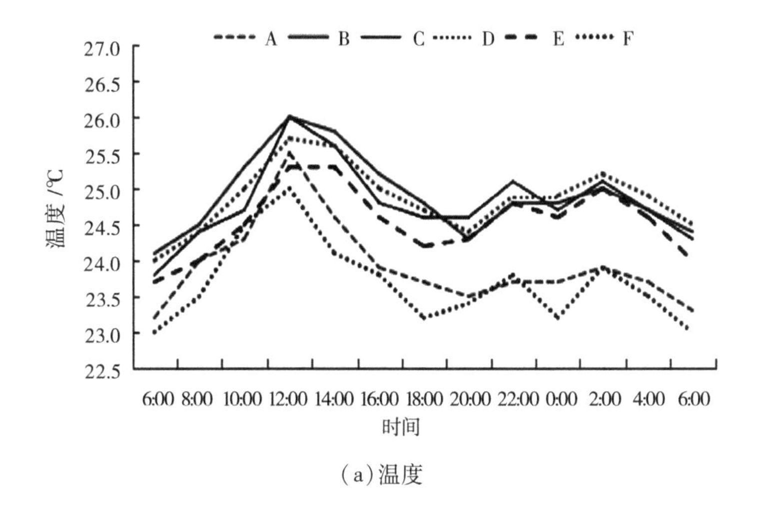

(a)温度

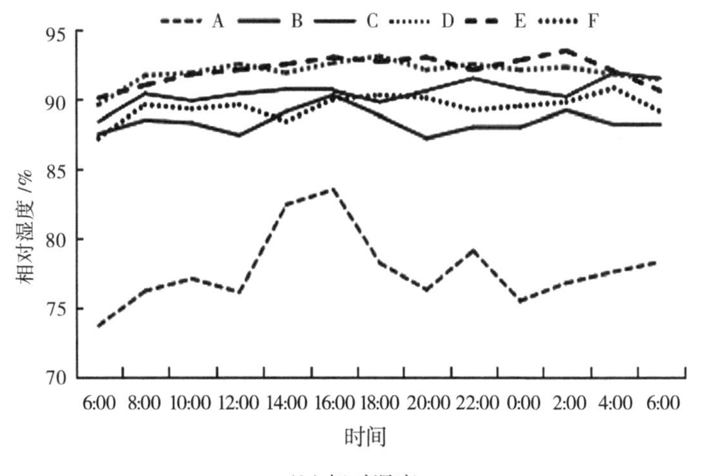

(b)相对湿度

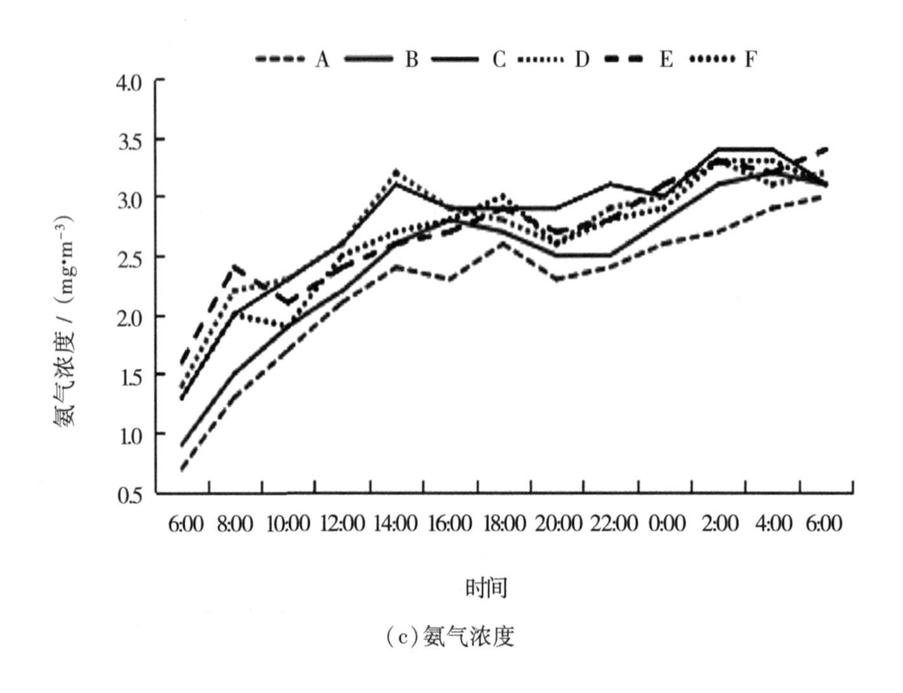

(c)氨气浓度

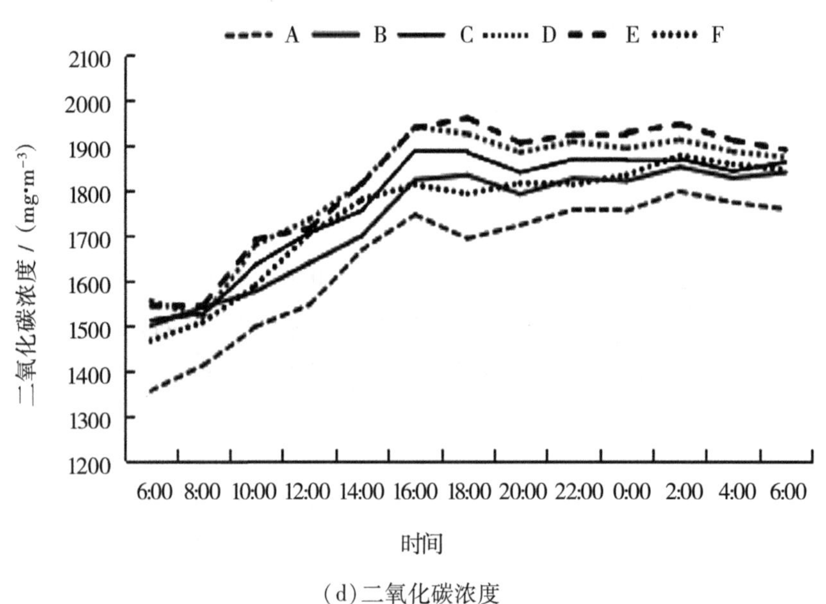

(d)二氧化碳浓度

图3－17　单日内监测数据变化曲线

由于试验猪舍北侧为连廊一侧，并设有门、窗通风，因此监测节点A的数据曲线低于其他节点的监测数据曲线；由于南侧设有窗和风机，户外冷空气会透过缝隙进入舍内，因此监测节点 F 处的温度数据曲线较低。我们结合猪舍的实际养殖情况，对数据曲线变化进行分析：早 5:00 至 6:00 开启连廊一侧的门、窗进行通风，各监测节点数据快速降低，靠近连廊一侧的监测节点数据为当日最小，温度为 23.0 ℃，相对湿度为 74%，氨气浓度为 0.7 mg/m^3，二氧化碳浓度为1365 mg/m^3；6:00 猪舍暖炕添加燃料加热，舍内温度逐渐升高，同时人工添加饲料，保育猪活动频繁，排便量增多，所以二氧化碳浓度和氨气浓度升高；6:00 后，虽然不定时开启连廊一侧的门、窗进行通风，但因为连廊内的污浊空气无法有效排出，加之无通风状态下空气流动缓慢，所以舍内的污浊空气浓度和湿度不会因开窗而降低；12:00 至 14:00，光照较强，舍内温度升高，温度最大值为26.1 ℃；寒区冬季落日较早，16:00 已经落日，户外温度逐渐降低，门、窗均关闭，二氧化碳浓度逐渐增加，监测节点最大数值为 2000 mg/m^3；22:00 后不清理粪便，导致氨气浓度逐渐增加，监测节点最大数值为 3.4 mg/m^3；23:00 后保育猪进食，活动量稍有增加，导致舍内温度发生小幅度的波动，变化幅度约为0.5 ℃；2:00 后，因为暖炕停止加入燃料，温度有所下降，同时保育猪活动量较少，所有舍内相对湿度、二氧化碳浓度和氨气浓度无明显变化。由监测数据的整体变化趋势可知，舍内相对湿度除节点 A 以外，其他节点数据的变化趋势并不明显，最大值为 93.3%，最小值为 86.8%，差值仅为 6.5%。其主要原因是猪舍长时间不进行通风换气，地面和粪道内湿度较大，同时冬季舍内外温差较大，导致棚顶产生大量冷凝水，其产生的水汽无法排出。

比对《规模猪场环境参数及环境管理》(GB/T 17824.3—2008)标准，试验猪舍温度始终处于适宜范围内，氨气浓度符合标准要求，但相对湿度和二氧化碳浓度超标。因此，以二氧化碳浓度和空气相对湿度作为环境调控输入变量，增加换气次数，可以更有效地调节猪舍内环境。

3.4 通风量分析与计算

3.4.1 根据国家标准计算通风量

不同种类猪舍的通风量随季节和猪体重的变化而发生变化,表3-2所示为保育猪舍适宜的通风量与风速。

表3-2 保育猪舍适宜的通风量与风速

通风量/[$m^3 \cdot (h \cdot kg)^{-1}$]			风速/($m \cdot s^{-1}$)	
冬季	春秋季	夏季	冬季	夏季
0.30	0.45	0.60	0.20	0.60

试验猪舍每围栏内养殖10头保育猪,则舍内共计120头保育猪。仔猪进入试验保育猪舍时,体重约为9 kg,每头保育猪所需通风量为2.70 m^3/h,各围栏所需通风量为27.00 m^3/h,舍内所需总通风量为324.00 m^3/h。保育阶段一般持续35 d,随着养殖时间的累积,保育猪体重增加至25 kg,通风量也不断增加。如图3-18所示,在保育阶段,通风量呈线性递增,各围栏所需通风量由27.00 m^3/h增至75.00 m^3/h,可以根据曲线的变化掌握保育阶段每天所需通风量。通过计算可知,试验猪舍所需通风量为324.00~900.00 m^3/h。

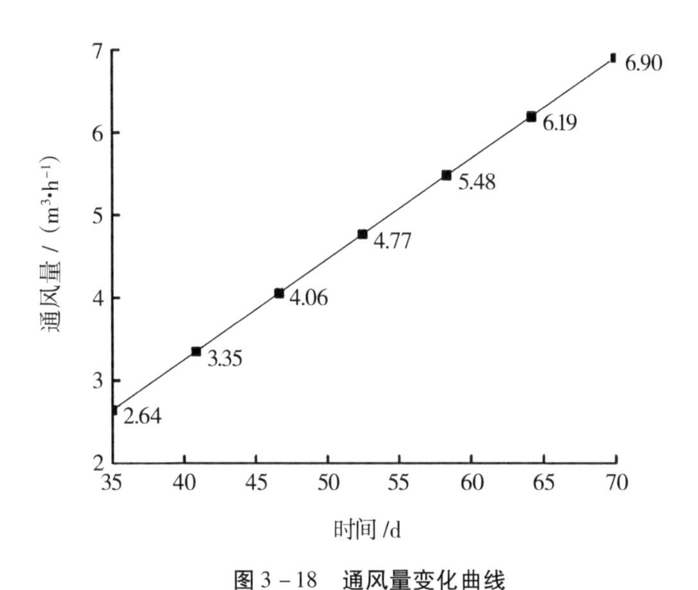

图 3－18　通风量变化曲线

3.4.2　根据经验值计算通风量

根据养殖经验，生猪体重为 5～14 kg 时，每头生猪冬季所需最小通风量为 3.38 m^3/h；生猪体重为 14～34 kg 时，每头生猪冬季所需最小通风量为 5.04 m^3/h。保育阶段仔猪体重由 9 kg 增至 25 kg 时，按照经验值计算，每头保育猪所需通风量由 3.38 m^3/h 增至 5.04 m^3/h，各围栏所需通风量由 33.80 m^3/h 增至 50.40 m^3/h，按试验猪舍养殖 120 头保育猪计算，得到试验猪舍所需通风量为 405.60～604.80 m^3/h。

3.4.3　根据水蒸气平衡计算通风量

通过对监测数据进行分析可知，试验猪舍内的相对湿度超标。密闭猪舍内相对湿度的变化主要受水蒸气影响，则根据水蒸气平衡计算通风量 L_H 的公式为：

$$L_H = \frac{W}{X_i - X_o} \tag{3-5}$$

式中：L_H——根据水蒸气平衡计算的空气质量流量，kg/h；

W——舍内所有生猪产生的水蒸气质量流量和，g/h；

X_i——舍内空气的含湿量，g/kg；

X_o——进风空气的含湿量，g/kg。

根据空气质量流量计算体积流量 V_H 的公式为：

$$V_H = \frac{L_H}{\rho_n} \tag{3-6}$$

式中：V_H——空气体积流量，m^3/h；

L_H——根据水蒸气平衡计算的空气质量流量，kg/h；

ρ_n——舍内空气密度，kg/m^3，为方便计算，ρ_n 取 1.20 kg/m^3。

在气压为 1000 hPa、温度为 20 ℃时，饱和状态空气中的水蒸气含量为 16.88 g/kg，在温度为 -24 ℃时，饱和状态空气中的水蒸气含量为 0.41 g/kg。保育猪体重范围为 9 ~ 25 kg，根据表 3 -3，每头生猪每小时产生的水蒸气量随着生猪体重的变化而变化，则猪舍通风量的取值范围为 242.86 ~ 388.58 m^3/h。

表 3 -3　保育猪舍每头生猪产生的水蒸气、二氧化碳及热量

饲养阶段	体重/kg	温度/℃	每小时水蒸气量/g	每小时二氧化碳量/g	热量/W
(冬季)保育	10	20	40	18	33
	20		49	29	62
	30		64	37	81

3.4.4　根据二氧化碳平衡计算通风量

通过对监测数据进行分析可知，二氧化碳是试验保育猪舍环境中主要的超标气体。根据二氧化碳平衡计算通风量 L_C 的公式为：

$$L_C = \frac{x}{y - y_0} \tag{3-7}$$

式中：L_C——根据二氧化碳平衡计算的空气质量流量，kg/h；

x——舍内所有猪产生的二氧化碳总质量流量，g/h；

y——舍内容许的二氧化碳含量，5.00 g/kg；

y_0——舍外空气的二氧化碳含量，0.55 g/kg。

根据空气质量流量计算体积流量 V_C 的公式为：

$$V_C = \frac{L_C}{\rho_C} \tag{3-8}$$

式中：V_C——空气体积流量，m^3/h；

ρ_C——二氧化碳密度，1.39 kg/m^3。

保育猪的体重范围为 9～25 kg，其每小时产生的二氧化碳量随着猪质量的变化而变化，参照表 3－3 相关参数，则计算所得的通风量取值范围为 349.20～717.80 m^3/h。

采用以上几种方法计算通风量，可得出表 3－4 所列数据。

表 3－4　保育猪舍的通风量

计算依据	最小通风量/($m^3 \cdot h^{-1}$)	最大通风量/($m^3 \cdot h^{-1}$)
国家标准	324.00	900.00
经验值	405.60	604.80
水蒸气平衡	242.86	388.58
二氧化碳平衡	349.20	717.80

由试验猪舍环境数据分析结果可知，二氧化碳浓度和相对湿度超标，其中猪舍内的湿度主要由水蒸气产生。为了满足舍内环境调控需求，选取通风量数值时既需要满足根据二氧化碳平衡计算而得的通风量，也需要满足根据水蒸气平衡计算而得的通风量，从而可以满足各环境参数调控的需求。根据水蒸气平衡计算的最大通风量最小，为 388.58 m^3/h，但其无法满足二氧化碳浓度调控的

需求。根据二氧化碳平衡计算的最大通风量为717.80 m^3/h,大于根据水蒸气平衡所计算的通风量,同时该数值低于根据国家标准计算而得的通风量,可以在满足试验猪舍实际环境调控需求的同时有效减少通风能耗,所以试验猪舍内的通风量根据二氧化碳平衡计算取值。

3.5 热平衡分析与计算

3.5.1 单位时间变化热量

根据热平衡进行分析,试验猪舍的单位时间变化热量由舍内热量产生和热量损耗之差决定。舍内热量产生主要来自采暖系统(暖炕和灯暖)、猪显热散热、太阳热辐射及管道送风热量等;热量损耗主要包括通风热损耗、水分蒸发耗热以及各结构耗热等。猪舍单位时间变化热量 Q_H 的计算公式为:

$$Q_H = Q_s + Q_m + Q_h + Q_d + Q_{ty} - (Q_w + Q_{vs} + Q_{vl} + Q_t + Q_r) \tag{3-9}$$

式中:Q_s——猪显热散热量,W;

Q_m——设备(电机与照明设备等)发热量,W;

Q_h——补充供热量,即猪舍采暖系统(如暖炕和灯暖)热负荷,W;

Q_d——通风管道散热量,即改造后送风管道散热量,W;

Q_{ty}——猪舍太阳辐射热量,W;

Q_w——围护结构传热耗热量,W;

Q_{vs}——通风空气显热损失,W;

Q_{vl}——通风空气潜热损失,W;

Q_t——冷空气渗入耗热量,W;

Q_r——通风换气耗热量,W。

其中,设备发热量 Q_m 相对较小,且随机性较强,往往忽略不计。

3.5.2 猪显热散热量

舍内保育猪显热散热量 Q_s 与保育猪数量和猪个体差异有关。出生34~

70 d 的仔猪处于保育阶段，猪显热散热量随着保育猪体重的变化而发生变化。为了准确地掌握试验猪舍内猪显热散热量的阶段性变化量，我们对保育猪体重进行监测。从试验猪舍内不同围栏中随机抽取 3 只保育猪为监测对象，记作保育猪 1、保育猪 2、保育猪 3，则保育猪体重增长曲线如图 3 - 19 所示。

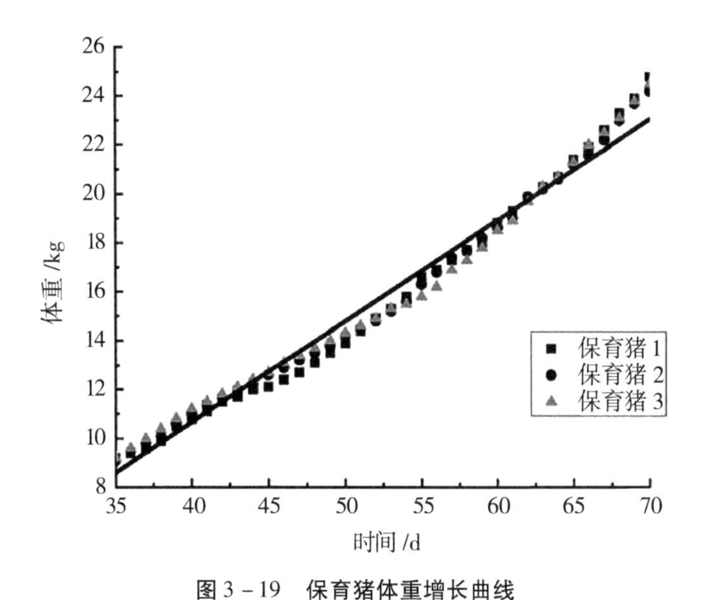

图 3 - 19　保育猪体重增长曲线

试验猪舍保育猪的最小体重约为 9.1 kg，在整个保育阶段，最大体重增长至 24.8 kg。通过图 3 - 19 可以掌握保育猪体重随时间变化的规律，经过线性拟合，试验猪舍内保育猪体重的变化规律可表示为：

$$y = -0.42688 + 0.40633x \tag{3-10}$$

环境温度或保育猪体重变化时，猪单位质量显热散热量不同，当舍内温度为 20 ℃时，猪的显热散热量为 2.3 W/kg。根据式（3 - 10）拟合曲线，可得出试验猪舍内每头保育猪的显热散热量变化曲线，如图 3 - 20 所示，根据保育猪显热散热量的变化，可以变量调控补充供热量。

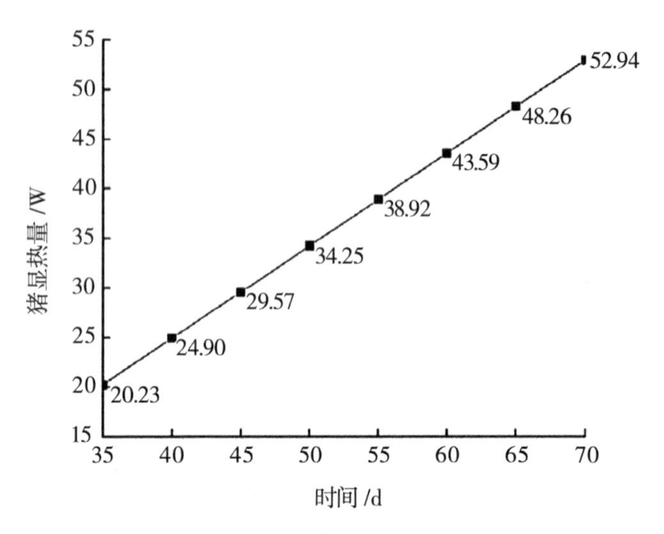

图 3－20　每头保育猪的显热散热量变化曲线

保育猪成长较快，且试验猪舍养殖密度较大，因此猪显热散热量对舍内温度影响较大。根据现场监测，在进食、运动等保育猪活动频繁时段，显热散热量对舍内温度有明显的影响，温度曲线有明显变化。

3.5.3　猪舍补充供热量

补充供热量 Q_h 即猪舍采暖系统热负荷。试验猪舍冬季采暖系统包括暖炕和灯暖。暖炕具有较好的散热均匀性，以生物质颗粒作为主要燃料，补充热量较快。用热成像仪监测暖炕温度可知，在满足舍内温度为 20～25 ℃时，暖炕温度可达 33 ℃，满足仔猪健康生长需求。炕面散热功率 P_k 的计算公式为：

$$P_k = Q_c + Q_f \tag{3-11}$$

式中：Q_c——炕面与室内空气的对流传热量，W/m^2；

Q_f——炕面与围护结构的辐射传热量，W/m^2。

其中，炕面与室内空气的对流传热量 Q_c 可通过式（3－12）计算：

$$Q_c = h_c(T_b - T_i) \tag{3-12}$$

式中：h_c——炕面与室内空气的对流传热系数，$W/(m^2 \cdot ℃)$；

T_b——壁面温度,℃;

T_i——舍内温度,℃。

炕面与室内空气的对流传热系数与建筑材料有关,如屋面传热系数为 0.79,外墙传热系数为 1.18,窗户传热系数为 2.88。

炕面与围护结构的辐射传热量由舍内各围护结构吸收,通过传热后损耗,所以其数值与围护结构传热耗热量 Q_w 相等。对于围护结构传热耗热量 Q_w,我们将在后文中详细介绍。

从节能的角度考虑,以围栏为单元进行局部温度调控可以有效降低能耗,减少大空间加热费用,并且能够满足不同日龄保育猪对热环境的需求。一般在各围栏水泥地板中心上方设置灯暖,通过灯暖可以实现局部温度调控和补偿作用。每个灯暖的功率为 150 W,灯暖距水泥地板 0.7 m,开启灯暖,实测距水泥地板 0.4 m 处的温度可达 32.5 ℃。一般情况下,保育猪趴在灯暖下方进行取暖。

3.5.4　太阳辐射热量

寒区冬季早晚温差大,太阳辐射对试验猪舍内温度的影响较大。太阳辐射热量由窗户进入舍内。在太阳辐射下,猪舍所得热量 Q_{ty} 可以表示为:

$$Q_{ty} = \sum I_{tyi} \cdot 0.61 S F_{ci} \tag{3-13}$$

式中:I_{tyi}——建筑物外窗透明部分供暖期太阳辐射强度,W/m^2,试验猪舍所在地区南向、北向外窗透明部分供暖期太阳辐射强度分别为 94 W/m^2 和 31 W/m^2;

S——外窗综合遮阳系数,取 0.69;

F_{ci}——外窗面积。

寒区猪舍墙体较厚(370 mm),太阳辐射下,通过墙体进入舍内的热量极少。太阳辐射热量主要通过窗户进入,但是与舍内所需热量相比,太阳辐射热量较少,并不能作为舍内热量的主要来源。在冬季猪舍取暖所需热量较大的情况下,需要重点考虑主动采暖形式,即使用暖炕和灯暖。

3.5.5 通风管道散热量

试验猪舍改造后采用管道通风换气。为保证新进空气的温度适宜于保育猪的健康生长,舍外新鲜空气进入舍内之前可通过连廊预热、进行温度补偿,以及通过舍内管道换热,使管道内新鲜空气的温度提升至 20 ℃。管道通风换气不仅具有调节舍内环境的功能,而且在舍内温度低于适宜温度 20 ℃时能起到散热作用。当舍内温度为保育猪生长适宜温度(即 20 ℃)时,因为管道通风温差为 0 ℃,所以通风管道散热量 Q_d 记作 0 W。管道通风温差不为 0 ℃时,通风管道散热量 Q_d 表示为:

$$Q_d = \sum c \cdot V\rho_d \Delta T \tag{3-14}$$

式中:V——空气体积流量,m^3/h;

ρ_d——管道内空气密度, kg/m^3, 为了便于计算, 取值与 ρ_q 相同, 即 1.20 kg/m^3;

ΔT——管道通风温度与舍内温度之差,℃。

c——通风空气比热容,kJ/(kg · ℃)。

在暖炕和灯暖热负荷等其他产热量固定的情况下,通风管道散热量是调节舍内环境的主要因素,所以应尽量减小管道通风温度与舍内温度之差 ΔT,避免温差过大导致保育猪产生冷应激或热应激。若存在不可避免的温差,则需要重点考虑风速以及通风角度,避免向保育猪直接送风。

3.5.6 围护结构传热耗热量

围护结构包括门、窗、墙、地面、屋顶等。由于寒区冬季试验猪舍内外温差较大,因此舍内热量会通过围护结构传热而产生损耗。围护结构传热耗热量 Q_w 的计算公式为:

$$Q_w = \sum KS_w (T_i - T'_w)\alpha \tag{3-15}$$

式中:K——围护结构传热系数,$W/(m^2 \cdot ℃)$;

S_w——围护结构面积，m^2；

T_i——舍内温度，℃；

T_w'——围护结构外表面温度，℃；

α——围护结构的温差修正系数，一般取 1。

在计算过程中，试验猪舍内的温度取保育猪生长适宜温度，即 T_i 取 20 ℃。围护结构外表面温度 T_w'根据实际监测取值。各围护结构的具体参数及耗热量如表 3－5 所示，可以得出围护结构传热总耗热量约为 5178.87 W。

表 3－5　各围护结构的具体参数及耗热量

围护结构	材料	朝向	围护结构面积/m^2	围护结构传热系数/[W·(m^2·℃)$^{-1}$]	冬季舍内温度/℃	围护结构外表面温度/℃	耗热量/W
门	单层实体木质	北	2.52	4.65	20	5	175.77
窗	单层塑钢	北	4.73	4.70	20	5	333.11
		南	4.73	4.70	20	－24	977.13
地面	混凝土	外	72.00	0.38	20	15	136.80
		里	98.00	0.10	20	15	49.00
墙	240 mm 厚砖墙	北	20.28	2.33	20	5	708.61
	370 mm 厚砖墙＋70 mm 挤塑板	南	20.28	0.45	20	－24	401.45
屋顶	10 mm 厚彩钢夹芯板	—	170.00	0.47	20	－10	2397.00

3.5.7　通风耗热量

（1）通风空气显热损失

通风空气显热损失 Q_{vs}的计算公式为：

$$Q_{vs}=L\rho_{\alpha}c_{p}(T_{i}-T_{o}) \tag{3-16}$$

式中:L——通风量,m^3/s;

ρ_{α}——通风状态下的空气密度,kg/m^3,为便于计算,取值与 ρ_q 相同,即 1.20 kg/m^3;

c_p——空气定压比热容,J/(kg·℃),取 1030 J/(kg·℃);

T_i——舍内温度,℃;

T_o——连廊内温度,℃。

(2)通风空气潜热损失

通风空气潜热损失 Q_{vl} 与舍内湿度、地面湿度、保育猪生长过程产生的水蒸气等有关,较难计算。为了方便计算,一般采用通风空气潜热损失与太阳辐射热量成比例的方法计算,则其计算公式为:

$$Q_{vl}=eQ_{ty} \tag{3-17}$$

3.5.8 冷空气渗入耗热量

虽然试验猪舍结构处于密闭状态,但由于舍外温度较低,因此与其他位置相比,靠近窗和门一侧的温度较低。所以,由门、窗缝隙渗入冷空气导致的热量损耗不能忽略。门、窗缝隙冷空气渗入耗热量 Q_t 的计算公式为:

$$Q_{t}=0.278V_{t}\rho_{w}c_{p}(T_{i}-T'_{w}) \tag{3-18}$$

式中:V_t——经门、窗缝隙渗入室内的总空气量,m^3/h;

ρ_w——舍外计算温度下的空气密度,kg/m^3,为便于计算,取值与 ρ_q 相同,即 1.20 kg/m^3;

c_p——空气定压比热容,kJ/(kg·℃),一般取 0.28 kJ/(kg·℃)。

渗入室内的总空气量 V_t 的计算公式为:

$$V_{t}=n_{t}L_{t}l_{t} \tag{3-19}$$

式中:L_t——门、窗缝隙渗入舍内的空气量,$m^3/(h·m)$,按当地冬季舍外平均风速为 4 m/s 计算,得到 $L_t=3.9\ m^3/(h·m)$;

l_t——门、窗缝隙的计算长度,m;

n_t——渗透空气量的朝向修正系数,朝北时取 0.95,朝南时取 0.40。

试验猪舍改造前采用开窗或开门通风的自然通风模式,舍外冷空气会通过缝隙进入舍内,加之显热和潜热的热量损失,均会导致舍内温度下降。太阳辐射热量和猪显热散热量虽然对舍内温度有明显影响,但并不能及时补偿舍内的热量损失,需要采用暖炕和灯暖补充供热量,以保障舍内的热平衡。暖炕和灯暖补充供热量是人为调节的,根据图 3－16 和图 3－17 显示的实测数据,舍内温度满足保育猪健康生长的需求。在调节超标环境因素(即相对湿度和二氧化碳浓度)时,需重点考虑如何解决管道送风温差可能导致的冷应激或热应激问题。避免舍外空气直接接触保育猪,可以有效防止保育猪产生应激现象,所以在冬季通风换气状态下,需要重点分析通风速度和通风角度等。

第4章
送排风管道组合通风设计

4.1　管道均匀通风

4.1.1　管道均匀送风分析

静压和动压是影响气流从侧壁开孔流出速度与方向的重要因素。静压即垂直作用在通风管壁上流体的压力。空气在通风管道中流动时,由速度产生的压力称为动压。舍外新鲜空气进入管道在其中流动时,平行于管壁的气流速度 ν_d 为:

$$\nu_d = \sqrt{\frac{2P_d}{\rho_d}} \tag{4-1}$$

式中:ν_d——通风管道内气流速度(方向平行于管壁),m/s;

P_d——通风管道内动压,Pa;

ρ_d——管道内空气密度,kg/m^3,为了便于计算,取值与 ρ_q 相同,即 1.20 kg/m^3。

舍外新鲜空气通过管道时,在静压差的作用下,侧壁开孔空气流出速度 ν_j 为:

$$\nu_j = \sqrt{\frac{2P_j}{\rho_d}} \tag{4-2}$$

式中:ν_j——通风管道侧壁开孔空气流出速度(方向垂直于管壁),m/s;

P_j——通风管道内静压,Pa。

考虑动压和静压的存在,通风管道侧壁开孔时,空气实际流出速度 ν_c 为:

$$\nu_c = \sqrt{\nu_j^2 + \nu_d^2} \tag{4-3}$$

通风管道侧壁开孔空气流速图如图 4-1 所示,将空气实际流出速度方向与管壁形成的夹角 α 称为出气流角,则:

$$\tan\alpha = \nu_j/\nu_d = \sqrt{P_j/P_d} \tag{4-4}$$

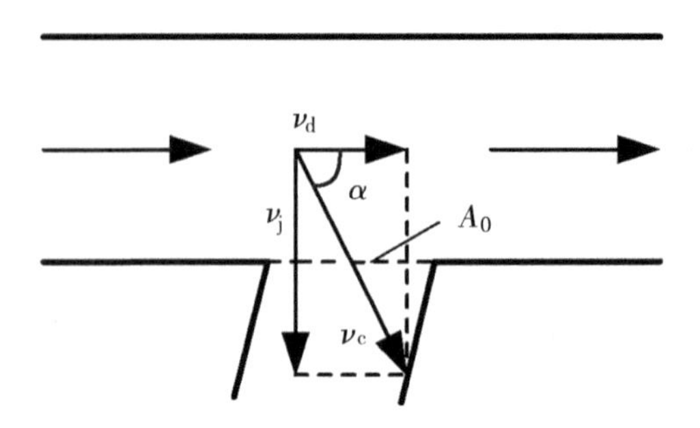

图 4－1　通风管道侧壁开孔流速图

将通风管道侧壁开孔通风量记作 L_{cb}，则：

$$L_{cb} = \mu A_0 \nu_c \sin\alpha = \mu A_0 \sqrt{\frac{2P_j}{\rho_d}} \tag{4-5}$$

式中：L_{cb}——通风管道侧壁开孔通风量，m^3/s；

μ——通风管道侧壁开口流量系数；

A_0——通风管道侧壁开口实际面积，m^2。

根据式(4－5)可知，若要实现均匀通风，则需保证通风管道侧壁各开口的通风量 L_{cb} 保持一致。当侧壁各开口面积相同时，则需要满足以下三个条件。

①通风管道侧壁开口流量系数 μ 相等。通风管道侧壁开口流量系数主要与侧壁开口形状相关，形状一致则各开口流量相等。

②出气流角 α 接近 90°。若使 $\alpha = 90°$，则理论与实践均难以实现。在实际工程中，一般取 $\alpha \geq 60°$。

③各开口管道内静压 P_j 相等。根据空气在管道内遵循的能量守恒定律，若保证侧壁开口间的动压差为等阻力差（摩擦阻力和局部阻力），则可以满足各开口管道内静压相等的条件。

根据条件③可知，若阻力差即摩擦阻力和局部阻力始终保持不变，则可以使各开口管道内静压相等，进而实现均匀通风。

4.1.2　摩擦阻力分析

通风管道空气流动的阻力有摩擦阻力和局部阻力两种。空气本身的黏滞

性及其与管壁摩擦产生的阻力称为摩擦阻力或沿程阻力。摩擦阻力 ΔP_m 为:

$$\Delta P_m = \lambda \frac{l_t}{4R_s} \cdot \frac{\rho_d \nu_d^2}{2} \tag{4-6}$$

式中:ΔP_m——通风管道摩擦阻力,Pa;

λ——摩擦阻力系数;

l_t——通风管道长度,m;

R_s——通风管道水力半径,m;

ρ_d——通风管道内空气密度,kg/m^3,为了便于计算,取值与 ρ_q 相同,即 1.20 kg/m^3;

ν_d——通风管道内空气平均流速,m/s。

摩擦阻力系数 λ 和通风管道水力半径 R_s 可以通过计算间接得出;通风管道长度 l_t 可直接测得;通风管道内空气平均流速 v_d 则随管道长度以及开口位置、大小、数量的变化而发生变化。例如:管道加长或开口数量增多,由管道入口至出口,风压逐渐减小,则风速逐渐减小,摩擦阻力也逐渐减小。

4.1.3　局部阻力分析

由于管道内空气流量大小和流动方向发生改变以及产生涡流等,因此会产生能量损失,这种阻力称为局部阻力。局部阻力 Z_d 的计算公式为:

$$Z_d = \xi \frac{\rho_d \nu_d^2}{2} \tag{4-7}$$

式中:Z_d——通风管道局部阻力,Pa;

ζ——通风管道局部阻力系数;

ρ_d——通风管道内空气密度,kg/m^3,为了便于计算,取值与 ρ_q 相同,即 1.20 kg/m^3;

ν_d——通风管道内空气平均流速,m/s。

通风管道局部阻力系数可通过查询得出;通风管道内空气平均流速随管道长度以及开口位置、大小、数量的变化而发生变化。若由管道入口至出口,风压逐渐减小,则风速也会逐渐减小,局部阻力随之减小。

综上所述,随着通风管道长度的增大和侧壁开口数量的增加,管道内风压(包括动压和静压)均逐渐减小,导致风速逐渐减小。为了保证管道内风压均衡,可将管道由规则的形状变换为渐缩型,即渐缩通风管道,如图 4-2 所示。

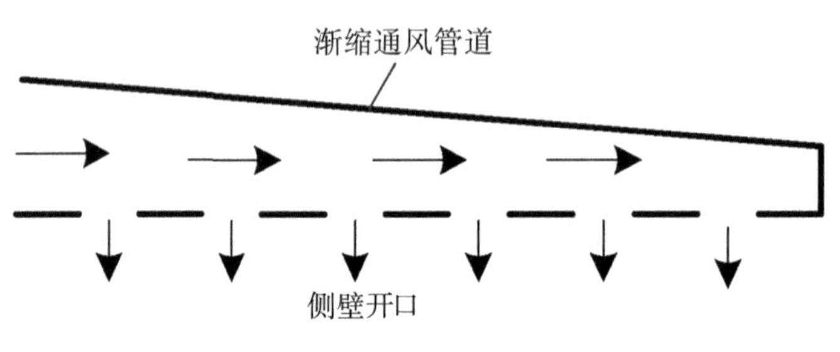

图 4-2　渐缩通风管道

这种管道虽然结构并不复杂,但是需要根据养殖舍的实际环境和规模进行定制,成本较高,较难普及。为了保证各出口的风速、风压不受管道长度和开口数量的影响,可以在各侧壁开口处加装风机,这样不仅可以实现均匀通风,而且可以为局部通风调控提供硬件支撑。

4.2　管道通风结构设计

根据均匀通风设计原理和局部通风需求,以围栏为单元进行通风设计,试验保育猪舍共 12 个围栏,即 12 个通风单元。为实现围栏局部通风换气,每单元设置 1 个送风口和 1 个排风口。结合保育猪的生活习惯,水泥地板一侧为保育猪长期活动区和休息区,空气需要保持新鲜,则送风口设置于水泥地板一侧;渗漏地板一侧为保育猪排便区域,容易滋生各种细菌,相对湿度、氨气浓度、硫化氢浓度等容易超标,为防止病毒和气体扩散,保证污浊空气被快速排出,则排风口设置于渗漏地板一侧。图 4-3 为试验猪舍结构南侧剖视图。

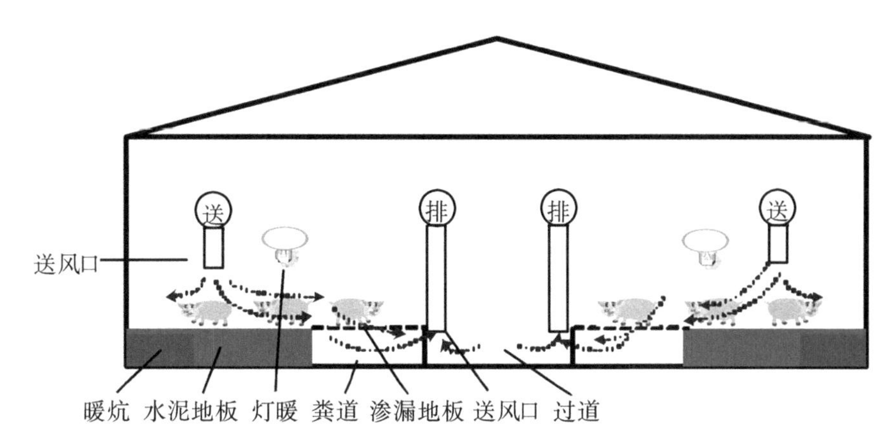

图 4－3　试验猪舍结构南侧剖视图

4.3　试验猪舍模型及边界条件

4.3.1　试验猪舍模型

试验猪舍等比例建模结果如图 4－4 所示。在未通风的状态下，将猪舍视为密闭环境。为简化模型，忽略围栏、饲料槽和通风管道等对舍内气流的影响，网格划分数量为 645436 个。各围栏水泥地板正上方为送风口，距离水泥地板 0.9 m，中间过道处为排风口，距离地面 0.4 m。

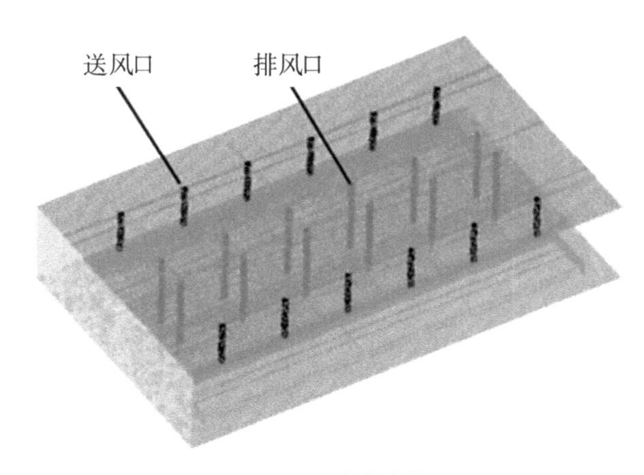

图 4－4　试验猪舍模型

4.3.2 数学模型

猪舍内空气流动较慢,处于不分层流动状态,故将舍内空气视为湍流流动状态。流体流动遵守质量守恒定律、动量守恒定律和能量守恒定律,同时遵守组分守恒定律,各控制方程如下:

质量守恒方程:

$$\frac{\partial(\rho u)}{\partial x}+\frac{\partial(\rho v)}{\partial y}+\frac{\partial(\rho w)}{\partial z}=0 \tag{4-8}$$

能量守恒方程:

$$\begin{aligned}&\frac{\partial(\rho T)}{\partial t}+\frac{\partial(\rho uT)}{\partial x}+\frac{\partial(\rho vT)}{\partial y}+\frac{\partial(\rho wT)}{\partial z}\\&=\frac{\partial}{\partial x}\left(\frac{k}{c_{\mathrm{p}}}\frac{\partial T}{\partial x}\right)+\frac{\partial}{\partial y}\left(\frac{k}{c_{\mathrm{p}}}\frac{\partial T}{\partial y}\right)+\frac{\partial}{\partial z}\left(\frac{k}{c_{\mathrm{p}}}\frac{\partial T}{\partial z}\right)+S_{\mathrm{T}}\end{aligned} \tag{4-9}$$

动量守恒方程:

$$\begin{cases}\dfrac{\partial(\rho u)}{\partial t}+\dfrac{\partial(\rho uu)}{\partial x}+\dfrac{\partial(\rho uv)}{\partial y}+\dfrac{\partial(\rho uw)}{\partial z}\\=\dfrac{\partial}{\partial x}\left(\mu\dfrac{\partial u}{\partial x}\right)+\dfrac{\partial}{\partial y}\left(\mu\dfrac{\partial u}{\partial y}\right)+\dfrac{\partial}{\partial z}\left(\mu\dfrac{\partial u}{\partial z}\right)-\dfrac{\partial P}{\partial x}\\\dfrac{\partial(\rho v)}{\partial t}+\dfrac{\partial(\rho vu)}{\partial x}+\dfrac{\partial(\rho vv)}{\partial y}+\dfrac{\partial(\rho v\omega)}{\partial z}\\=\dfrac{\partial}{\partial x}\left(\mu\dfrac{\partial v}{\partial x}\right)+\dfrac{\partial}{\partial y}\left(\mu\dfrac{\partial v}{\partial y}\right)+\dfrac{\partial}{\partial z}\left(\mu\dfrac{\partial v}{\partial z}\right)-\dfrac{\partial P}{\partial x}\\\dfrac{\partial(\rho w)}{\partial t}+\dfrac{\partial(\rho wu)}{\partial x}+\dfrac{\partial(\rho wv)}{\partial y}+\dfrac{\partial(\rho ww)}{\partial z}\\=\dfrac{\partial}{\partial x}\left(\mu\dfrac{\partial w}{\partial x}\right)+\dfrac{\partial}{\partial y}\left(\mu\dfrac{\partial w}{\partial y}\right)+\dfrac{\partial}{\partial z}\left(\mu\dfrac{\partial w}{\partial z}\right)-\dfrac{\partial P}{\partial z}-\rho g\end{cases} \tag{4-10}$$

组分守恒方程:

$$\begin{aligned}&\frac{\partial(\rho c_{\mathrm{s}})}{\partial t}+\frac{\partial(\rho uc_{\mathrm{s}})}{\partial x}+\frac{\partial(\rho vc_{\mathrm{s}})}{\partial y}+\frac{\partial(\rho wc_{\mathrm{s}})}{\partial z}\\&=\frac{\partial}{\partial x}\left[D_{\mathrm{s}}\frac{\partial(\rho c_{\mathrm{s}})}{\partial x}\right]+\frac{\partial}{\partial y}\left[D_{\mathrm{s}}\frac{\partial(\rho c_{\mathrm{s}})}{\partial y}\right]+\frac{\partial}{\partial z}\left[D_{\mathrm{s}}\frac{\partial(\rho c_{\mathrm{s}})}{\partial z}\right]\end{aligned} \tag{4-11}$$

式中：ρ——流体密度，kg/m^3；

u、v、w——速度矢量在 x、y、z 方向的矢量，m/s；

K——传热系数，W/(m·K)；

T——热力学温度，K；

c_p——比热容，J/(kg·K)；

S_T——流体内热源，W；

P——流体微元体的压力，Pa；

c_s——组分 s 的体积浓度，kg/kg；

D_s——该组分的扩散系数，m^2/s。

4.3.3　边界条件

将试验猪舍内的空气属性设置为不可压缩的理想气体；舍内围栏、管道和墙壁等设施均为无滑移壁面边界；水泥地板表面温度为 33 ℃；送风口管道直径为 0.3 m，风速设置为 0.5 m/s，为速度入口；排风口管道直径为 0.3 m，风速设置为 1.0 m/s，为速度出口。模拟状态为稳态模拟，选择标准 $k-\varepsilon$ 湍流模型，壁面区的模拟采用标准壁面函数，使用有限体积法对控制方程进行离散，选用收敛性较好的 SIMPLEC 算法求解压力－速度耦合方程。

4.4　试验猪舍空气流场模拟

在送排风管道组合通风模式下，试验猪舍空气流场模拟结果表明：气流在垂直平面上均匀性较好；送风口和排风口处的风速最大，其他区域的风速为 0.1～0.2 m/s，适宜保育猪生长；中间过道下方即粪槽处的气流线密集，且风速较大，有利于将粪便产生的污浊空气和湿气快速排出；除围栏交界处外，气流在不同横向平面上均匀性较好，送风口和排风口处的风速最大，其他区域的风速为 0.1～0.2 m/s。

试验猪舍空气流场模拟结果说明：以围栏为单元进行送排风的垂直管道组合通风模式的通风气流较为均匀，局部小环境可以实现循环通风；送风口与排风口之间通风路径短,可以提高换气效率,避免污浊空气交叉流动;整体风速满足不大于0.2 m/s的要求,但是整体风速较小,会导致舍内换气效率较低,不利于快速排出污浊空气;渗漏地板一侧存在通风空白区域,且风速较小,不利于将氨气、水汽等排出。为了保证舍内的空气质量,需进一步优化通风设计,提高各围栏的通风均匀性,增大整体风速,提升渗漏地板局部区域的风速,以更符合仔猪健康生长的需求。

4.5 通风预热处理

冬季户外温度较低,无法直接在通风换气过程中直接将户外新鲜空气送入设备,需对新风加热至保育猪健康生长所需温度。舍内通风换气过程中将带走较多的热量,产生较大的热损耗。为了减少热量损失,降低通风能耗,我们采用多级通风预热方法。通风预热处理流程如图4-5所示,包括三个阶段:连廊预热(一级预热)阶段、热交换(二级换热)阶段、管道通风加热补偿(三级补偿)阶段。

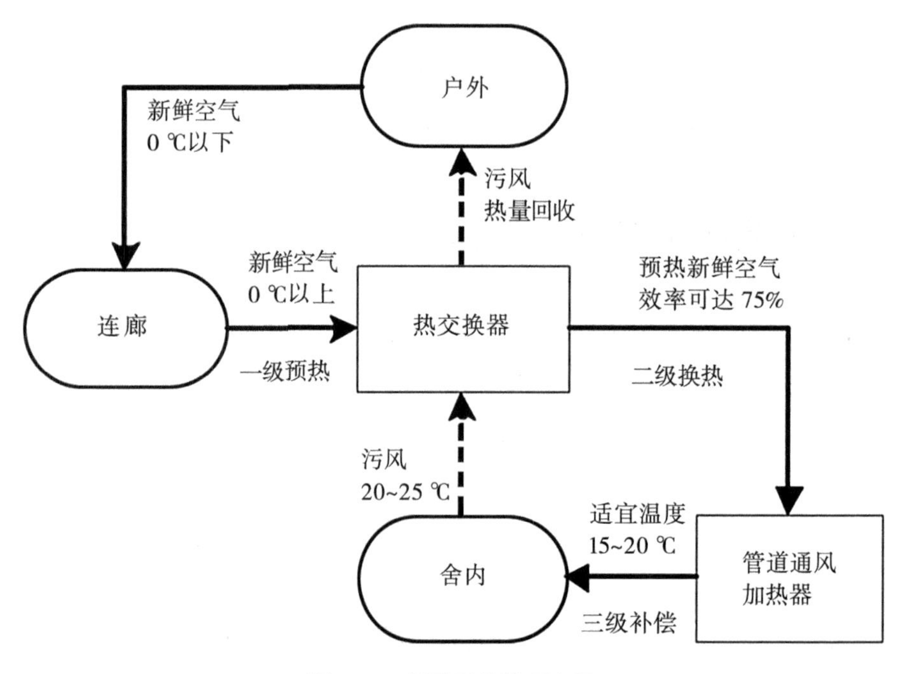

图4-5 通风预热处理流程

4.5.1 连廊预热

户外冷空气由门、窗或其他缝隙渗入连廊内,由于连廊空间较大,因此可存储较多的舍外新鲜空气,满足单间保育猪舍的换气量需求。同时,暖炕加热设备设置在连廊内,对周围空气有加热作用。运用红外线热成像仪(型号为 Fluke TiS60 +,分辨率为 320 × 240 像素,热灵敏度≤0.045 ℃)监测连廊内的温度。当户外温度为 -19.6 ℃时,连廊内靠窗户外侧墙体的温度为 7.6 ℃,窗体温度最低为 -1.0 ℃,连廊内靠试验猪舍一侧窗户的温度最高为 18.9 ℃。冬季试验猪舍户外温度为 -25.0 ~ -14.0 ℃,用温度计监测连廊内的温度,显示在 4.0 ~8.0 ℃范围内变化,说明连廊对冷空气预热的效果明显。

4.5.2 热交换

冬季通风换气过程中,舍内热量发生较大的损耗,可以运用换热效率较高的板式热交换器实现舍外新风和舍内污风的热量交换,从而实现热量回收,有效减少热损耗。连廊内的空气从新风入口进入热交换器,由新风出口进入舍内的加热补偿器;舍内污风由排风入口进入热交换器,由排风出口排放到户外。热交换器采用纸质热交换芯体,因为试验猪舍湿度较大,纸质芯体相较于铝制芯体等材料,较易实现潜热交换。

热交换效率受风速影响,风速越大,热交换效率越低。为满足试验猪舍的通风量需求,设置热交换器通风量为 800 m^3/h,热交换功率为 265 W。在各通风口处设置自供电传感器节点监测温度,送排风管道组合通风系统根据试验猪舍环境调控需求自动开启,热交换器同时开启。每次热交换器开启,记录 1 组热交换器各通风口的温度数据,共记录 10 次,得到热交换器各通风口温度曲线,如图 4 -6 所示。

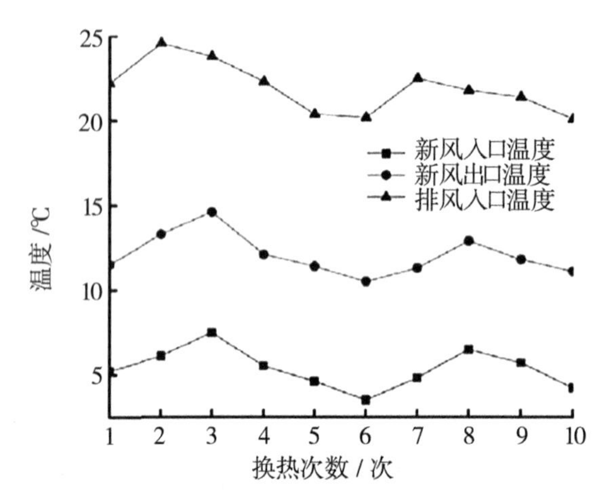

图4－6　热交换器各通风口温度曲线

如图4－6所示,新风入口温度和排风入口温度对新风出口温度提升起到主要作用,新风经过热交换器后,温度可由4～7 ℃升至12～15 ℃,换热效果明显。根据式(4－12)可计算换热效率,得到的换热效率变化曲线如图4－7所示。

$$\eta_h = \frac{T_{xr} - T_{xc}}{T_{xr} - T_{pr}} \tag{4-12}$$

式中:T_{xr}——新风入口温度,即连廊内温度,℃;

T_{xc}——新风出口温度,即换热后空气温度,℃;

T_{pr}——排风入口温度,即舍内污风温度,℃。

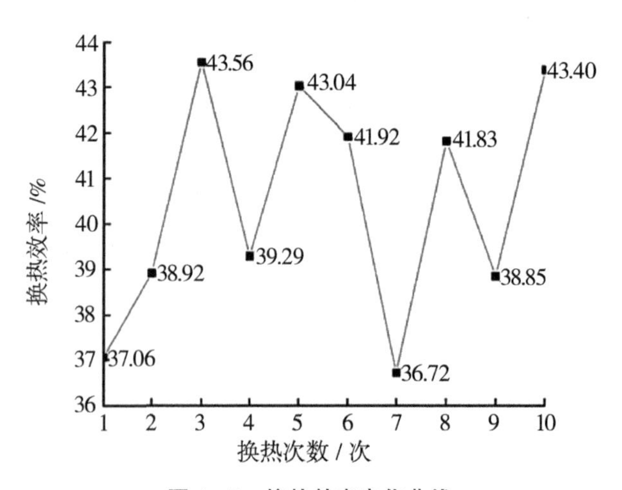

图4－7　换热效率变化曲线

根据换热效率变化曲线可知，换热效率最大可达 43.56%，最小为 36.72%，说明通过热交换器能够将舍内污风热量回收用于加热新风。

4.5.3　管道通风加热补偿

根据图 4－6 可知，新风经过热交换器后温度可提升至 15 ℃以上，但舍内温度需达到 20 ℃才能满足保育猪健康生长的需求。所以，需对换热后的新风进行再次加热，从而补偿热量，补偿温度为 5～8 ℃。加热补偿器设计如图 4－8 所示，空气入口 1 与热交换器新风出口相连接；变速轴流风机起到导流作用，功率为 185 W，可将由热交换器预热后的新风导入加热室，加热室内配置翅片管式加热电阻，利用电阻对进入的空气进行快速加热；加热补偿后的新风由空气出口 3 进入通风管道内，进风量为 1600 m^3/h，在满足舍内通风量的同时，可以有效提升通风换气效率。

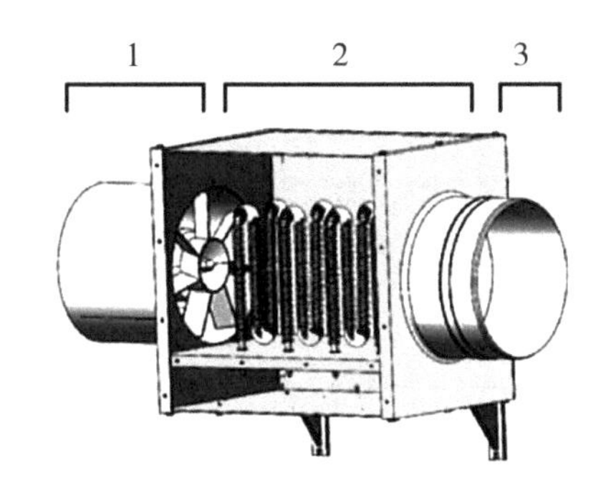

1—空气入口；2—加热补偿器；3—空气出口。

图 4－8　加热补偿器设计

按照进风量为 0.44 m^3/s，补偿温度上限值为 8 ℃，可根据式（4－13）计算补偿热量 Q_{bc} 为 4.6 kJ。

$$Q_{bc} = cV_{bc}\rho_{bc}\Delta T_{bc} \tag{4-13}$$

式中：c——通风空气比热容，kJ/（kg · ℃）；

V_{bc}——单位时间内空气体积流量，m^3/s，取 0.44 m^3/s；

ρ_{bc}——加热室内空气密度，kg/m^3，为了便于计算，取值与 ρ_q 相同，即

1.20 kg/m^3;

ΔT_{bc}——管道通风温度与舍内温度之差,℃。

则加热室内翅片管式加热电阻功率为4.6 kW,按照加热电阻工作效率为85%计算,选取加热电阻总功率为5.4 kW。

4.5.4 分级调控

补偿温度为变化值,为降低能耗,采用4根电阻并联的分级调控方式,各翅片电阻功率分配如表4-1所示。这种分级调控方式可以实现1~8 ℃范围内的任意温度补偿。

表4-1 各翅片电阻功率分配

翅片电阻序号	功率/kw	补偿温度/℃
1	0.68	1
2	1.36	2
3	1.36	2
4	2.04	3

采用模糊控制方法实现分级调控功能,采用不同的组合方式对各翅片电阻进行控制,分级组合形式如表4-2所示。

运用MATLAB建立分级控制模型,如图4-9所示。分级控制模型包括模糊控制器、补偿加热器、热交换器、通风管道等。输入端1为试验猪舍内实际温度及排风入口温度;输入端2为设定温度值,即试验猪舍适宜温度设定值;输入端3为连廊内温度,即新风入口温度。T_d为通风管道内空气实时温度,Out为示波器显示调控后的舍内温度。设定温度与通风管道内空气实时温度作差修正所需的补偿温度值,形成闭环控制。

表 4 - 2　分级组合形式

组合方式	翅片电阻 1	翅片电阻 2	翅片电阻 3	翅片电阻 4
1	ON	OFF	OFF	OFF
2	OFF	ON	OFF	OFF
3	ON	OFF	ON	OFF
4	OFF	ON	ON	OFF
5	OFF	ON	OFF	ON
6	ON	ON	OFF	ON
7	OFF	ON	ON	ON
8	ON	ON	ON	ON

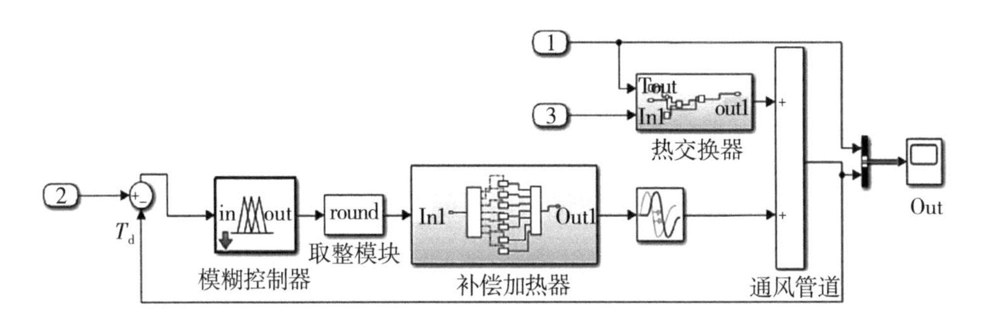

图 4 - 9　分级控制模型

图 4 - 6 中的排风入口温度数据和新风入口温度数据作为端口 1、2 的输入，输入端 3 为温度设定值，设定为 20 ℃；加热次数与换热次数一致，均为 10 次。图 4 - 9 中示波器显示的温度即为新风出口温度，新风出口温度仿真曲线如图 4 - 10 所示。

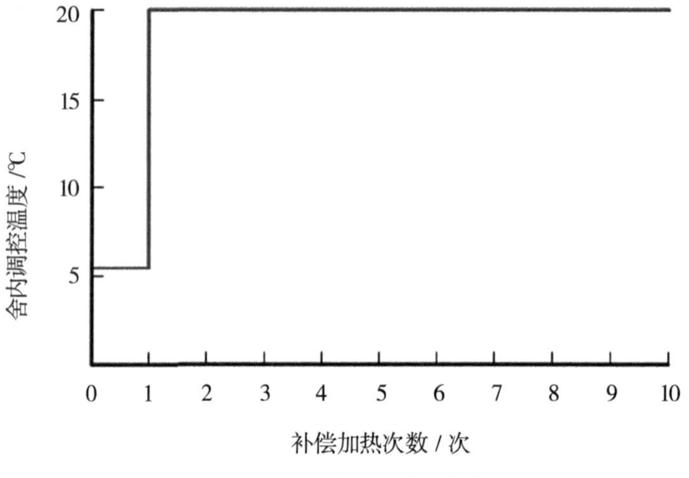

图4-10　新风出口温度仿真曲线

新风入口温度即连廊温度初始温度为5.2 ℃。虽然新风入口处于变化状态，但开启热交换器和加热补偿器后，温度保持在设定数值允许误差范围内，说明分级控制有效。

现场测试加热补偿器，在送风管道出口处设置一挡板，该挡板长期置于舍内，以保证挡板表面温度与舍内温度一致。将挡板表面温度视作送风温度，运用红外线热成像仪（型号为Fluke TiS60+，分辨率为320×240像素，热灵敏度≤0.045 ℃）进行监测。当连廊内温度为5.2 ℃时，热成像仪显示温度为19.1 ℃，在设定数值允许误差范围内。

第 5 章
通风系统结构优化

5.1 试验猪舍改造模型

试验保育猪舍为对称结构，同时根据图 4－5 进行分析可知：管道通风对围栏区域内的环境调节起到主要作用，对其他区域的空气流场影响较小。为减少计算量，可增大猪舍围栏局部网格密度，以猪舍中间过道为对称轴，建立如图 5－1所示的等比例猪舍 1/2 物理模型，采用非结构化网格，划分数量为 1532356 个。其中，送风口距水泥地板 0.9 m 高，中间过道处为排风口，距离地面 0.4 m 高，水泥地板表面温度为 33 ℃，送风口空气温度为 20 ℃。影响通风的主要因素有管道直径 D、通风角度 A、送风口风速 ν_{in}和排风口风速 ν_{out}。

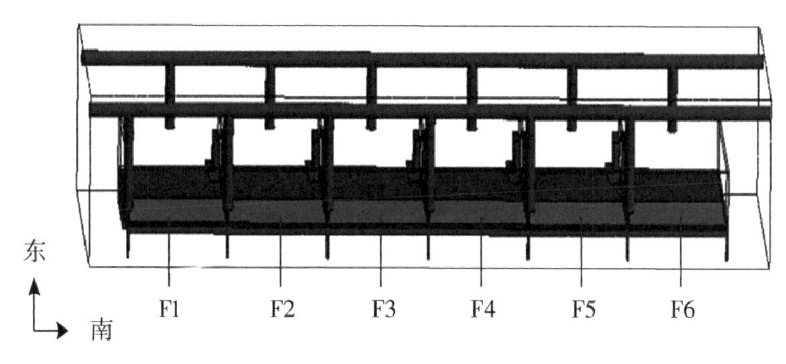

图 5－1 试验猪舍模型

舍内空气属性设置为不可压缩的理想气体，舍内围栏、管道和墙壁等设施均为无滑移壁面边界。排风管道口设置为速度入口，送风管道口设置为速度出口。模拟状态为稳态模拟，选择标准 $k-\varepsilon$ 湍流模型，壁面区的模拟采用标准壁面函数，使用有限体积法对控制方程进行离散，选用收敛性较好的 SIMPLEC 算法求解压力－速度耦合方程。对比、分析改变 D、A、ν_{in}、ν_{out}数值后的舍内空气流场和温度场。

5.2 气流不均匀系数

保育猪一般身高 0.4 m，因此流场截面选取保育猪背部水平截面，即保育猪生活围栏区域0.4 m垂直高度截面。保育猪舍适宜风速为0.2 ~0.3 m/s,同时需要保证舍内通风均匀性,用气流不均匀系数 J_h 评价保育舍模拟空气流场均匀性,以围栏为单元,F1 ~ F6 各单元均匀分散取10个点读取气流速度值,计算各种情况下的 J_h,J_h 越小表明舍通风均匀性越好。

$$J_h = \frac{\sqrt{\frac{\sum_{i=1}^{n}(\nu_i - \nu_h)^2}{n}}}{\nu_h} \tag{5-1}$$

$$\nu_h = \frac{1}{n}\sum_{i=1}^{n}\nu_i \tag{5-2}$$

式中:J_h——距水泥地板高度为 h 的平面的气流不均匀系数,无量纲;

v_h——高度为 h 的平面的平均气流速度,m/s;

v_i——第 i 个监测点的气流速度,m/s;

n——监测点数量。

5.3 管道直径对舍内空气流场和温度场的影响

5.3.1 不同管道直径下空气流场模拟及均匀性分析

常用通风管道直径为整数值,如0.1 m、0.2 m、0.3 m、0.4 m、0.5 m等。若管道直径过小,则为保证足够的通风量,需要较大的风速;若管道直径过大,则占用空间较大,且成本较高。对于管道垂直水平面,送风口风速和排风口风速分别设定为1.0 m/s、1.5 m/s,模拟距水泥地板0.4 m的水平截面空气流场。

根据模拟结果即不同管道直径对应的空气流场的变化规律可知:风速较大区域集中在水泥地板一侧,中间围栏F3和F4的风速大于其他围栏的风速,产生这种现象的原因是近壁面风速为0 m/s,中间围栏与墙壁之间的风速呈梯度变化,所以中间围栏的风速最大;管道直径由0.2 m增至0.4 m时,空气流场分布逐渐均匀,但水泥地板局部风速最大达到0.4 m/s,超过保育猪的适宜通风需求,且存在较多通风弱区,漏粪地板一侧风速普遍较小。根据式(5 -1)和(5 -

2）计算各围栏的气流不均匀系数 $J_{0.4}$，得到如图 5－2 所示的变化曲线，其中 $D_1=0.2$ m，$D_2=0.3$ m，$D_3=0.4$ m。

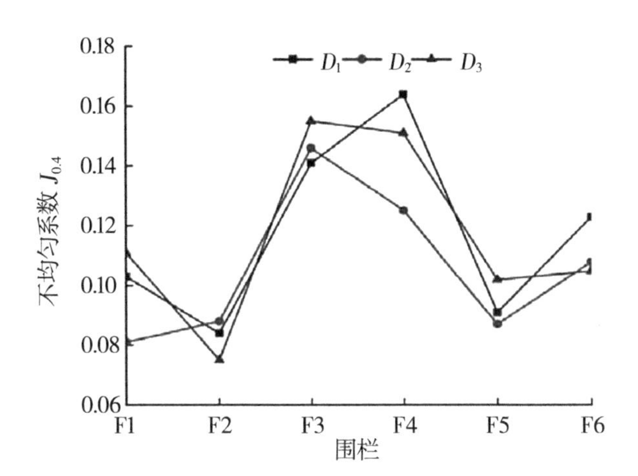

图 5－2　不同管道直径对不均匀系数的影响

如图 5－2 所示：围栏 F3 和 F4 的气流不均匀系数较高，原因是围栏 F3 和 F4 的局部风速较大；管道直径由 0.2 m 增至 0.4 m 后，各围栏内的风速差增大，导致各围栏的气流不均匀系数普遍增大；当管道直径为 0.3 m 时，各围栏的气流不均匀系数普遍较小。

5.3.2　不同管道直径下温度场模拟及分析

保育猪的活动区域集中在水泥地板处，分别选取水泥地板中心位置南北垂直截面和保育猪背部水平截面，在改变管道直径（管分别为 0.2 m、0.3 m、0.4 m）的条件下，得到温度场模拟结果。

模拟结果显示，在管道直径由 0.2 m 增至 0.4 m 的情况下，水泥地板中心位置南北垂直截面呈现的温度场未发生明显变化。通过对比、分析可以发现，当管道直径为 0.3 m 时，温度场分布较为均匀，但由于取暖方式和温度控制未发生变化，因此除棚顶附近区域以外，温度均为 20～21 ℃，棚顶温度较低，约为 15 ℃，暖炕处于水泥地板下方，温度高于其他区域，约为 33 ℃。

对比各管道直径下保育猪背部水平截面温度场的模拟结果可以发现：当管道直径为0.4 m时，温度场较为均匀，水泥地板区域的温度在19 ~ 20 ℃；当管道直径为0.3 m时，水泥地板区域的温度在20 ~ 21 ℃，更符合保育猪舒适生长的温度要求；当管道直径为0.2 m时，温度场分布不均，通风管道下方的温度明显小于周围区域的温度，间接说明在该管道直径设置下气流分布不均。

综合考虑空气流场分布、气流均匀性、温度场分布及温度适宜性等情况，送风管道直径选择0.3 m。

5.4 风速对舍内空气流场和温度场的影响

5.4.1 不同风速下空气流场模拟及均匀性分析

风速是影响换气效率的主要因素，在满足风速适宜性的情况下，保持风速最大更有助于猪舍空气流动，缩短换气时间。保育猪舍为负压通风，在送风管道直径与排风管道直径均设置为0.3 m的情况下，排风口风速应大于送风口风速。分别在ν_1、ν_2、ν_3情况下进行模拟，即送风口风速和排风口风速分别设定为$\nu_{in}=0.5$ m/s、$\nu_{out}=1.0$ m/s，$\nu_{in}=1.0$ m/s、$\nu_{out}=1.5$ m/s，$\nu_{in}=1.5$ m/s、$\nu_{out}=2.0$ m/s。其中，ν_2（$\nu_{in}=1.0$ m/s、$\nu_{out}=1.5$ m/s）情况下的模拟结果与5.3.1节距水泥地板0.4 m的水平截面空气流场模拟结果一致。

根据模拟结果显示的空气流场变化规律可知：设定$\nu_{in}=0.5$ m/s、$\nu_{out}=1.0$ m/s时，存在较多通风死角，且漏粪地板一侧风速过小；送风口风速和排风口风速增大，则水泥地板局部风速随之变大，当$\nu_{in}=1.5$ m/s、$\nu_{out}=2.0$ m/s时，水泥地板局部风速最大可达到0.4 m/s，漏粪地板一侧风速也随之变大，但未能解决漏粪地板一侧通风较弱的问题。

根据式(5 - 1)和(5 - 2)计算各风速下的气流不均匀系数$J_{0.4}$，得到如图5 - 3所示的各围栏气流不均匀系数变化曲线。

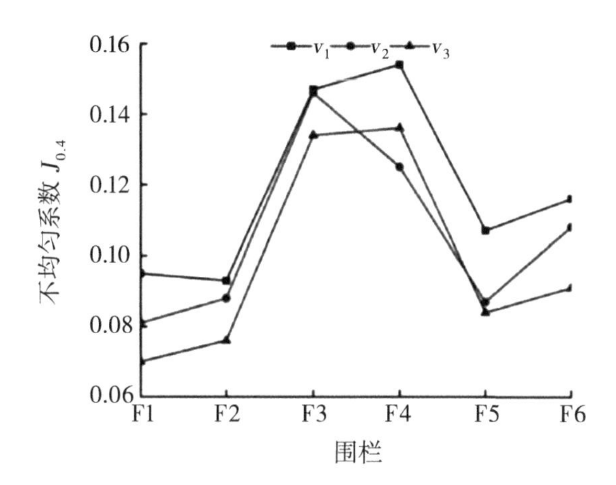

图 5 - 3　不同风速对气流不均匀系数的影响

由图 5 - 3 可知，送风口风速和排风口风速增大，气流不均匀系数减小，但当 ν_{in} = 1.5 m/s、ν_{out} = 2.0 m/s 时，F4 围栏的局部风速差较大，致使该区域的气流不均匀系数变大，需要进一步改进以降低气流不均匀系数。

5.4.2　不同风速下温度场模拟及分析

在不同风速下，对水泥地板中心位置南北垂直截面温度场进行模拟，其中在 ν_{in} = 1.0 m/s、ν_{out} = 1.5 m/s 的情况下，模拟结果与 5.3.2 节不同管道直径下的温度场（水泥地板中心位置南北垂直截面）模拟结果一致。

当送风口风速和排风口风速分别设定为 0.5 m/s、1.0 m/s 时，较多区域的温度低于 20 ℃，温度场分布均匀性较差。随着风速的增大，温度场分布逐渐均匀，当送风口风速和排风口风速分别设定为 1.5 m/s、2.0 m/s 时，温度场分布较为均匀，此结果与空气流场变化规律一致，且温度在 20 ~ 21 ℃范围内，符合保育猪舒适生长的温度要求。

在不同风速下，对保育猪背部水平截面温度场进行模拟，其中在 ν_{in} = 1.0 m/s、ν_{out} = 1.5 m/s 的情况下，模拟结果与 5.3.2 节不同管道直径下的温度场（保育猪背部水平截面）模拟结果一致。

温度较高区域集中在 F6 围栏区域，即猪舍靠南一侧，这主要是因为各围栏的排风管道设置在北侧。根据改造前试验猪舍的监测温度数据[图 3－17(a)]可知,因为 F6 围栏区域一侧安置窗户和风机,舍外冷空气透过缝隙渗入导致此区域的温度较低,所以 F6 围栏局部温度较高的模拟结果会在实际环境中消除。在不考虑 F6 围栏局部温度较高的情况下,设定不同的风速,保育猪背部水平截面温度场分布并无明显区别,分布均匀且温度满足保育猪健康生长的需求。但是,送风口风速和排风口风速分别设定为 1.5 m/s、2.0 m/s 时,空气流场和水泥地板中心位置南北垂直截面温度场更适宜保育猪的生长。

5.5 通风角度对舍内空气流场和温度场的影响

5.5.1 不同通风角度下空气流场模拟及均匀性分析

根据 5.3 节和 5.4 节的分析结果可知,通风管道直径、送风口风速和排风口风速无论怎样变化,F3 和 F4 围栏均存在局部风速过大、漏粪地板一侧通风弱等问题,因此需要进一步改善通风结构。通风角度可以改变空气流场的分布,所以通风结构需要对角度进行优化。设定通风管道直径为 0.3 m,送风口风速和排风口风速分别为 1.5 m/s、2.0 m/s,垂直地面角度视为 90°,为提升漏粪地板一侧的污浊空气和湿气,设定送风管道偏向漏粪地板一侧的角度分别为 60°、45°和 30°,在此条件下对空气流场进行模拟。

根据空气流场模拟结果显示的变化规律可以发现:随着通风角度的减小,空气流场最大风速区域由水泥地板区域转移至漏粪地板区域,且局部通风最大风速减小,由 0.42 m/s 降至 0.21 m/s;通风角度为 60°和 30°时,存在较多通风弱区;通风角度为 45°时,通风较为均匀,通风弱区少。

根据式(5－1)和(5－2)计算各围栏的气流不均匀系数 $J_{0.4}$,得到如图 5－4 所示的各围栏的气流不均匀系数变化曲线,其中 $A_1=60°$,$A_2=30°$,$A_3=45°$。

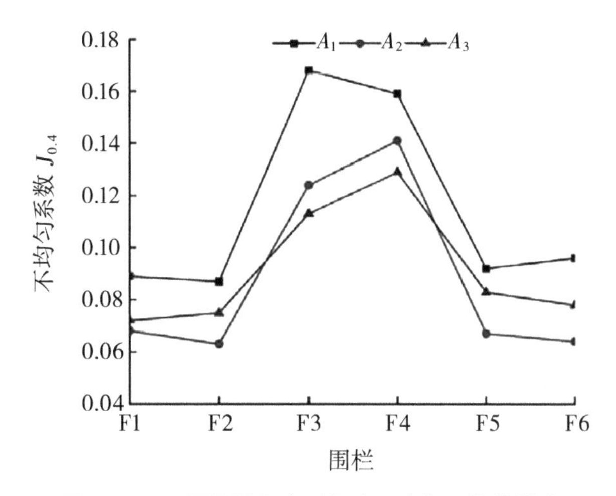

图 5－4　不同通风角度对气流不均匀系数的影响

由图 5－4 可知：通风角度为 45°时，F3 和 F4 两个围栏的气流不均匀系数均较小；通风角度为 60°和 30°时，F3 和 F4 两个围栏的气流不均匀系数偏大。这是由漏粪地板局部风速差较大导致的，但整体风速满足仔猪健康生长的要求，且漏粪地板一侧的风速变大更有利于污浊空气的排出。同时，考虑到通风角度为 45°时通风弱区减少，所以选择通风角度为 45°。

5.5.2　不同通风角度下温度场模拟及分析

在不同通风角度下，对水泥地板中心位置南北垂直截面温度场进行模拟。模拟结果显示：随着通风角度的减小，水泥地板中心位置南北垂直截面温度场分布无明显变化；当通风角度为 60°和 45°时，温度保持在 20～21 ℃；当通风角度减小至 30°时，该垂直截面温度场的整体温度明显升高，为 22～23 ℃。

在不同通风角度下，对保育猪背部水平截面温度场进行模拟。模拟结果显示：当通风角度为 60°和 45°时，温度场分布较为均匀，围栏大部分区域的温度保持在 20～21 ℃；当通风角度调节至 30°时，渗漏地板一侧的温度保持在 20～21 ℃，水泥地板一侧的温度保持在 22～23 ℃。

综上所述，在各通风角度设定下，试验猪舍的温度均在适宜范围内，综合考虑空气流场分布的均匀性以及漏粪地板一侧污浊空气的排出问题，选定通风角度为45°。

5.6 试验猪舍改造及模拟结果验证

5.6.1 试验猪舍改造

参照各种情况下保育猪舍空气流场的数值模拟结果,以及对气流不均匀系数变化曲线的分析结果,我们对试验猪舍进行改造:新风经过加热补偿器加热后进入送风主管道;舍内污浊空气由各排风口进入排风主管道,排风主管道与热交换器排风入口相连接;对于每个围栏,分别设置1个送风口和1个排风口,共计12组,送风口设置在水泥地板正上方,排风口设置在中间过道;在各送风管道上安装管道定速风机,功率为35 W,风机最大风速为1.5 m/s;在舍内送风口加装风帽,便于调节通风角度;在各排风管道上安装管道定速风机,功率为35 W,风机最大风速为2.0 m/s。

5.6.2 模拟结果验证

根据上述模拟结果可知,通风结构对舍内的气流速度影响较大,而对温度影响较小,所以我们对空气流场模拟结果进行验证。参照空气流场模拟方法,选取保育猪生活围栏区域0.4 m垂直高度截面,即保育猪背部水平截面,由北至南,每个围栏选取4个测试点监测风速数值,与相同位置的模拟数值进行对比,得到的结果如图5-5所示。由于南侧围栏是近窗一侧,舍外空气会通过窗户缝隙进入,因此第21~24个监测点的风速监测数值与模拟数值相差较大。根据相对误差公式计算出其余20个监测点的相对误差为0%~20%,平均值为11.79%,说明模拟结果与实测数据有较好的吻合度,模拟结果有效。

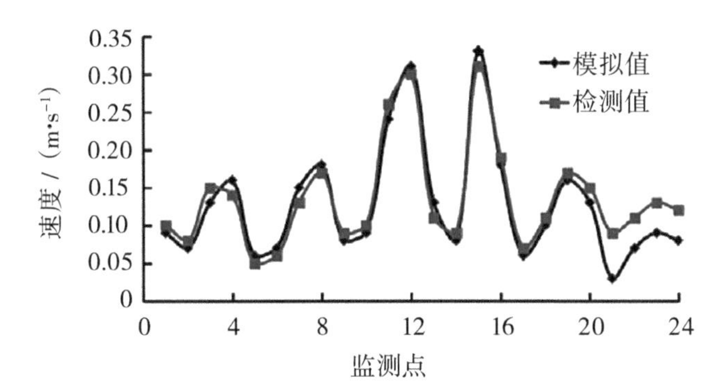

图 5－5　风速监测数值与模拟数值对比

第 6 章
通风调控方法

6.1　模糊控制理论

模糊控制是一种以模糊集理论、模糊语言变量和模糊逻辑推理为基础的智能控制方法，它是一种从行为上模仿人的模糊推理和决策过程的智能控制方法。该方法首先将操作人员或专家的经验编制成模糊规则，然后将来自传感器的实时信号模糊化，将模糊化后的信号作为模糊规则的输入完成模糊推理，将推理后得到的输出量加到执行器上。

模糊控制建立在人工经验的基础之上。一个熟练的操作人员往往凭借丰富的实践经验，采取适当的对策来巧妙地控制一个复杂过程。若能将这些熟练操作员的实践经验加以总结和描述，并用语言表达出来，则会得到一种定性的、不精确的控制规则。用模糊数学将其定量化就转化为模糊控制算法，从而形成模糊控制理论。模糊控制理论具有一些明显的特点。

(1)不需要被控对象的数学模型

模糊控制是以人对被控对象的控制经验为依据而设计的控制器，故无须知道被控对象的数学模型。

(2)反映人类智慧

模糊控制采用人类思维中的模糊量，如“高”“中”“低”“大”“小”等，控制量由模糊推理导出。这些模糊量和模糊推理是人类智能活动的体现。

(3)易被人们接受

模糊控制的核心是控制规则，模糊规则是用语言来表示的，如“今天气温高，则今天天气暖和”，易被人们接受。

(4)构造容易

模糊控制规则的构造易用软件实现。

(5)鲁棒性和适应性好

根据专家经验设计的模糊规则可以对复杂的对象进行有效的控制。

总结人的控制行为，正是遵循“反馈及反馈控制”的思想。人的手动控制决策可以用语言加以描述，从而总结成一系列条件语句，即控制规则。运用微机的程序来实现这些控制规则，微机就起到了模糊控制器的作用。于是，用微机取代人可以对被控对象进行自动控制。在描述控制规则的条件语句中，一些词（如“较大”“稍小”“偏高”等）具有一定的模糊性，因此用模糊集来描述这些模糊条件语句即组成所谓的模糊控制器。

模糊控制的基本原理可由图 6－1 表示，它的核心部分为模糊控制器，如图中虚线框中部分所示。

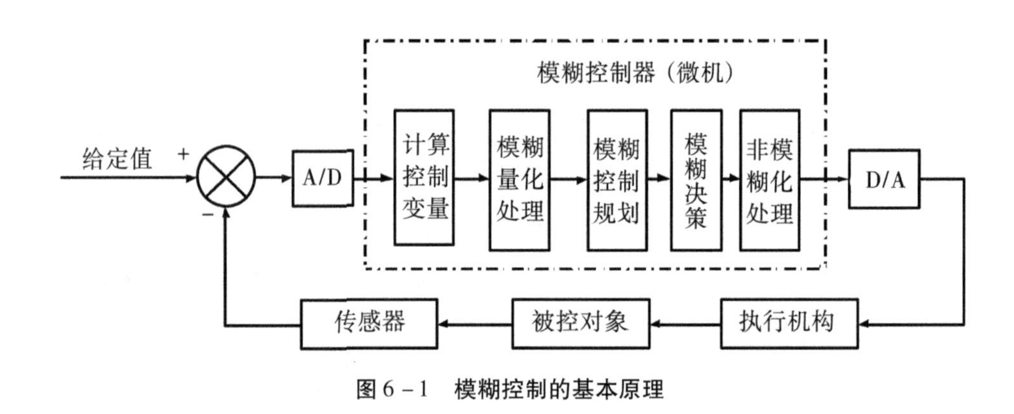

图 6－1　模糊控制的基本原理

实现模糊控制算法的过程为：微机经中断采样获取被控制量的精确值，然后将此量与给定值进行比较，得到误差信号 E，作为模糊控制器的一个输入量；用相应的模糊语言把误差信号 E 的精确量进行模糊量化变成模糊量，得到误差 E 的模糊语言集合的一个子集 e，再由 e 和模糊控制规则 R 根据推理的合成规则进行模糊决策，得到一个模糊控制量 u。模糊控制量 u 的表达式为：

$$u = e \circ R \tag{6-1}$$

式中：$\circ$ ——模糊合成运算。

为了对被控对象进行精确的控制，还需要将模糊量 u 转换为精确量，此过程称为非模糊化处理。得到精确的数字控制量后，将其经数模转换为精确的模拟量送至执行机构，对被控对象进行一步控制。然后，中断等待第二次采样，进行二步控制。如此循环下去，就可以实现对被控对象的模糊控制。

模糊控制器也称模糊逻辑控制器。由于模糊控制器采用的模糊控制规则是由模糊集理论中的模糊条件语句来描述的，因此它是一种语言型控制器，故也称模糊语言控制器。模糊控制器包括模糊化接口、推理机、解模糊接口,以及由数据库和规则库所组成的知识库,其组成框图如图 6-2 所示。

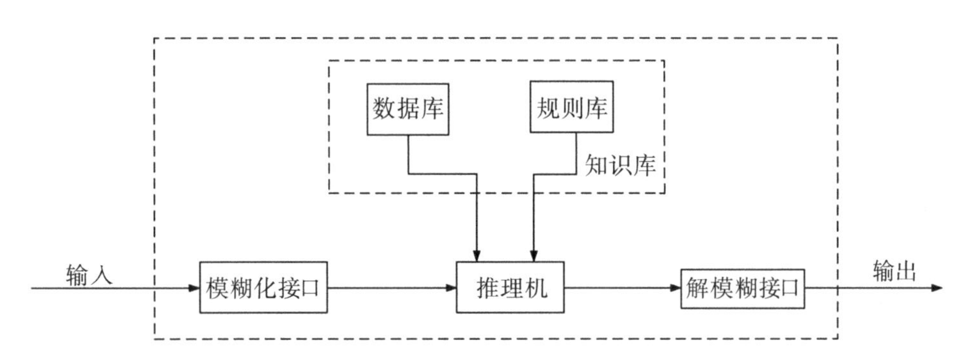

图 6-2　模糊控制器的组成框图

(1)模糊化接口

模糊控制器的输入必须通过模糊化才能用于控制输出的求解,因此它实际上是模糊控制器的输入接口。它的主要作用是将真实的确定量输入转换为一个模糊矢量。对于一个模糊输入变量 e,其模糊子集通常可以做如下形式的划分:

①{负大,负小,零,正小,正大} = {NB,NS,Z,PS,PB}。

②{负大,负中,负小,零,正小,正中,正大} = {NB,NM,NS,Z,PS,PM,PB}。

③{负大,负中,负小,零负,零正,正小,正中,正大} = {NB,NM,NS,NZ,PZ,PS,PM,PB}。

用三角形隶属度函数表示这些模糊子集,如图 6-3 所示。

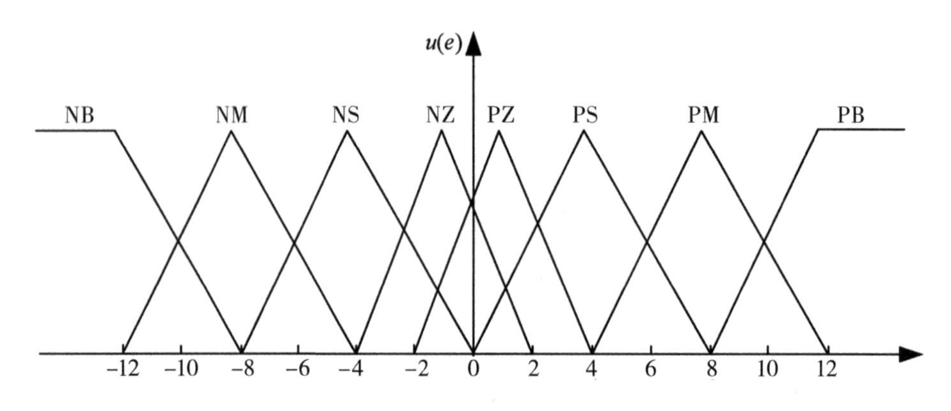

图 6－3　模糊子集和模糊化等级

(2)知识库

知识库由数据库和规则库两部分构成。

①数据库

数据库所存放的是所有输入、输出变量的全部模糊子集的隶属度矢量值(即经论域等级离散化以后对应值的集合),若论域为连续域则为隶属度函数。在规则推理的模糊关系方程求解过程中,数据库向推理机提供数据。

②规则库

模糊控制器的规则基于专家知识或手动操作人员长期积累的经验,它是按人的直觉推理的一种语言表示形式。模糊规则通常由一系列的关系词连接而成,如 if－then、else、also、end、or 等,关系词必须经过“翻译”才能将模糊规则数值化。最常用的关系词为 if－then、also,对于多变量模糊控制系统,还有 and 等。例如,某模糊控制系统输入变量为“误差”和“误差变化”,它们对应的语言变量为 E 和 EC,可给出一组模糊规则:

R_1:IF E is NB and EC is NB then U is PB。

R_2:IF E is NB and EC is NS then U is PM。

通常把“If…”部分称为“前提部”,把“then…”部分称为“结论部”,其基本结构可归纳为 If A and B then C。其中 A 为论域 U 上的一个模糊子集,B 为论域 V 上的一个模糊子集,根据人工控制经验,可离线组织其控制决策表 R,R 是笛卡儿乘积集上的一个模糊子集,则某一时刻其控制量由下式给出:

$$C=(A\times B)\circ R \tag{6-2}$$

式中：×——模糊直积运算；

$\circ$—— 模糊合成运算。

规则库是用来存放全部模糊控制规则的，在推理时为推理机提供控制规则。规则条数和模糊变量的模糊子集划分有关，划分越细，则规则条数越多，但并不代表规则库的准确性越高，规则库的准确性还与专家知识的准确度有关。

(3)推理机

推理是模糊控制器中根据输入模糊量，由模糊控制规则完成模糊推理来求解模糊关系方程，并获得模糊控制量的功能部分。在模糊控制中，考虑到推理时间，通常采用运算较简单的推理方法。最基本的推理方法是 Zadeh 近似推理，它包含正向推理和逆向推理两类。正向推理常被用于模糊控制中，而逆向推理一般被用于知识工程学领域的专家系统中。

(4)解模糊接口

推理结果的获得表示模糊控制的规则推理功能已经完成。但是，至此所获得的结果仍是一个模糊矢量，不能直接作为控制量，还必须做一次转换，求得清晰的控制量输出，这个过程称为解模糊。通常把输出端具有转换功能的部分称为解模糊接口。

综上所述，模糊控制器实际上就是由微机(或单片机)构成的，它的绝大部分功能都是由计算机程序来完成的。随着专用模糊芯片的研发与应用，也可以由硬件逐步取代各组成单元的软件功能。

(5)模糊控制器的输入、输出变量

模糊控制器可以分为单变量模糊控制器和多变量模糊控制器，分别应用于单输入单输出系统(SISO 系统)和多输入多输出系统(MIMO 系统)。

①单变量模糊控制器

由于模糊控制器的控制规则是根据人的手动控制规则提出的，因此模糊控制器的输入变量可以有误差、误差变化及误差变化的变化率，输出变量一般选择控制量的变化。通常，对于单变量模糊控制器，将输入变量的个数称为模糊控制的维数。根据模糊控制器的输入变量选择，单变量模糊控制器可以分为一维模糊控制器、二维模糊控制器和三维模糊控制器。

A. 一维模糊控制器

如图 6－4 所示，一维模糊控制器是一种比例控制器，它的输入变量往往选择为受控量和输入给定的误差 E。由于仅仅采用误差很难反映过程的动态特性品质，因此一维模糊控制器所能获得的系统动态性能是不能令人满意的。这种一维模糊控制器往往被用于一阶被控对象。

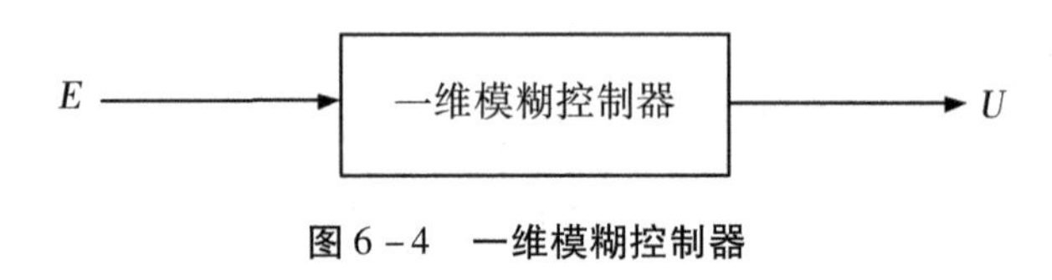

图 6－4　一维模糊控制器

B. 二维模糊控制器

如图 6－5 所示，二维模糊控制器的两个输入变量基本上都选用受控变量和输入给定的误差 E、误差变化 EC，由于它们能够较严格地反映受控过程中输出变量的动态特性，因此在控制效果上要比一维控制器好得多，也是目前应用较广泛的一类模糊控制器。

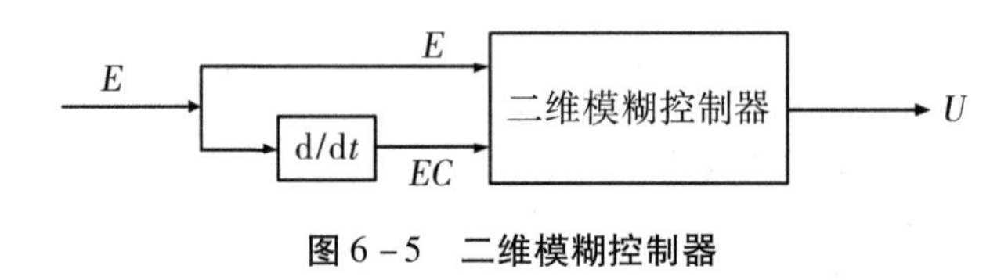

图 6－5　二维模糊控制器

C. 三维模糊控制器

如图 6－6 所示，三维模糊控制器的三个输入变量分别为系统误差量 E、误差变化 EC 和误差变化的变化率 ECC。由于此类模糊控制器的结构较复杂，推理运算时间长，因此除非是对动态特性要求特别高的场合，一般较少选用三维模糊控制器。

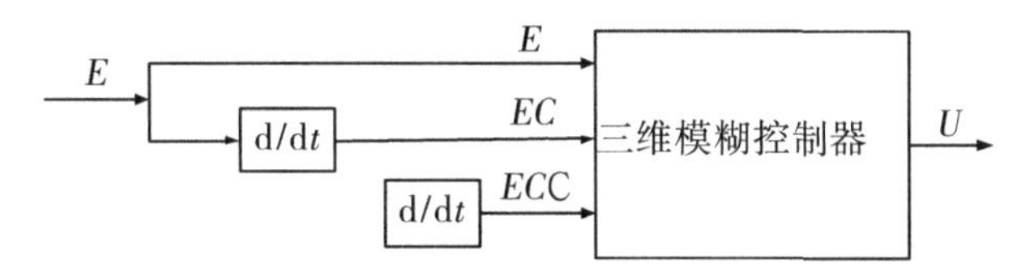

图 6－6　三维模糊控制器

模糊控制系统所选用的模糊控制器维数越高,系统的控制精度也就越高。但是维数选择太高,模糊控制规律就过于复杂,这是人们在设计模糊控制系统时多采用二维模糊控制器的原因。

②多变量模糊控制器

一个多变量模糊控制器系统所采用的模糊控制器具有多变量结构,称之为多变量模糊控制器,如图 6－7 所示。

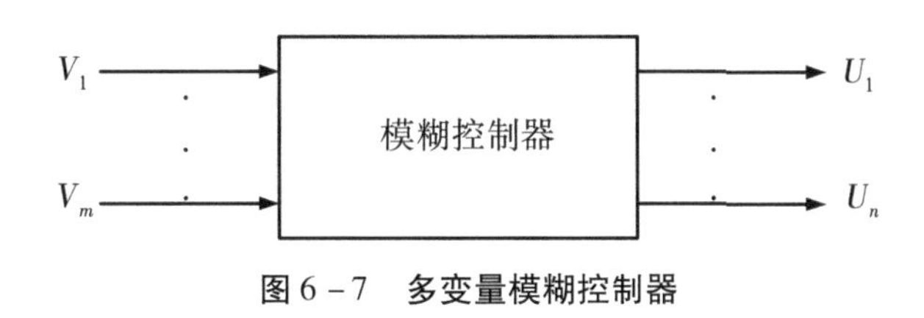

图 6－7　多变量模糊控制器

由于多变量模糊控制器需要同时控制多个变量,而且各个变量间可能存在耦合,因此要直接设计一个多变量模糊控制器是相当困难的。可利用模糊控制器本身的解耦特点,通过模糊关系方程求解,在控制器结构上实现解耦,即将一个多输入多输出的模糊控制器分解成若干个多输入单输出的模糊控制器,这样可采用单变量模糊控制器方法设计。

6.2　模糊控制器

6.2.1　定义变量

在模糊控制中,若控制单一参数(如控制温度),则一般定义输入变量为与

设定值的误差 e、误差变化率 Δe，但在试验保育猪舍内环境控制过程中，仅依靠控制单一参数无法实现对舍内的整体环境进行控制，因此需要对多参数进行控制。通过对改造前采集的数据进行分析可知，温度、相对湿度、二氧化碳浓度及氨气浓度是影响生猪正常生长的主要因素，因此定义目标控制参数为：温度（T）、相对湿度（H）、二氧化碳浓度（C）、氨气浓度（N）。由于目标参数过多，定义各参数输入变量为误差 e、误差变化率 Δe 会使猪舍模型的建立过于复杂，实现过程对控制系统硬件的要求较高。因此，定义温度误差 e_T、相对湿度误差 e_H、二氧化碳浓度误差 e_C、氨气浓度误差 e_N 为输入变量，定义风机启停模式 Y_f 为输出量。

6.2.2 输入量模糊化

保育猪舍各参数范围如表 6－1 所示。通过对改造前试验猪舍的监测数据进行分析可知：舍内温度未超过临界值，氨气浓度在适宜范围内，二氧化碳浓度和相对湿度超出临界值。因此，以二氧化碳浓度和相对湿度作为主要控制变量。选取相对湿度监测值与预设值之差 ΔH，以及二氧化碳浓度监测值与预设值之差 ΔC，作为模糊输入变量。

表 6－1　保育猪舍各参数范围

保育猪舍各参数	适宜范围	高临界	低临界
温度/℃	20～25	28	16
相对湿度/%	60～70	80	50
二氧化碳浓度/(mg·cm^{-3})	≤1300		
氨气浓度/(mg·cm^{-3})	≤20		

将相对湿度误差 e_H 视为模糊集合 E_H。根据表 6－1，舍内相对湿度适宜范

围为 60% ~70%，以 65% 为最适宜湿度的预设值，取模糊集合 E_H 基本论域 $e \in \{-6\%, +6\%\}$，当相对湿度误差在 ±6% 范围内时为模糊控制区，其他则为确定控制区。在模糊控制区内，采用模糊控制对相对湿度干预；在确定控制区内，对相对湿度采用最大干预措施。E_H 语言论域为{-3，-2，-1，0，1，2，3}，在模糊控制区内，相对湿度误差 E_H 使用 7 种模糊变量表示，模糊集合可定义为{负大，负中，负小，零，正小，正中，正大}，为便于系统后续、仿真，该模糊集合可表示为{NB，NM，NS，Z，PS，PM，PB}。

将二氧化碳浓度误差 e_C 视为模糊集合 E_C。根据表 6-1，舍内二氧化碳浓度不应超过 1300 mg/cm^3，因此以 600 mg/m^3 为二氧化碳浓度预设值，模糊集合 E_C 基本论域 $e \in \{-600, +600\}$。二氧化碳浓度误差在 ±600 范围内为模糊控制区，其他为确定控制区。在模糊控制区内，采用模糊控制对二氧化碳浓度干预；在确定控制区内，对二氧化碳浓度采用最大干预措施。E_C 语言论域为{-300，-200，-100，0，100，200，300}，为方便系统集成，将此论域数值除以 100，与相对湿度语言论域保持一致。E_C 模糊集合为{负大，负中，负小，零，正小，正中，正大}，即{NB，NM，NS，Z，PS，PM，PB}。通过比例因子将基本论域转化为语言论域，应用于模糊控制器中。比例因子计算公式为：

$$K = \frac{X_{max} - X_{min}}{x_{max} - x_{min}} \tag{6-3}$$

式中：X_{max}——语言论域上限；

X_{min}——语言论域下限；

x_{max}——基本论域上限；

x_{min}——基本论域下限。

由式(6-3)可以求得 E_H 基本论域转化为语言论域的比例因子 $K_H = 0.5$，E_C 基本论域转化为语言论域的比例因子 $K_C = 0.5$。建立隶属函数，表示模糊集合中各状态与语言论域中各变量隶属关系。隶属函数一般为三角形隶属函数、高斯型隶属函数、S 形隶属函数、梯形隶属函数等。由于三角形隶属函数存在使模糊变量分布均匀、反应灵敏、形状简单且计算量小等优点，因此本章选用三角形隶属函数。相对湿度误差 e_H 与二氧化碳浓度误差 e_C 的隶属函数如图 6-8、图 6-9 所示，其效果对应隶属度值如表 6-2、6-3 所示。

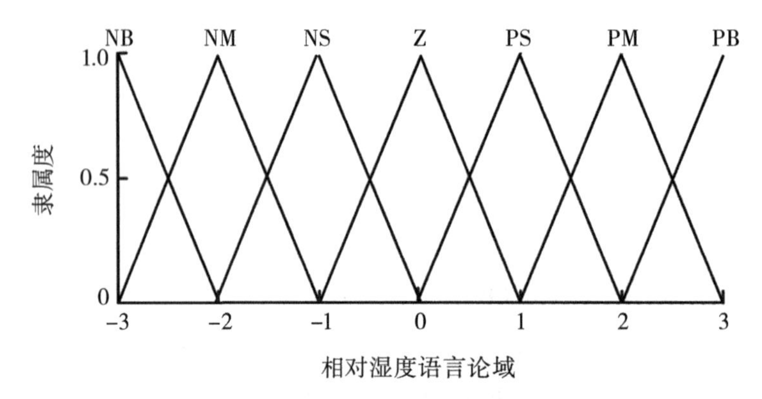

图 6-8　相对湿度误差的隶属函数

表 6-2　相对湿度误差 e_H 隶属度值

E_H 模糊集合	E_H 语言论域						
	-3	-2	-1	0	1	2	3
NB	1	0	0	0	0	0	0
NM	0	1	0	0	0	0	0
NS	0	0	1	0	0	0	0
Z	0	0	0	1	0	0	0
PS	0	0	0	0	1	0	0
PM	0	0	0	0	0	1	0
PB	0	0	0	0	0	0	1

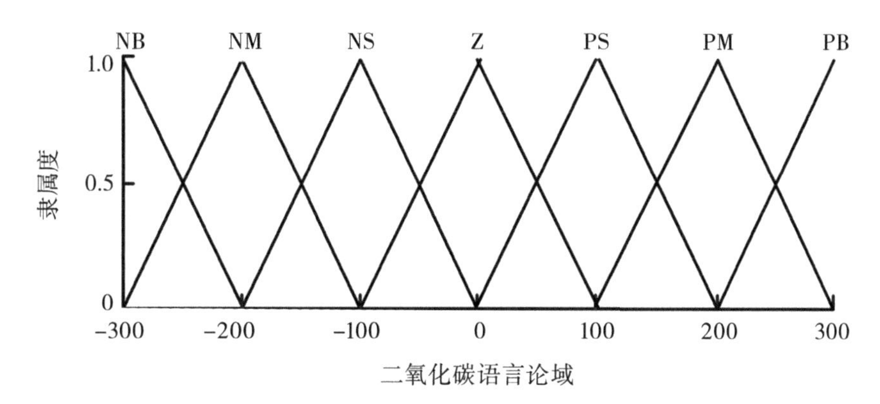

图 6-9 二氧化碳浓度误差的隶属函数

表 6-3 二氧化碳浓度误差 e_C 隶属度值

E_c 模糊集合	E_c 语言论域						
	-300	-200	-100	0	100	200	300
NB	1	0	0	0	0	0	0
NM	0	1	0	0	0	0	0
NS	0	0	1	0	0	0	0
Z	0	0	0	1	0	0	0
PS	0	0	0	0	1	0	0
PM	0	0	0	0	0	1	0
PB	0	0	0	0	0	0	1

6.2.3 输出量模糊化

为降低能耗,实现变速、变量通风调控,根据各围栏通风风机启动数量 λ,对舍外送风口风机和排风口风机进行变速调控,风机启停模式 Y_f 包括停机

($\lambda=0$)、低速($0<\lambda\leqslant 2$)、中速($2<\lambda\leqslant 4$)、高速($4<\lambda\leqslant 6$)4 种模式,论域为{0,3},模糊集合为{停机,低速,中速,高速},即{ST,LS,MS,HS},输出量化因子 $K_y=1$。输入变量和输出量隶属函数如图 6-10 所示。

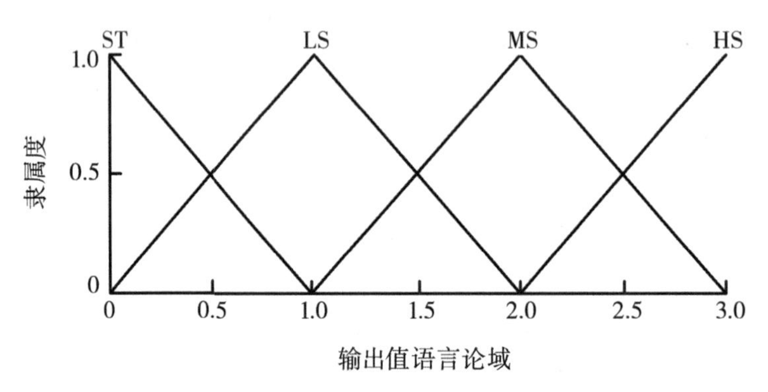

图 6-10 风机启停模式的隶属函数

6.2.4 模糊规则建立

模糊规则作为模糊控制器的核心,直接影响模糊控制效果,其基本形式为 If e_H is A and e_C is B, then Y_f is C。

当二氧化碳浓度误差 e_C 为 NB,相对湿度误差 e_H 为 NB、NM、NS、Z、PS 时,此时可不通风,处于停机状态 ST;当相对湿度误差 e_H 为 PM、PB 时,此时低速通风 LS。形成的控制规则如下:

If e_H is NB and e_C is NB, then Y_f is ST;

If e_H is NM and e_C is NB, then Y_f is ST;

If e_H is NS and e_C is NB, then Y_f is ST;

If e_H is Z and e_C is NB, then Y_f is ST;

If e_H is PS and e_C is NB, then Y_f is ST;

If e_H is PM and e_C is NB, then Y_f is LS;

If e_H is PB and e_C is NB, then Y_f is LS。

当二氧化碳浓度误差 e_C 为 NM,相对湿度误差 e_H 为 NB、NM、NS 时,此时可不通风,处于停机状态 ST;当相对湿度误差 e_H 为 Z、PS、PM、PB 时,此时低速通风 LS。形成的控制规则如下：

If e_H is NB and e_C is NM, then Y_f is ST;

If e_H is NM and e_C is NM, then Y_f is ST;

If e_H is NS and e_C is NM, then Y_f is ST;

If e_H is Z and e_C is NM, then Y_f is LS;

If e_H is PS and e_C is NM, then Y_f is LS;

If e_H is PM and e_C is NM, then Y_f is LS;

If e_H is PB and e_C is NM, then Y_f is LS。

当二氧化碳浓度误差 e_C 为 NS，相对湿度误差 e_H 为 NB、NM、NS 时，此时可不通风，处于停机状态 ST；当相对湿度误差 e_H 为 Z、PS 时，此时低速通风 LS；当相对湿度误差 e_H 为 PM、PB 时，此时应为中速通风 MS。形成的控制规则如下：

If e_H is NB and e_C is NS, then Y_f is ST;

If e_H is NM and e_C is NS, then Y_f is ST;

If e_H is NS and e_C is NS, then Y_f is ST;

If e_H is Z and e_C is NS, then Y_f is LS;

If e_H is PS and e_C is NS, then Y_f is LS;

If e_H is PM and e_C is NS, then Y_f is MS;

If e_H is PB and e_C is NS, then Y_f is MS。

当二氧化碳浓度误差 e_C 为 Z，相对湿度误差 e_H 为 NB、NM、NS 时，此时可不通风，处于停机状态 ST；当相对湿度误差 e_H 为 Z 时，此时为低速通风 LS；当相对湿度误差 e_H 为 PS、PM、PB 时，此时为中速通风 MS。形成的控制规则如下：

If e_H is NB and e_C is Z, then Y_f is ST;

If e_H is NM and e_C is Z, then Y_f is ST;

If e_H is NS and e_C is Z, then Y_f is ST;

If e_H is Z and e_C is Z, then Y_f is LS;

If e_H is PS and e_C is Z, then Y_f is MS;

If e_H is PM and e_C is Z, then Y_f is MS;

If e_H is PB and e_C is Z, then Y_f is MS。

当二氧化碳浓度误差 e_C 为 PS，相对湿度误差 e_H 为 NB、NM 时，此时可不通风，处于停机状态 ST；当相对湿度误差 e_H 为 NS 时，此时为低速通风 LS；当相对湿度误差 e_H 为 Z 时，此时为中速通风 MS；当相对湿度误差 e_H 为 PS、PM、PB 时，此时为高速通风 HS。形成的控制规则如下：

If e_H is NB and e_C is PS, then Y_f is ST;

If e_H is NM and e_C is PS, then Y_f is ST;

If e_H is NS and e_C is PS, then Y_f is LS;

If e_H is Z and e_C is PS, then Y_f is MS;

If e_H is PS and e_C is PS, then Y_f is HS;

If e_H is PM and e_C is PS, then Y_f is HS;

If e_H is PB and e_C is PS, then Y_f is HS。

当二氧化碳浓度误差 e_C 为 PM，相对湿度误差 e_H 为 NB、NM 时，此时为低速通风 LS；当相对湿度误差 e_H 为 NS、Z 时，此时为中速通风 MS；当相对湿度误差 e_H 为 PS、PM、PB 时，此时为高速通风 HS。形成的控制规则如下：

If e_H is NB and e_C is PM, then Y_f is LS;

If e_H is NM and e_C is PM, then Y_f is LS;

If e_H is NS and e_C is PM, then Y_f is MS;

If e_H is Z and e_C is PM, then Y_f is MS;

If e_H is PS and e_C is PM, then Y_f is HS;

If e_H is PM and e_C is PM, then Y_f is HS;

If e_H is PB and e_C is PM, then Y_f is HS。

当二氧化碳浓度误差 e_C 为 PB，相对湿度误差 e_H 为 NB、NM、NS 时，此时为中速通风 MS；当相对湿度误差 e_H 为 Z、PS、PM、PB 时，此时为高速通风 HS。形成的控制规则如下：

If e_H is NB and e_C is PB, then Y_f is MS;

If e_H is NM and e_C is PB, then Y_f is MS;

If e_H is NS and e_C is PB, then Y_f is MS;

If e_H is Z and e_C is PB, then Y_f is HS;

If e_H is PS and e_C is PB, then Y_f is HS;

If e_H is PM and e_C is PB, then Y_f is HS;

If e_H is PB and e_C is PB, then Y_f is HS。

综上所述,建立的模糊控制规则表如表 6－4 所示(表中数据为模糊化输出量风机启停模式 Y_f),模糊控制规则曲面图如图 6－11 所示。

表 6－4　模糊控制规则表

e_C	e_H						
	NB/0	NM/200	NS/400	Z/600	PS/800	PM/1000	PB/1200
NB/59	ST	ST	ST	ST	ST	LS	MS
NM/61	ST	ST	ST	ST	ST	LS	MS
NS/63	ST	ST	ST	ST	LS	MS	MS
Z/65	ST	LS	LS	LS	MS	MS	HS
PS/67	ST	LS	LS	MS	HS	HS	HS
PM/69	LS	LS	MS	MS	HS	HS	HS
PB/71	LS	LS	MS	MS	HS	HS	HS

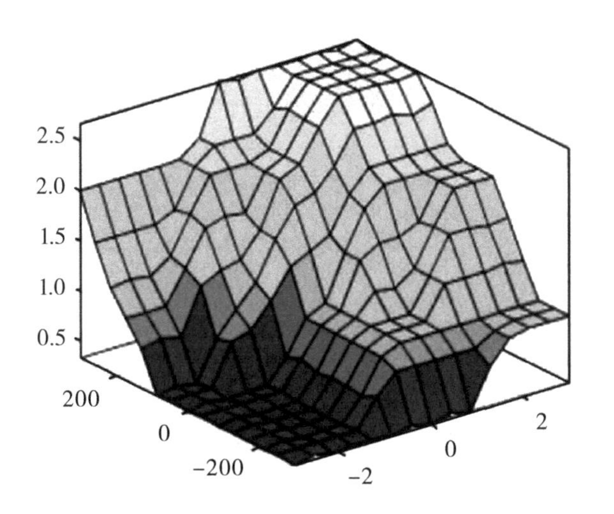

图 6－11　模糊控制规则曲面图

6.2.5 输出量解模糊化

对于经过模糊推理所得的模糊子集,需经过解模糊化得到精确值,最终成为模糊控制器的输出量。常用的解模糊化方法一般为最大隶属度法、重心法、加权平均法等。本章对输出量进行解模糊化的方法采用 Mamdani 模糊系统的面积重心法。该方法取隶属度函数曲线与横坐标围成面积的重心作为模糊推理的最终输出量。依据此算法求得的模糊控制查询表(表中数据为最终输出量)如表 6-5 所示。

表 6-5 模糊控制查询表

e_C	e_H						
	-300	-200	-100	0	100	200	300
-3	0.323	0.323	0.323	0.323	0.323	1.000	1.000
-2	0.323	0.323	0.323	0.323	0.323	1.000	2.000
-1	0.323	0.323	0.323	0.323	1.000	1.000	2.000
0	0.323	1.000	1.000	1.000	1.000	2.000	2.680
1	0.323	1.000	1.000	2.000	2.000	2.680	2.680
2	1.000	1.000	2.000	2.000	2.680	2.680	2.680
3	1.000	1.000	2.000	2.000	2.680	2.680	2.680

6.3 模糊控制模型及仿真

选取相对湿度监测值与预设值之差 ΔH,以及二氧化碳浓度监测值与预设值之差 ΔC,作为模糊输入变量,以风机启停模式 Y_f 作为输出量,则模糊控制模型如图 6-12 所示。

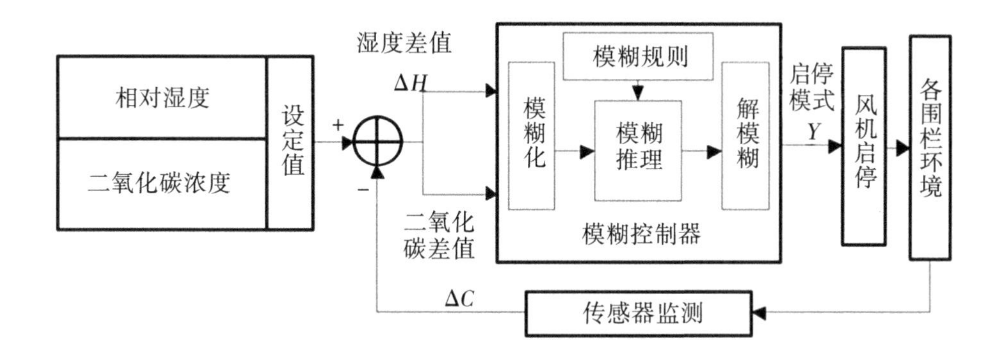

图 6－12　通风模糊控制模型

运用 MATLAB Simulink 软件工具构建试验猪舍通风控制系统模型，如图6－13 所示。

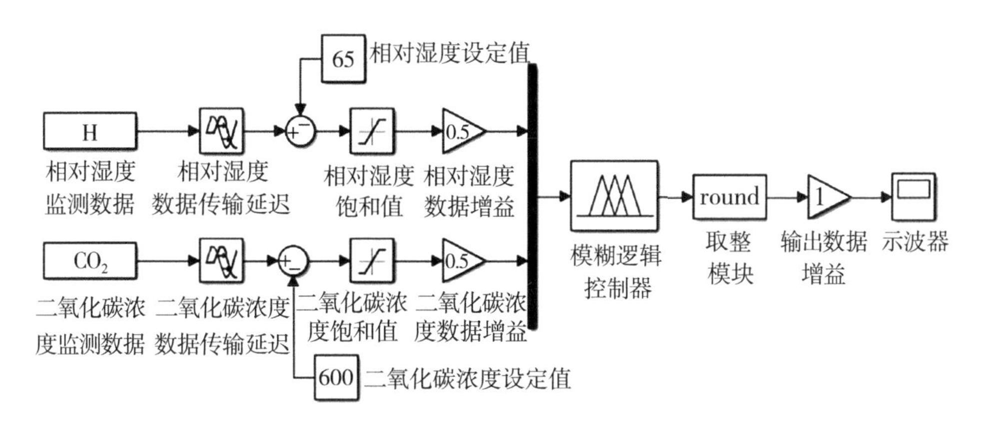

图 6－13　通风模糊控制仿真框图

分别设定相对湿度标准值为 65%、二氧化碳浓度标准值为 600。环境数据与标准值做差，将所得的差值 ΔH 和 ΔC 作为模糊控制器输入量。当相对湿度与标准值的差值在{－6%，+6%}内、二氧化碳浓度与标准值的差值在{－600，+600}内时为模糊控制区，在该区域内依据模糊规则输出控制信号，即输出“0”“1”“2”“3”四种输出量，分别代表停机、低速、中速、高速四种主风机通风调速状态；当相对湿度与标准值的差值小于－6%时，为确定控制区，此时持续输出代表停机的“0”信号，即不通风；当相对湿度与标准值的差值小于 -6%、二氧化碳浓度与标准值的差值大于 1200 时，仍为确定控制区，此时持续输出代表高速的“3”信号。由于模糊控制器输出量可能为非整数，所以采用 round 取整模块进行四舍五入取整，最终输出量为“0”“1”“2”“3”。

为验证通风模糊控制系统能否实现变量通风功能，以试验猪舍某天 6:00 至 18:00 的相对湿度和二氧化碳浓度数据作为输入量进行模拟，得到的通风调控模式输出曲线如图 6-14 所示。6:00 前，未设置通风，风机处于停机状态，主要原因是舍外温度较低，加之保育猪的活动量和排便量较少，猪舍环境一般符合要求；8:00 时，因舍内一夜未通风，加之保育猪开始活动和排便，舍内相对湿度和二氧化碳浓度升高，系统进行中速通风；从 10:00 开始，舍内、外温度均升高，同时保育猪的活动量和排便量增加，舍内相对湿度和二氧化碳浓度增大，系统进行高速通风。结果表明，通风模糊控制系统可以根据舍内环境变化实现逐级切换，满足变量通风要求。

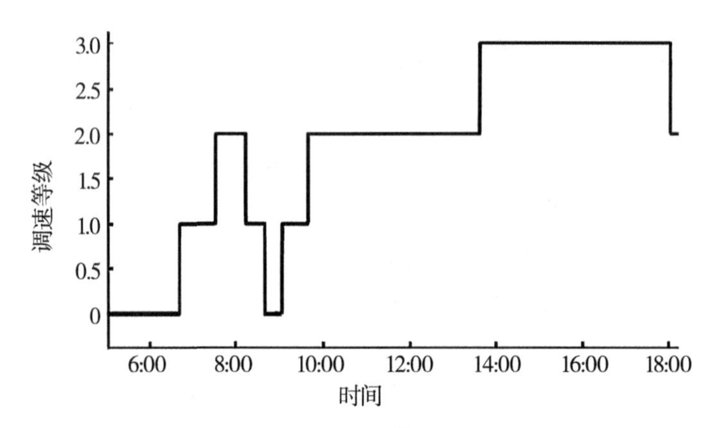

图 6-14　通风调控模式输出曲线

第 7 章
通风能效评价

本章通过对比与分析温度、相对湿度、气体浓度以及通风的均匀性、效率、能耗等,对送排风管道组合通风系统进行评价。

7.1　数据对比与分析

为验证通风换气系统的可行性,在养殖场选取一间保育猪舍作为对照猪舍。对照猪舍的结构和舍内布局与试验猪舍改造前相同;保育猪养殖数量均为120 头;传感器节点布置与第 3 章一致,布置 A ~ F 共计 6 个节点。

对试验猪舍和对照猪舍的环境进行监测,每隔 15 min 分别对试验猪舍和对照猪舍抽取一次监测数据,单次监测数据连续采样 10 组,然后取平均值进行记录。为保证数据对比、分析结果的有效性,监测期间试验猪舍和对照猪舍的取暖、投料、清理粪便等过程均保持一致。选取 2020 年 1 月 19 日的监测数据进行对比、分析,当日户外日间最高温度为 -15 ℃,夜间最低温度为 -28 ℃。试验猪舍和对照猪舍通风管道换气时长,以及连廊一侧的门、窗开启的时长如表 7 -1 所示。

表 7 -1　通风管道换气以及开门、开窗时长

时间	试验猪舍和对照猪舍开门时长/min	试验猪舍和对照猪舍开窗时长/min	试验猪舍通风管道换气时长/min
7:35	1	5	—
10:00	10	20	—
12:00	10	120	—
12:35	—	—	4
16:00	5	30	—
17:54	—	—	6
22:40	5	20	—

通过对比、分析，得到试验猪舍和对照猪舍的温度、相对湿度、二氧化碳浓度、氨气浓度数据曲线，监测时间为当日 6:00 至次日 6:00。

(1)温度

图 7 - 1 为对照猪舍与试验猪舍温度监测数据曲线。对照国家标准，对照猪舍和试验猪舍的温度均未超过保育猪养殖高临界温度 28 ℃。7:35，门、窗短暂开启，温度在短时间内有所下降，但因为户外光照逐渐增强以及温度升高，同时保育猪活动频率增大，所以在正常供暖状态下，舍内温度整体呈上升趋势。12:00，开启门、窗长时间通风，舍内温度逐渐下降。12:35，试验猪舍短暂开启管道通风换气系统，换气过程会带走部分热量，导致试验猪舍的温度下降得较快。16:00 以后，光照强度降低，户外温度逐渐降低，加之连廊一侧的门、窗短暂开启，所以舍内温度随之降低。21:00 和凌晨 1:00，保育猪习惯性采食，活动频率增大，同时凌晨温度会降至约 -28 ℃，工作人员添加煤增加取暖热量，以维持舍内温度，所以温度会有小幅度的波动。为保证保育猪的健康成长，应根据保育猪实际生长需求情况开启灯暖，所以各节点的温度差异明显。例如：12:00，对照猪舍节点 A 处围栏开启灯暖，温度大幅度提高；15:00，试验猪舍节点 A 处围栏开启灯暖，温度大幅度提高。对照猪舍采用开窗或开门进行通风，通风并不均匀，同时受南侧窗户缝隙漏风影响，南、北的 A 节点和 F 节点监测的温度数据与其他节点监测的温度数据存在较大差异；试验猪舍根据舍内环境自动开启通风系统并实现局部通风，通风较为均匀，所以各节点监测的温度数据之差并不明显。靠南窗一侧，因为夜间户外温度达到最低，所以 F 节点监测的温度数据相对较低，但整体温度均在适宜保育猪生长范围内。

在环境数据监测过程中，因为无法控制保育猪的生长、健康状态，而且会不定时地开启灯暖补充热量，所以在某些时刻，温度曲线会发生小幅度的波动。在忽略户外光照强度影响的情况下，试验猪舍温度的波动较小；在相同的取暖情况下，试验猪舍可以通风，且温度可以维持在 22 ~ 25 ℃范围内；在不通风的状态下，对照猪舍温度的波动相对较大(22.5 ~ 26.5 ℃)。密闭养殖空间温度的波动越小，越适合保育猪健康成长。

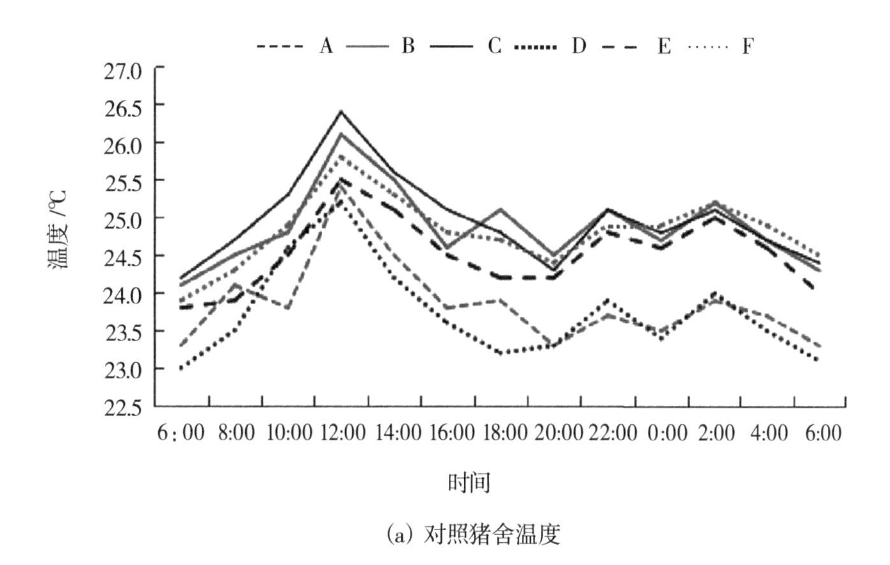

(a) 对照猪舍温度

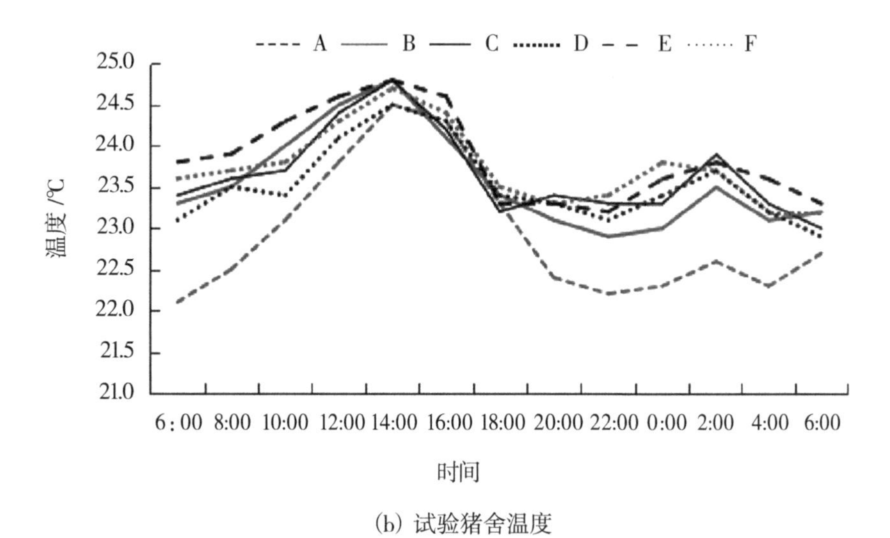

(b) 试验猪舍温度

图 7－1　对照猪舍与试验猪舍温度监测数据曲线

(2)相对湿度

舍内相对湿度主要受通风、温度变化以及保育猪呼吸排放水蒸气和粪便排放影响。对照猪舍与试验猪舍相对湿度监测数据曲线如图 7－2 所示。

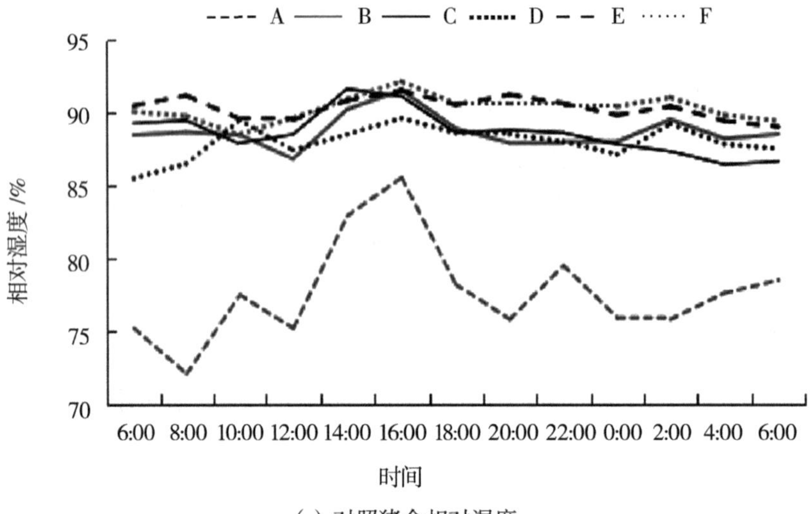

(a) 对照猪舍相对湿度

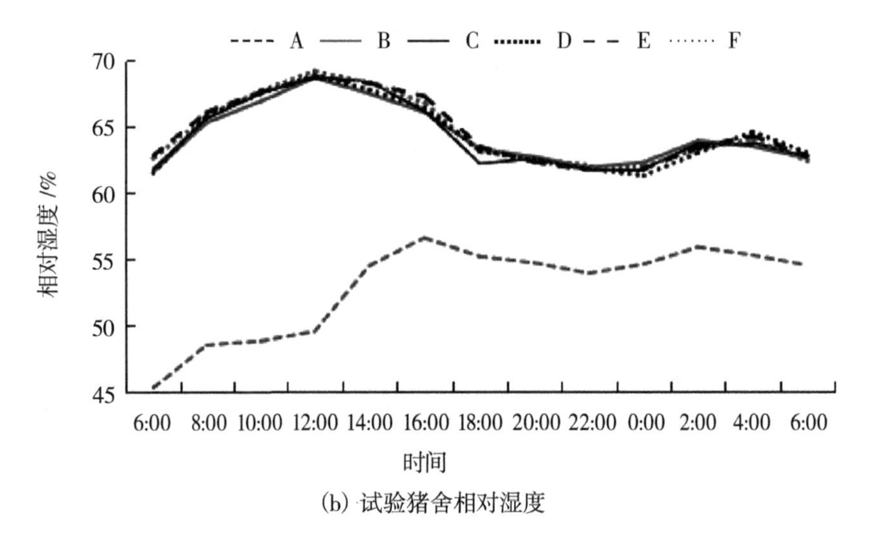

(b) 试验猪舍相对湿度

图 7－2　对照猪舍与试验猪舍相对湿度监测数据曲线

保育猪舍适宜的相对湿度范围为 60%～70%，高临界值为 80%。在图 7－2(a)中，除节点 A 监测的相对湿度数据部分低于高临界值外，其他节点监测的数据均在 85%～95%范围内变化，均高于高临界值，其主要原因是对照猪舍长期不通风。开启连廊一侧的门、窗通风，属于自然通风换气，风速极小，换气效率低，排出水汽的速度与舍内产生水汽的速度相当，导致相对湿度无法降低，所以无论开启时间长还是短，监测数据曲线仅略有波动。我们经过长期监测和观察发现，对照猪舍地面长期处于潮湿状态，棚顶经常有水珠滴落。开启门、窗通风，对节点 A 处的相对湿度影响较大。7:35 开启门、窗，节点 A 处的相对湿度迅速降低，会使舍内温度下降。

对照猪舍和试验猪舍节点 A 的监测数据均呈现较低状态，主要原因是节点 A 靠近连廊一侧，开启门、窗通风和工作人员由门进入猪舍，均会影响节点 A 附近的相对湿度，通过现场观察可以发现，对照猪舍和试验猪舍节点 A 处附近的地面较为干燥。

试验猪舍的相对湿度超过适宜保育猪生长的范围，及时通风、调节，使相对湿度保持在60% ~70%。10:00 至 14:00 期间，户外温度升高且光照增强，舍内温度升高，加之保育猪活动频繁，呼吸排出大量水蒸气，而且粪便的排放量较大，舍内相对湿度受显热和潜热影响明显，曲线呈上升趋势。12:35，管道通风换气开启，时长为 4 min。16:00 后，户外温度明显降低而且光照变弱，舍内温度下降，加之进入夜间，保育猪活动量降低，由呼吸排出的水蒸气减少，所以曲线呈下降趋势。凌晨 1:00，保育猪进食阶段的活动量增加，呼吸排出的水蒸气以及粪便产生的水汽使相对湿度升高，曲线有小幅度波动。

通过对比、分析对照猪舍和试验猪舍的相对湿度数据可知，相对湿度作为控制变量之一，对猪舍环境的调控起到了有效的作用。

(3)二氧化碳浓度

二氧化碳主要源于舍内保育猪的呼吸，保育猪活动频繁时会排出较多的二氧化碳。同时，二氧化碳浓度也受温度的影响，舍内温度升高，二氧化碳浓度也随之升高。对照猪舍与试验猪舍二氧化碳浓度监测数据曲线如图 7 -3 所示。

在改造前对猪舍环境进行监测的结果表明，二氧化碳是保育猪舍内主要存在的气体，舍内二氧化碳浓度的适宜范围是小于 1300 mg/m^3。对照猪舍为保证舍内温度，避免通风导致保育猪冷应激，所以仅通过开启连廊一侧的门、窗进行通风，舍内污浊空气的长期积累导致二氧化碳浓度始终处于 1300 mg/m^3 以上。

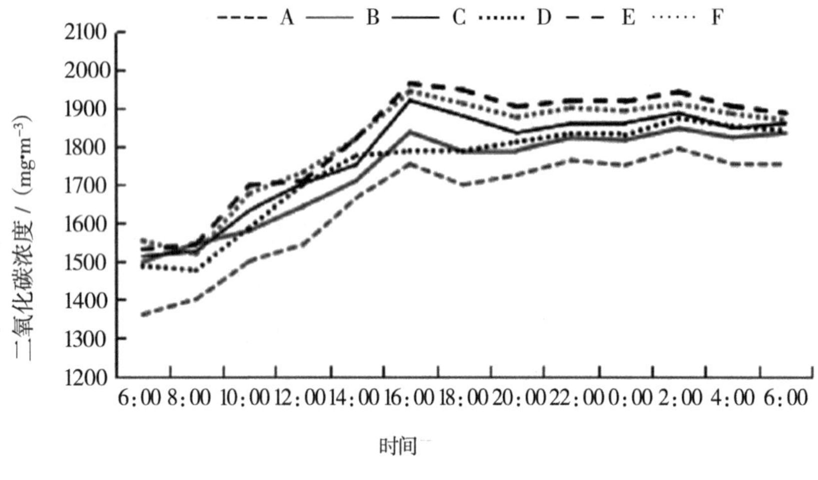

(a) 对照猪舍二氧化碳浓度

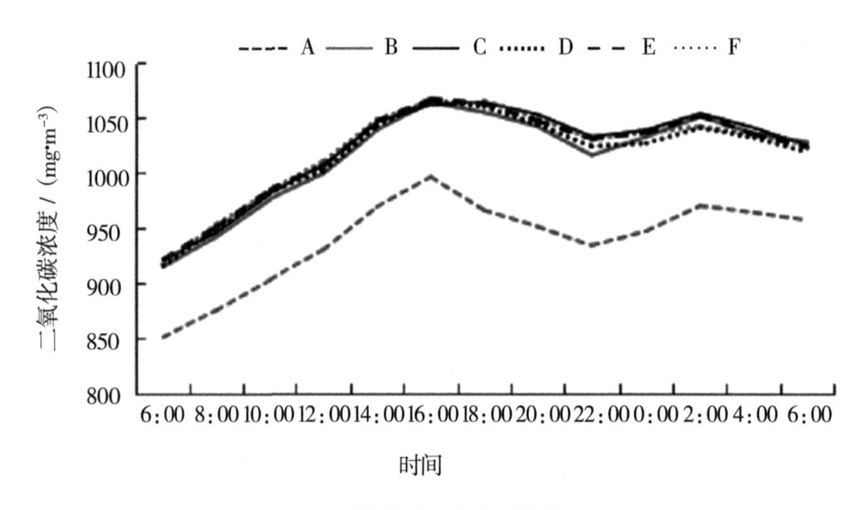

(b) 试验猪舍二氧化碳浓度

图 7－3　对照猪舍与试验猪舍二氧化碳浓度监测数据曲线

根据图 7－3 所示的曲线变化可知:早 6:00 后,二氧化碳浓度呈上升趋势,主要是因为保育猪活动频繁,呼吸量增加,致使二氧化碳排放量增加,同时由于早间户外和连廊气温较低,并未开启门、窗进行通风,因此二氧化碳浓度不断增大;10:00 和 1:00,虽然分别开启门、窗通风,但是在自然通风状态下,空气流动较慢,加之日间保育猪活动频繁,二氧化碳排出量低于产生量,因此二氧化碳浓度继续升高，最大浓度可达 2000 mg/m^3；16:00，开启门、窗通风，同时舍内和户外温度降低，保育猪活动量减少，所以二氧化碳浓度降低。

对照猪舍节点 C 和 D 处的二氧化碳浓度相对于其他节点较高，主要原因是：对照猪舍为自然通风，舍内空气流动较慢，节点 C 和 D 处于舍内中间区域，此区域的气体无法有效排出；北侧为连廊一侧，开启门、窗均会有效排出二氧化碳，南侧有窗，舍内外空气通过缝隙进行通风换气，所以南、北两侧即节点 A 和节点 F 监测的二氧化碳浓度较低。

早 6:00 后，试验猪舍的二氧化碳浓度不断增大，其原因是保育猪活动频繁，呼吸量增加，致使二氧化碳排放量增加。但是，试验猪舍经过通风改造，可以实现环境自动调节。12:35，管道通风换气开启，污浊空气快速排出，二氧化碳整体浓度降低。节点 A 处为连廊一侧，因为试验猪舍采用通风换气模式，当工作人员从门进入舍内时会加快节点 A 区域的换气效率，所以该节点的监测数据明显低于其他节点。16:00 至 22:00，二氧化碳浓度呈下降趋势，主要是因为门、窗通风和管道通风换气开启。0:00 之后，二氧化碳浓度小幅度上升，主要是因为人工调节舍内温度，同时保育猪会在凌晨 1:00 进食，活动量增加，致使二氧化碳排放量增加。试验猪舍的二氧化碳浓度保持在 850 ~ 1070 mg/m^3，处于适宜保育猪生长范围内。

（4）氨气浓度

氨气主要源于保育猪的粪便排放，若粪便清理及时，则舍内的氨气含量较小，但随着舍内相对湿度的升高，氨气不易排出。对照猪舍与试验猪舍氨气浓度监测数据曲线如图 7 – 4 所示。

国家标准要求适宜保育猪生长的氨气浓度应低于 20 mg/m^3，因为舍内粪便清理不及时，所以实际上对照猪舍和试验猪舍的氨气浓度均超出标准值。虽然对照猪舍采用开窗通风，但是粪便从渗漏地板流入粪道，通风并不能有效地排出粪道内的氨气，致使各节点监测的氨气浓度数值并无明显区别。

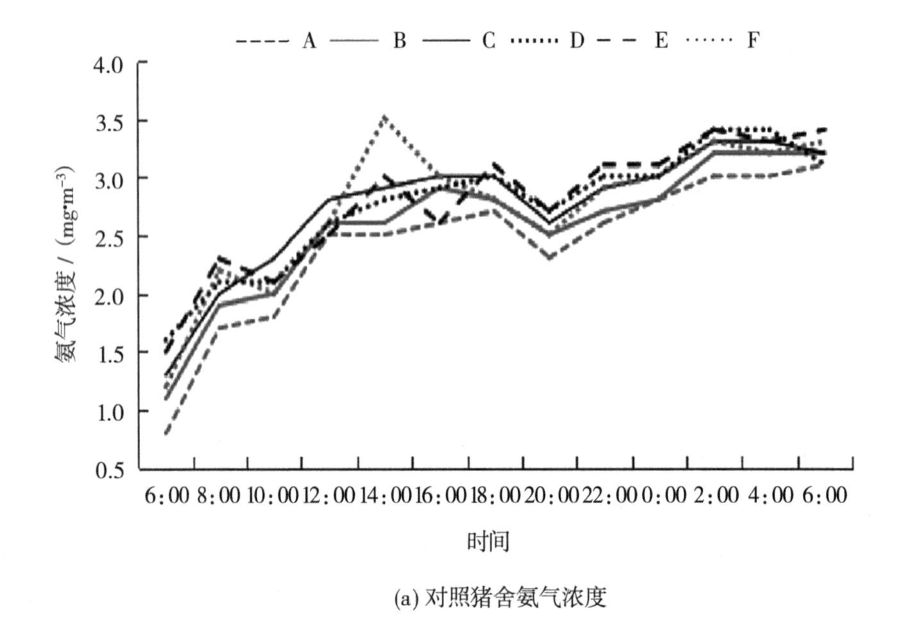

(a) 对照猪舍氨气浓度

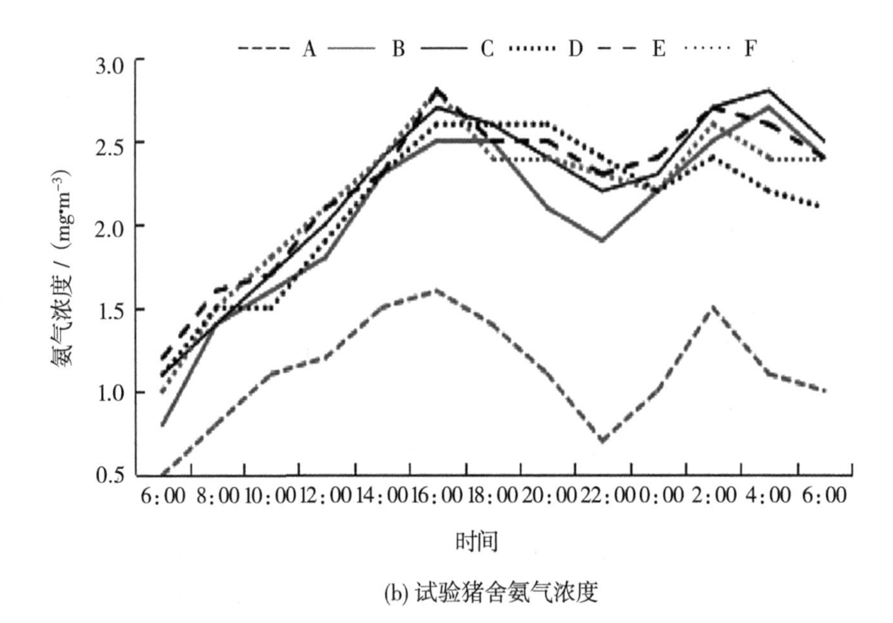

(b) 试验猪舍氨气浓度

图 7-4 对照猪舍与试验猪舍氨气浓度监测数据曲线

早 6:00,氨气浓度最低,主要是因为此时进行通风,粪便得到集中清理。7:45,节点 E 处围栏保育猪的排便量突增,导致此时氨气浓度短时升高,因为这种情况无法控制,所以在其他时刻也会出现氨气浓度数据曲线短时波动现象。随着保育猪活动量和排便量的增加,日间氨气浓度逐渐升高,但保育猪排便量相对较少,所以氨气浓度增大的幅度较小。夜间 20:00,舍内会再次集中清理粪便,氨气浓度明显下降。因为夜间舍内通风较少,同时保育猪的活动量减少,所以氨气浓度上升的趋势较日间缓慢。

对照猪舍氨气浓度的变化范围为 0.8 ~3.5 mg/m^3,试验猪舍氨气浓度的变化范围为 0.5 ~3.0 mg/m^3,试验猪舍各时段的监测数值均低于对照猪舍。试验猪舍的通风系统改造后已经运行了一段时间,舍内的氨气基数较小。同时,因为氨气主要源于地下粪道中的粪便,而连廊一侧门、窗处于地面以上,无法有效排出氨气,所以开启门、窗或者短时开启管道通风系统,并不会使氨气浓度明显下降。试验猪舍各节点的氨气浓度自 6:00 起逐渐升高。12:00 起,虽然开启门、窗通风时间较长,但因为此时段保育猪集中排便,氨气产量增加,所以氨气浓度未明显降低。16:00,试验猪舍开启门、窗通风,加之此时段集中清理粪便,因此氨气浓度下降。17:54,试验猪舍开启管道通风换气,氨气浓度下降。夜间,保育猪排便量相较于日间减少,氨气浓度升高缓慢。

试验猪舍节点 A 处氨气浓度与其他节点处氨气浓度的差值较大,主要原因是节点 A 靠近门、窗,开启门、窗通风过程中,此处的氨气较其他节点排出得更快。同时,节点 A 位于送风管道和排风管道起始处,通风换气效率更高,所以在开启方式和时长相同的情况下,节点 A 处的各项数据均呈现较低数值,与此处温度、相对湿度和二氧化碳浓度监测数据呈现的特点一致。

通过对试验猪舍和对照猪舍的温度、相对湿度、二氧化碳浓度和氨气浓度进行对比与分析可知:改造后的试验猪舍的各项数据均在适宜保育猪生长范围内;试验猪舍的各项数据曲线变化平缓,说明舍内环境并未因通风而发生突变;试验猪舍除节点 A 外,其他节点监测数据的变化趋势一致,各节点所采集数据的差值较小,表明通风状态下空气流场的均匀性良好。

7.2 试验猪舍通风均匀性

7.2.1 气流均匀性

根据式(5-1)、式(5-2)计算改造后试验猪舍各围栏的气流不均匀系数。启动通风系统,取0.4 m(即保育猪高度)为监测点高度,运用热敏式风量计(型号为GM8911,解析度为0.01,误差为±3%)进行监测,每个围栏均匀分散监测10个点的气流速度。表7-2为计算得到的试验猪舍各围栏的气流不均匀系数。

表7-2 试验猪舍各围栏的气流不均匀系数

围栏序号	东围栏	西围栏
1	0.121	0.113
2	0.071	0.082
3	0.069	0.067
4	0.054	0.061
5	0.065	0.071
6	0.134	0.153

根据表7-2中的数据可知,6号围栏的气流不均匀系数最大,其原因是6号围栏距离窗户较近,舍外冷风通过缝隙进入。通过密封可以有效减小气流不

均匀系数,避免贼风。此外,1 号围栏的气流不均匀系数较大,其原因是 1 号围栏距离连廊的门和窗户较近,连廊内的冷风通过缝隙进入舍内。通过在围栏一侧固定隔风板可以减小该气流不均匀系数。通过进一步改造,舍内的气流不均匀系数可保持 0.1 以下,表明管道通风换气模式下保育猪舍的通风均匀性较好。

7.2.2　数据差异显著性分析

通过计算各节点监测数据之间的差异性,可以进一步分析保育猪舍管道通风换气是否均匀。利用 SPSS 软件检验各节点之间温度、相对湿度、氨气浓度和二氧化碳浓度的差异性,结果如表 7-3 所示。其中,同一行标有不同字母表示差异性显著($P<0.05$),标有相同之母表示差异性不显著($P>0.05$)。

因节点 A 距离门、窗较近,受舍外空气影响较大,所以对照猪舍和试验猪舍节点 A 处数据与其他节点数据的差异性均显著。对照猪舍和试验猪舍不同节点处氨气浓度的差异性变化一致,主要原因是保育猪的排便量和排便时刻较为随机,导致氨气浓度在某一时刻发生较大变化。

对照猪舍较多相邻节点数据的差异性显著,如节点 B 与 C 的温度、相对湿度差异性不显著($P>0.05$),但二氧化碳浓度和氨气浓度差异性显著($P<0.05$)。试验猪舍较少相邻节点数据的差异性显著,如节点 B 与 C 的温度、相对湿度和二氧化碳浓度差异性均不显著($P>0.05$),说明改造后的试验猪舍通风均匀性较好。

表 7－3　数据差异性分析

数据		节点					
		A	B	C	D	E	F
对照猪舍	温度	24.00 ± 0.66^{c}	24.91 ± 0.48^{ac}	24.96 ± 0.51^{a}	24.91 ± 0.46^{ac}	24.60 ± 0.48^{b}	23.68 ± 0.53^{d}
	相对湿度	78.19 ± 2.47^{c}	88.46 ± 0.85^{b}	85.53 ± 1.36^{b}	90.24 ± 0.80^{a}	90.35 ± 0.66^{a}	88.32 ± 0.88^{b}
	二氧化碳浓度	1660.04 ± 124.82^{d}	1746.71 ± 111.27^{c}	1784.72 ± 128.58^{b}	1817.06 ± 134.12^{ab}	1834.63 ± 139.06^{a}	1754.94 ± 119.27^{b}
	氨气浓度	2.42 ± 0.51^{c}	2.59 ± 0.48^{b}	2.75 ± 0.44^{a}	2.74 ± 0.49^{a}	2.79 ± 0.42^{a}	2.72 ± 0.50^{ab}
试验猪舍	温度	22.91 ± 0.80^{c}	23.47 ± 0.48^{b}	23.51 ± 0.51^{b}	23.75 ± 0.45^{a}	23.91 ± 0.51^{a}	23.41 ± 0.51^{b}
	相对湿度	53.21 ± 3.05^{b}	64.56 ± 2.21^{a}	64.62 ± 2.45^{a}	64.74 ± 2.41^{a}	64.87 ± 2.45^{a}	64.56 ± 2.42^{a}
	二氧化碳浓度	941.93 ± 36.31^{b}	1018.34 ± 41.11^{a}	1024.73 ± 41.08^{a}	1023.08 ± 39.05^{a}	1023.53 ± 40.24^{a}	1019.15 ± 40.21^{a}
	氨气浓度	1.10 ± 0.28^{c}	2.10 ± 0.46^{b}	2.22 ± 0.45^{a}	2.21 ± 0.41^{a}	2.27 ± 0.39^{a}	2.16 ± 0.40^{ab}

7.3　温度分布及温湿度指标

7.3.1　温度分布

试验猪舍和对照猪舍每围栏内投放 10～12 只保育猪进行养殖。通风会影响猪舍内的温度,运用红外线热成像仪(型号为 Fluke TiS60 +,分辨率为 320 × 240 像素,热灵敏度≤0.045 ℃)对舍内各围栏的温度进行实测。因饲料槽长时间放置于围栏内,所以其温度可以视为保育猪所在区域温度,取保育猪高度(0.4 m)处的饲料槽为参考面。

高温显示为保育猪体温,以饲料槽为参考面,猪舍各围栏环境实测温度均保持在 23～25 ℃范围内,表明送排风管道组合通风状态下,保育猪舍环境实测温度均在保育猪健康生长需求范围内。

7.3.2　温湿度指标

温湿度指数 *THI* 是综合考虑温度和湿度对猪舍环境的影响,评价猪舍热环境优良程度的指标。猪舍温湿度指数 *THI* 的计算公式为:

$$THI = T_{db} \times 0.65 + T_{wb} \times 0.35 \tag{7-1}$$

式中:T_{db}——猪舍内空气的干球温度,℃;

T_{wb}——猪舍内空气的湿球温度,℃。

对于试验猪舍中环境空气的温度及相对湿度,可由传感器监测节点实时监测而得,空气的湿球温度可由空气的干球温度和相对湿度计算得到,其中试验地区的大气压力为 101500 Pa。

根据对照猪舍和试验猪舍监测节点 A～F 的温度、相对湿度数据,以每小时监测数据的平均值计算对照猪舍和试验猪舍的 *THI*,结果如表 7－4 所示。相关 *THI* 标准研究结果表明:$THI < 28.06$ 为舒适区;$THI > 28.06$ 时,保育猪可能会出现热应激反应;*THI* >28.94 时为过热区,猪只出现明显的热应激反应。但是,当 *THI* 为 28.94 时,相对湿度为 85%,已超出适合保育猪舍生长的相对湿度的高临界值 80%。综合考虑,选取相对湿度为 80% 时对应的 *THI* 数值,则 *THI* <28.06 时为舒适区,*THI* >28.70 时为过热区。

表 7－4　对照猪舍和试验猪舍的 *THI*

节点	对照猪舍				试验猪舍			
	最小值	最大值	平均值	最大差值	最小值	最大值	平均值	最大差值
A	23.07	25.67	23.97 ±0.66	2.60	21.85	24.55	22.86 ±0.80	2.70
B	24.08	26.08	24.90 ±0.48	2.00	22.66	24.76	23.53 ±0.58	2.10
C	24.09	26.38	24.94 ±0.51	2.29	22.96	24.86	23.63 ±0.48	1.90
D	23.89	25.69	24.89 ±0.46	1.80	23.06	24.66	23.71 ±0.45	1.60
E	23.79	25.18	24.58 ±0.47	1.39	22.86	24.86	23.87 ±0.51	2.00
F	22.78	26.38	23.66 ±0.53	3.60	21.85	24.56	23.56 ±0.43	2.71

对照猪舍 *THI* 的最大值为 26.38,最小值为 22.78,最大平均值为 24.94,最大差值为 3.60。试验猪舍 *THI* 的最大值为 24.86,最小值为 21.85,最大平均值为 23.87,最大差值为 2.71。对照猪舍和试验猪舍的 *THI* 均在舒适区范围之内,但试验猪舍的最大平均值比对照猪舍降低 1.07,最大差值降低 0.89,说明试验猪舍温湿度波动较小,更适宜保育猪生长。根据 *THI* 的变化绘制如图 7－5 所示的曲线。

由于 *THI* 与温湿度有关,所以 *THI* 的变化规律与温度和相对湿度的变化规律相同。对照猪舍不同节点在相同时段的 *THI* 差值较大,而试验猪舍除节点 A 以外,不同节点在相同时段的 *THI* 差值较小,说明试验猪舍的温度分布较为均匀。

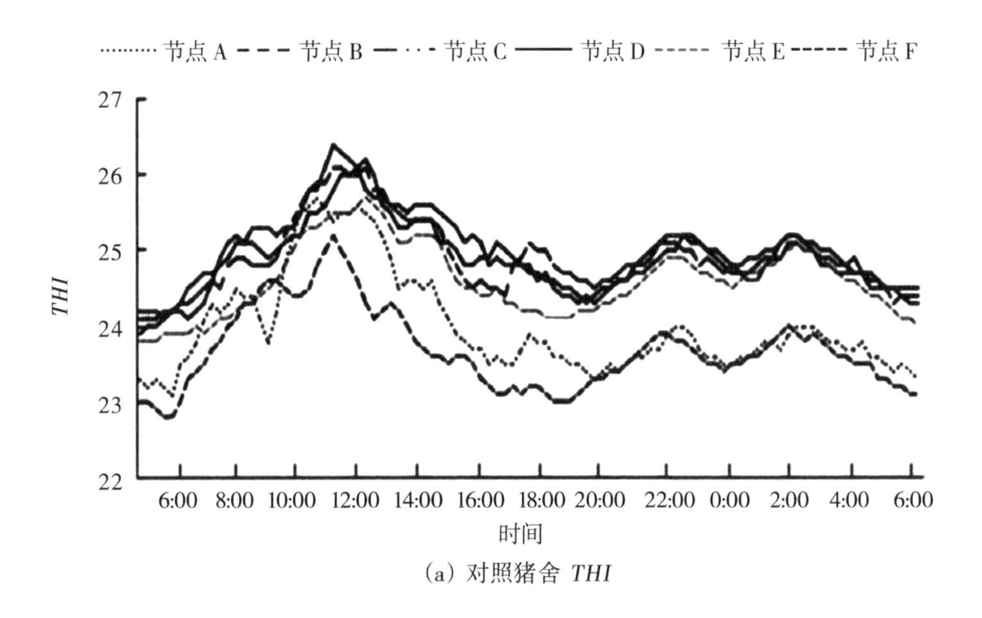

(a) 对照猪舍 *THI*

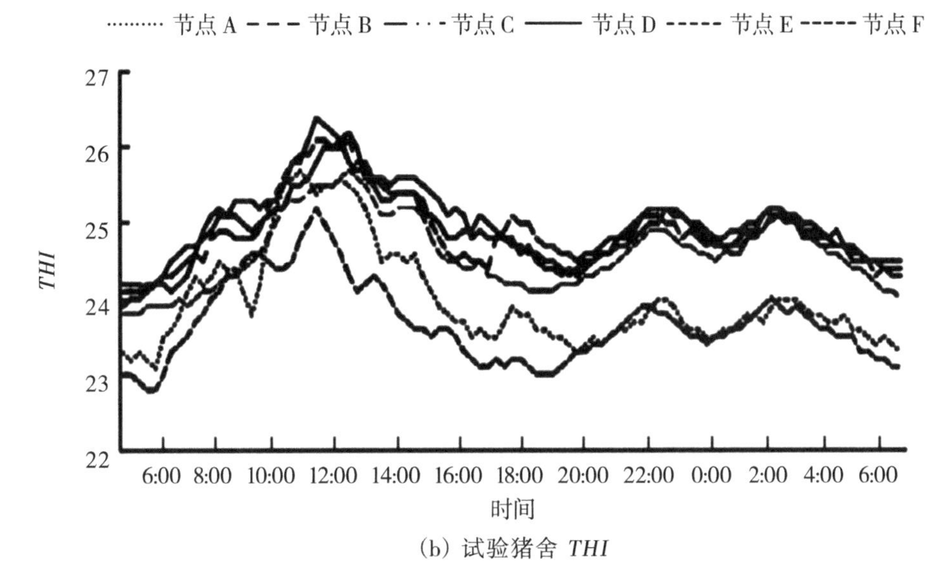

(b) 试验猪舍 *THI*

图 7－5　对照猪舍与试验猪舍的 *THI*

7.4 换气效率

换气效率反映将舍内污风全部排出所需要时间的长短。根据3.4.4节的分析结果可知,保育猪舍所需的最大通风量为717.8 m^3/h。试验猪舍为负压通风换气,单位时间内的排风量大于送风量,所以按照排风量计算换气效率。排风管道风机风量为220 m^3/h,共计12组排风管道,若同时开启,则换气时间为16.4 min。送风与排风组合开启,同时段内舍外新风进入,舍内污风被排出,所以换气时间大幅度缩短。

7.5 能耗

送排风管道组合通风系统运行过程中的能耗主要包括热交换器能耗、加热补偿器能耗、管道风机能耗。试验猪舍与对照猪舍在一个保育周期(即35 d)内的能耗如表7-5所示。

表7-5　能耗

猪舍	煤/t	取暖能耗(灯暖)/(kW·h)	通风能耗(管道风机+热交换器+热补偿器)/(kW·h)
对照猪舍	1.15	504	—
试验猪舍	1.05	458	228.73

试验猪舍虽然采用管道通风系统,但是因为送风过程中温度保持在20 ℃,送风管道给舍内带来较多热量,所以与对照猪舍相比,试验猪舍所用的煤和灯暖较少,其中煤少用0.1 t,用电量少46 kW·h,但通风能耗较高。煤和养殖用电的成本分别按照每吨650元和每千瓦时0.45元计算,则试验猪舍当月多花费17.23元。

在通风过程中,热量损耗不能忽略。通风热量损耗包括显热损失和潜热损失,根据式(3-16)计算显热损失 Q_{vs}。其中 T_i 为舍内温度,因采用热交换器对排风热量进行回收,所以热交换器排风入口温度即舍内温度,计算排风入口温度平均值为 21.93 ℃;T_o 为所选取热交换器的新风出口温度,计算新风出口温度平均值为 12.05 ℃。根据二氧化碳平衡方法计算通风量为 349.2 ~ 717.8 m^3/h,则通风显热损失为 1186.93 ~ 2435.04 W。根据式(3-13)、(3-17)分别计算太阳辐射热量 Q_{ty} 和通风潜热损失 Q_{vl},其中通风潜热损失与猪舍吸收太阳辐射热量之比 e 取 0.5,计算得到太阳辐射热量 Q_{ty} 和通风潜热损失 Q_{vl} 分别为 186.94 W、93.47 W。综上所述,通风热量损耗为 1280.40 ~ 2528.51 W。

7.6　经济性

表 7-6 为对照猪舍和试验猪舍通风设备成本的对比。由表 7-6 可知,与对照猪舍相比,试验猪舍的通风设备成本多出 2840 元。

表 7-6　通风设备成本的对比

猪舍	总额定功率/W (风机功率×数量)	风机成本/元 (单价×数量)	管道成本/元 (单价×数量)	人工成本/元
对照猪舍	370×2+320=1060	300×2+450=1050	—	—
试验猪舍	185×2+360+20×12 +25×12=1270	200×2+270+40×12 +45×12=1690	5×40=200	2000

通风系统运行一个保育周期(35 d),保育猪病死成本和用药成本如表 7-7 所示。由表 7-7 可知,与试验猪舍相比,对照猪舍因保育猪病死和用药而多损

失 1720 元。

表 7－7　保育猪病死数量和用药成本对比

猪舍	病死成本/元 （平均单价×病死数量）	用药成本/元 （平均单价×次数）	合计/元
对照猪舍	800×3＝2400	10×32＝320	2720
试验猪舍	800×1＝800	10×20＝200	1000

综合分析可知，虽然管道通风换气设备一次性投入较高，但在一个保育周期内，采用管道通风换气的保育猪舍具有较小的损失，长期养殖可以大幅度降低损失，保障经济效益。

7.7　保育猪生长状态

保育猪累计增重、累计采食量、料重比、饲料转化率等指标可以反映通风换气对保育猪生长状态的影响。以对照猪舍和试验猪舍东 1 围栏内的保育猪作为数据采集对象，每围栏饲养 12 头保育猪，各保育猪的初始体重和初始健康状态一致，数据记录周期为 35 d。记录和计算保育猪日均增重、累计增重、累计采食量、料重比、饲料转化率等，并检验对照猪舍和试验猪舍各种指标之间的差异性，结果如表 7－8 所示。料重比是保育猪消耗的饲料质量与增加体重之比，即每增加 1 kg 体重需要消耗的饲料质量，是保育猪重要的生产指标，料重比越小，生产水平越高。饲料转化率越高，生产水平越高。

由表 7－8 可知：对照猪舍与试验猪舍保育猪的初始重差异性不显著（$P = 0.734 > 0.05$），说明保育猪初始体重差别较小；对照猪舍与试验猪舍保育猪的累计增重、日均增重、累计采食量、料重比、饲料转化率差异性均显著（$P = 0.000$，$P = 0.000$，$P = 0.000$，$P = 0.000$，$P = 0.003$），说明管道通风换气对保育猪生长影响较大。

表 7－8　保育猪生长状态数据记录与差异性

数据	猪舍	
	对照猪舍	试验猪舍
初始重/kg	9.16 ±0.10[a]	9.15 ±0.05[a]
结束重/kg	24.45 ±0.20[a]	26.68 ±0.11[b]
累计增重/kg	15.28 ±0.22[a]	17.53 ±0.13[b]
日均增重/($g \cdot d^{-1}$)	436.66 ±6.36[a]	500.94 ±3.9[b]
累计采食量/kg	29.35 ±0.37[a]	32.53 ±0.43[b]
料重比	1.91 ±0.12[a]	1.85 ±0.02[b]
饲料转化率/%	52.21 ±0.71[a]	53.89 ±0.78[b]

图 7－6 为试验猪舍和对照猪舍初始重、结束重、累计采食量比较。图 7－7 为料重比、饲料转化率比较。

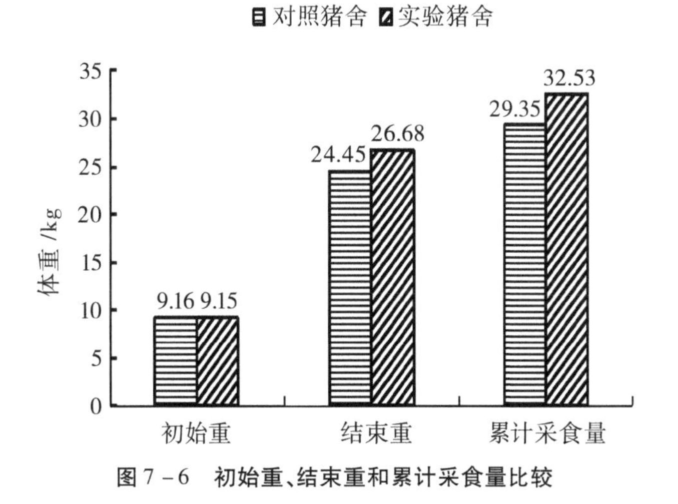

图 7－6　初始重、结束重和累计采食量比较

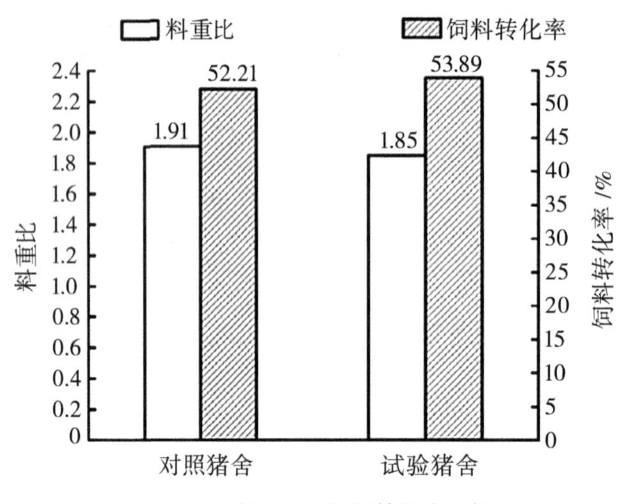

图7-7　料重比和饲料转化率比较

由图7-6、图7-7可知：在初始重近似相等的情况下，数据记录周期结束后，试验猪舍东1围栏保育猪的体重比对照猪舍东1围栏保育猪多2.23 kg，累计采食量多3.18 kg；试验猪舍的料重比比对照猪舍小0.06；试验猪舍的饲料转化率比对照猪舍高1.68%。

以上分析结果说明，试验猪舍采用管道通风换气有助于保育猪对饲料的吸收和保育猪的体重增长。

参考文献

[1] WANG X S, ZHANG G Q, CHOI C Y. Evaluation of a precision air - supply system in naturally ventilated freestall dairy barns[J]. Biosystems engineering, 2018, 175: 1 - 15.

[2] MOON B E, KIM H T. Evaluation of thermal performance through development of a PCM - based thermal storage control system integrated unglazed transpired collector in experimental pig barn[J]. Solar energy, 2019, 194: 856 - 870.

[3] MOON B E, LEE M H, KIM H T, et al. Evaluation of thermal performance through development of an unglazed transpired collector control system in experimental pig barns[J]. Solar energy, 2017, 157: 201 - 215.

[4] 邓书辉. 低屋面横向通风牛舍环境数值模拟及优化[D]. 北京: 中国农业大学, 2015.

[5] KESHAVARZ S A, SALMANZADEH M, AHMADI G. Computational modeling of time resolved exposure level analysis of a heated breathing manikin with rotation in a room[J]. Journal of aerosol science, 2017, 103: 117 - 131.

[6] 颜志辉, 施正香, 王朝元, 等. 大跨度横向机械通风奶牛舍环境状况的分析与思考[J]. 中国畜牧杂志, 2012, 48(16): 43 - 46.

[7] GUPTA V, HIDALGO J P, COWLARD A, et al. Ventilation effects on the thermal characteristics of fire spread modes in open - plan compartment fires[J]. Fire safety journal, 2021, 120: 103072.

[8] 邓书辉, 施正香, 李保明, 等. 挡风板对低屋面横向通风牛舍内空气流场影响的 PIV 测试[J]. 农业工程学报, 2019, 35(1): 188 - 194.

[9] 邓书辉, 施正香, 李保明. 低屋面横向通风牛舍温湿度场 CFD 模拟[J]. 农业工程学报, 2015, 31(9): 209 - 214.

[10] 姚家君, 郭彬彬, 丁为民, 等. 基于鹅舍气流场 CFD 模拟的通风系统结构优化与验证[J]. 农业工程学报, 2017, 33(3): 214 - 220.

[11] 王鹏鹏, 王春光, 宣传忠, 等. 北方寒冷地区猪舍通风流场模拟研究[J]. 农机化研究, 2018, 40(10): 139 - 144.

[12] 穆钰, 王美芝, 刘继军, 等. 不同通风方式下猪舍病毒颗粒分布的数值研究[J]. 农业工程学报, 2011, 27(S1): 53 - 58, 421.

[13]锡东颖. 蛋鸡饲养通风管理的技术要点[J]. 畜牧兽医科技信息,2021(5):180.
[14]程琼仪. 叠层笼养蛋鸡舍夏季通风气流 CFD 模拟与优化[D]. 北京:中国农业大学,2018.
[15]程琼仪,穆钰,李保明. 进风位置对纵向通风叠层鸡舍气流和温度影响 CFD 模拟[J]. 农业工程学报,2019,35(15):192-199.
[16]陈昭辉,马一畅,刘睿,等. 夏季肉牛舍湿帘风机纵向通风系统的环境 CFD 模拟[J]. 农业工程学报,2017,33(16):211-218.
[17]陈昭辉,熊浩哲,马一畅,等. 吊顶对湿帘风机纵向通风牛舍环境及牛生理的影响研究[J]. 农业工程学报,2019,35(9):174-184.
[18]严敏,吴幸民,桑友刚,等. 冬季通风方式对网床肉鸭舍环境参数及生产性能的影响[J]. 中国家禽,2019,41(20):43-46.
[19]贺城,牛智有,廖娜. 基于 CFX 的猪舍纵向与横向通风流场模拟[J]. 华中农业大学学报,2009,28(5):641-644.
[20]罗松. 基于 CFD 对垂直通风猪舍气流场与温度场的数值模拟及优化研究[D]. 南昌:江西农业大学,2020.
[21]崔光润,訾春波. 垂直置换通风技术在猪舍中的应用[J]. 猪业科学,2016,33(8):90-91.
[22]肖科,肖和良,刘双全,等. 南方农村猪场的通风模式和控温技术[J]. 中国畜牧业,2016(17):80-81.
[23]于桂阳,向志扬,黄武光,等. 智能化猪场通风降温系统生产工艺设计[J]. 中国猪业,2020,15(2):93-95.
[24]NORTON T,GRANT J,FALLON R,et al. Assessing the ventilation effectiveness of naturally ventilated livestock buildings under wind dominated conditions using computational fluid dynamics[J]. Biosystems engineering,2009,103(1):78-99.
[25]付典林,杨卫平,刘仁鑫,等. 集约化猪场垂直通风模式分析[J]. 黑龙江畜牧兽医,2018(3):137-139,143,255-257.
[26]SEO I H,LEE I B,MOON O K,et al. Improvement of the ventilation system of

a naturally ventilated broiler house in the cold season using computational simulations[J]. Biosystems engineering,2009,104(1):106 - 117.

[27]解天,杨卫平,刘仁鑫,等. 基于 CFD 对垂直通风猪舍热环境模拟及研究[J]. 黑龙江畜牧兽医,2019(7):56 - 60,166 - 167.

[28]付鹏,罗松,杨卫平,等. 垂直通风猪舍气流及温度场的 CFD 仿真优化[J]. 黑龙江畜牧兽医,2020(18):34 - 38,160 - 161.

[29]袁月明,孙丽丽,潘世强,等. 太阳能猪舍地道通风方式对舍内热环境的影响[J]. 农业工程学报,2014,30(16):213 - 220.

[30]POHL S H,HELLICKSON M A. Model study of five types of manure pit ventilation systems[J]. Transactions of the ASAE,1978,21(3):542 - 549.

[31]李修松,叶章颖,李保明,等. 不同通风模式对保育猪舍冬季环境的影响[J]. 农业机械学报,2020,51(3):317 - 325.

[32]高岩. 浅谈猪舍弥散式通风[J]. 今日养猪业,2016(6):32 - 33.

[33]KWON K S,LEE I B,HA T. Identification of key factors for dust generation in a nursery pig house and evaluation of dust reduction efficiency using a CFD technique[J]. Biosystems engineering,2016,151:28 - 52.

[34]吴中红,陈泽鹏,臧建军,等. 湿帘冷风机 - 纤维风管通风系统对妊娠猪猪舍的降温效果[J]. 农业工程学报,2018,34(18):268 - 276.

[35]MOSTAFA E,LEE I B,SONG S H,et al. Computational fluid dynamics simulation of air temperature distribution inside broiler building fitted with duct ventilation system[J]. Biosystems engineering,2012,112(4):293 - 303.

[36]CHEN C,LING H S,ZHAI Z Q,et al. Thermal performance of an active - passive ventilation wall with phase change material in solar greenhouses[J]. Applied energy,2018,216:602 - 612.

[37]GAO Y P,SHAO S Q,TIAN S,et al. Energy consumption analysis of the forced - air cooling process with alternating ventilation mode for fresh horticultural produce[J]. Energy procedia,2017,142:2642 - 2647.

[38]MONDACA M R,CHOI C Y. A computational fluid dynamics model of a perforated polyethylene tube ventilation system for dairy operations[J]. Transactions

of the ASABE,2016,59(6):1585－1594.

[39]曹孟冰,杨婷,宗超,等.进风口高度与导流板角度对猪舍空气龄和 CO_2 分布的影响[J].农业机械学报,2020,51(S2):427－434,441.

[40]王小超,陈昭辉,王美芝,等.冬季猪舍热回收换气系统供暖的数值模拟[J].农业工程学报,2011,27(12):227－233,438.

[41]高云,陈震撼,王瑜,等.多环境参数控制的猪养殖箱设计及箱内气流场分析[J].农业工程学报,2019,35(2):203－212.

[42]JEREZ S B,MAGHIRANG R G. Effectiveness of local supply ventilation in improving worker zone air quality in swine confinement buildings a pilot study [J]. ASHRAE transactions,2003,109:822－828.

[43]周忠凯,杨殿林,张海芳,等.冬季侧窗通风猪舍氨气和温室气体排放特征[J].农业环境科学学报,2020,39(6):1359－1367.

[44]RISKOWSKI G L,BUNDY D S. Effect of air velocity and temperature on growth performance of weanling pigs[J]. Transactions of the ASAE,1990,33(5):1669－1675.

[45]SCHEEPENS C J M,HESSING M J C,LAARAKKER E,et al. Influences of intermittent daily draught on the behaviour of weaned pigs[J]. Applied animal behaviour science,1991,31(1－2):69－82.

[46]韩石磊.地道通风对育肥猪舍冬季环境及猪只生长的影响[D].郑州:河南农业大学,2013.

[47]刘鹏.兔舍中热回收通风系统的开发和应用研究[D].北京:中国农业大学,2017.

[48]CHENG Q Y,FENG H B,MENG H B,et al. CFD study of the effect of inlet position and flap on the airflow and temperature in a laying hen house in summer[J]. Biosystems engineering,2021,203:109－123.

[49]YEO U H,LEE I B,KIM R W,et al. Computational fluid dynamics evaluation of pig house ventilation systems for improving the internal rearing environment [J]. Biosystems engineering,2019,186:259－278.

[50]WANG K,PAN Q,LI K. Computational fluid dynamics simulation of the hygro-

thermal conditions in a weaner house in eastern China[J]. Transactions of the ASABE,2017,60(1):195 - 205.

[51]PARK G,LEE I B,YEO U H,et al. Ventilation rate formula for mechanically ventilated broiler houses considering aerodynamics and ventilation operating conditions[J]. Biosystems engineering,2018,175:82 - 95.

[52]ROJANO F,BOURNET P E,HASSOUNA M,et al. Modelling heat and mass transfer of a broiler house using computational fluid dynamics[J]. Biosystems engineering,2015,136:25 - 38.

[53]KIM R W,KIM J G,LEE I B,et al. Development of a VR simulator for educating CFD - computed internal environment of piglet house[J]. Biosystems engineering,2019,188:243 - 264.

[54]林加勇,刘继军,孟庆利,等. 公猪舍夏季温度和流场数值 CFD 模拟及验证[J]. 农业工程学报,2016,32(23):207 - 212.

[55]SAHA C K,WU W T,ZHANG G Q,et al. Assessing effect of wind tunnel sizes on air velocity and concentration boundary layers and on ammonia emission estimation using computational fluid dynamics (CFD) [J]. Computers and electronics in agriculture,2011,78(1):49 - 60.

[56]李文良,施正香,王朝元. 密闭式平养鸡舍纵向通风的数值模拟[J]. 中国农业大学学报,2007(6):80 - 84.

[57]BLANES - VIDAL V,GUIJARRO E,BALASCH S,et al. Application of computational fluid dynamics to the prediction of airflow in a mechanically ventilated commercial poultry building[J]. Biosystems engineering, 2008, 100(1): 105 - 116.

[58]CHENG Q Y,LI H,RONG L,et al. Using CFD to assess the influence of ceiling deflector design on airflow distribution in hen house with tunnel ventilation[J]. Computers and electronics in agriculture,2018,151:165 - 174.

[59]TONG X J,HONG S W,ZHAO L Y. CFD modeling of airflow,thermal environment, and ammonia concentration distribution in a commercial manure - belt layer house with mixed ventilation systems[J]. Computers and electronics in

agriculture,2019,162:281 -299.

[60]HOFF S J,JANNI K A,JACOBSON L D. Three - dimensional buoyant turbulent flows in a scaled model, slot - ventilated, livestock confinement facility[J]. Transactions of the ASAE,1992,35(2):671 -686.

[61]佟国红,张国强,MORSING S,等. 猪舍内气流变化的模拟研究[J]. 沈阳农业大学学报,2007,38(3):379 -382.

[62]李颀,杨柳,赵洁,等. 基于 CFD 的妊娠猪舍机械通风热环境模拟[J]. 黑龙江畜牧兽医,2019(7):52 -55,165 -166.

[63]ALBATAYNEH A,ALTERMAN D,PAGE A,et al. Discrepancies in peak temperature times using prolonged CFD simulations of housing thermal performance [J]. Energy procedia,2017,115:253 -264.

[64]SABERIAN A,SAJADIYE S M. The effect of dynamic solar heat load on the greenhouse microclimate using CFD simulation[J]. Renewable energy,2019, 138:722 -737.

[65]ROJANO F,BOURNET P E,HASSOUNA M,et al. Modelling the impact of air discharges caused by natural ventilation in a poultry house[J]. Biosystems engineering,2019,180:168 -181.

[66]FAN X G,QU R H,LI J,et al. Ventilation and thermal improvement of radial forced air - cooled FSCW permanent magnet synchronous wind generators[J]. IEEE transactions on industry applications,2017,53(4):3447 -3456.

[67]BJERG B,SVIDT K,ZHANG G,et al. SE—structures and environment: the effects of pen partitions and thermal pig simulators on airflow in a livestock test room[J]. Journal of agricultural engineering research,2000,77(3):317 -326.

[68]RONG L,AARNINK A J A. Development of ammonia mass transfer coefficient models for the atmosphere above two types of the slatted floors in a pig house using computational fluid dynamics[J]. Biosystems engineering, 2019, 183: 13 -25.

[69]贺城,牛智有,齐德生. 猪舍温度场和气流场的 CFD 模拟比较分析[J]. 湖北农业科学,2010,49(1):134 -136,155.

[70] MOSSAD R R. Numerical predictions of air temperature and velocity distribution to assist in the design of natural ventilation piggery buildings[J]. Australian journal of multi - disciplinary engineering,2011,8(2):181 - 187.

[71] 汪开英,李开泰,李王林娟,等. 保育舍冬季湿热环境与颗粒物 CFD 模拟研究[J]. 农业机械学报,2017,48(9):270 - 278.

[72] SEO I H,LEE I B,MOON O K,et al. Modelling of internal environmental conditions in a full - scale commercial pig house containing animals[J]. Biosystems engineering,2012,111(1):91 - 106.

[73] 林加勇,刘继军,孟庆利,等. 公猪舍夏季温度和流场数值 CFD 模拟及验证[J]. 农业工程学报,2016,32(23):207 - 212.

[74] YU H M,CHENG W M,WU L R,et al. Mechanisms of dust diffuse pollution under forced - exhaust ventilation in fully - mechanized excavation faces by CFD - DEM[J]. Powder technology,2017,317(3):31 - 47.

[75] 刘德钊,辛宜聪,荣莉,等. 猪活动区域多孔介质模型及其阻力系数的 CFD 模拟[J]. 中国农业大学学报,2021,26(6):53 - 62.

[76] SHEN X,ZHANG G Q,BJERG B. Comparison of different methods for estimating ventilation rates through wind driven ventilated buildings[J]. Energy & buildings,2012,54:297 - 306.

[77] 杨昌智,龙展图,陈超,等. 夜间通风降温特性及优化控制方法研究[J]. 湖南大学学报(自然科学版),2017,44(7):199 - 204.

[78] NI J Q,HEBER A J. An on - site computer system for comprehensive agricultural air quality research[J]. Computers and electronics in agriculture,2010,71(1):38 - 49.

[79] KIM K Y,KO H J,LEE K J,et al. Temporal and spatial distributions of aerial contaminants in an enclosed pig building in winter [J]. Environmental research,2005,99(2):150 - 157.

[80] 高增月,卢朝义,赵书广. 猪舍温度控制技术应用的研究[J]. 农业工程学报,2006(2):75 - 78.

[81] KESHTKAR A,ARZANPOUR S. An adaptive fuzzy logic system for residential

energy management in smart grid environments[J]. Applied energy,2017,186(1):68 - 81.

[82]HAO L M,LI X,SHI Y,et al. Mechanical ventilation strategy for pulmonary rehabilitation based on patient - ventilator interaction[J]. Science China technological sciences,2021,64(4):869 - 878.

[83]XIE Q J,NI J Q,SU Z B. A prediction model of ammonia emission from a fattening pig room based on the indoor concentration using adaptive neuro fuzzy inference system [J]. Journal of hazardous materials, 2017, 325 (16): 301 - 309.

[84]谢秋菊,苏中滨,NI J Q,等. 密闭式猪舍多环境因子调控系统设计及调控策略[J]. 农业工程学报,2017,33(6):163 - 170.

[85]李立峰,武佩,麻硕士,等. 基于组态软件和模糊控制的分娩母猪舍环境监控系统[J]. 农业工程学报,2011,27(6):231 - 236.

[86]GATES R S,CHAO K,SIGRIMIS N. Identifying design parameters for fuzzy control of staged ventilation control systems[J]. Computers and electronics in agriculture,2001,31(1):61 - 74.

[87]冯江,林升峰,王鹏宇,等. 基于自适应模糊 PID 控制的猪舍温湿度控制系统研究[J]. 东北农业大学学报,2018,49(2):73 - 86.

[88]黄俊仕,熊爱华,董钊,等. 生猪养殖环境智能监控系统设计[J]. 黑龙江畜牧兽医,2021(1):12 - 18,23.

[89]刘艳昌,张志霞,蔡磊,等. 基于 FPGA 的畜禽养殖环境智能监控系统的设计[J]. 黑龙江畜牧兽医,2017(11):127 - 131.

[90]杨辉,严永锋,陆荣秀. 基于模糊 PID 控制算法的管廊通风系统设计[J]. 控制工程,2019,26(12):2181 - 2187.

[91]AGAMY H,ABDELGELIEL M,MOSLEH M,et al. Neural fuzzy control of the indoor air quality onboard a RO - RO ship garage[J]. International journal of fuzzy systems,2020,22(3):1020 - 1035.

[92]YOGENDRA ARYA,NARENDRA KUMAR. Design and analysis of BFOA - optimized fuzzy PI/PID controller for AGC of multi - area traditional/restructured

electrical power systems[J]. Soft computing,2017,21(21):6435 -6452.

[93]DASKALOV P, ARVANITIS K, SIGRIMIS N, et al. Development of an advanced microclimate controller for naturally ventilated pig building[J]. Computers and electronics in agriculture,2005,49(3):377 -391.

[94]SOLDATOS A G, ARVANITIS K G, DASKALOV P I, et al. Nonlinear robust temperature - humidity control in livestock buildings[J]. Computers and electronics in agriculture,2005,49(3):357 -376.

[95]崔引安. 农业生物环境工程[M]. 北京:中国农业出版社,1994.

[96]徐昶昕. 农业生物环境控制[M]. 北京:中国农业出版社,1994.

[97]贺平,孙刚. 供热工程[M]. 北京:中国建筑工业出版社,1993.

[98]陆耀庆. 供暖通风设计手册[M]. 北京:中国建筑工业出版社,1987.

[99]王志勇,刘振杰. 暖通空调设计资料便览[M]. 北京:中国建筑工业出版社,1993.

[100]方荣生,项立成,李亭寒,等. 太阳能应用技术[M]. 北京:中国农业机械出版社,1985.

[101]邹玲珍. 建筑给排水、暖通与空调[M]. 武汉:华中理工大学出版社,1989.

[102]吴味隆. 锅炉及锅炉房设备[M]. 4 版. 北京:中国建筑工业出版社,2006.

[103]蒋汉文. 热工学[M]. 北京:高等教育出版社,1984.

[104]马承伟,苗香雯. 农业生物环境工程[M]. 北京:中国农业出版社,2005.

[105]LALLART M, PRIYA S, BRESSERS S, et al. Small - scale piezoelectric energy harvesting devices using low - energy - density sources[J]. Journal of the Korean physical society,2010,57(4):947 -951.

[106]WANG X, LIANG X Y, HAO Z Y, et al. Comparison of electromagnetic and piezoelectric vibration energy harvesters with different interface circuits[J]. Mechanical systems and signal processing,2016,72 -73:906 -924.

[107]QIAN F, XU T B, ZUO L. A distributed parameter model for the piezoelectric stack harvester subjected to general periodic and random excitations[J]. Engineering structures,2018,173:191 -202.

[108]WANG H B, SUN C H. Research status and development direction of piezoe-

lectric wind energy harvesting technology [J]. Journal of power and energy engineering,2019,7(3):1 - 10.

[109] WANG H Y,TANG L H. Modeling and experiment of bistable two - degree - of - freedom energy harvester with magnetic coupling[J]. Mechanical systems and signal processing,2017,86:29 - 39.

[110] LARKIN K,ABDELKEFI A. Neutral axis modeling and effectiveness of functionally graded piezoelectric energy harvesters [J]. Composite structures, 2019,213:25 - 36.

[111] 张广义,高世桥,刘海鹏,等. 一种低频压电俘能器准静态分析与能量收集试验[J]. 北京理工大学学报,2017,37(6):656 - 660.

[112] LI Z J,YANG Z B,NAGUIB H E. Introducing revolute joints into piezoelectric energy harvesters[J]. Energy,2020,192:116604.

[113] RAVI S,ZILIAN A. Monolithic modeling and finite element analysis of piezoelectric energy harvesters[J]. Acta mechanica,2017,228(6):2251 - 2267.

[114] FATTAHI I,MIRDAMADI H R. Novel composite finite element model for piezoelectric energy harvesters based on 3D beam kinematics [J]. Composite structures,2017,179:161 - 171.

[115] RUI C,DONG T,YANG Z C,et al. A low - power CMOS current reference for piezoelectric energy harvesters [J]. IEEE transactions on electron devices, 2020,67(8):3403 - 3410.

[116] 中华人民共和国国家质量监督检验检疫总局,中国国家标准化管理委员会. 规模猪场环境参数及环境管理:GB/T 17824.3—2008[S]. 北京:中国标准出版社,2008.

[117] 谢秋菊,NI J Q,包军,等. 基于能质平衡的密闭猪舍内小气候环境模拟与验证[J]. 农业工程学报,2019,35(10):148 - 156.

[118] 陈昭辉,任方杰,于桐,等. 加装大风量风机对夏季湿帘降温奶牛舍的防暑降温效果分析[J]. 农业工程学报,2021,37(5):198 - 208.

[119] NASR M A F,EL - TARABANY M S. Impact of three THI levels on somatic cell count,milk yield and composition of multiparous Holstein cows in a sub-

tropical region[J]. Journal of thermal biology,2017,64:73 - 77.

[120]SPIEHS M J,BROWN - BRANDL T M,PARKER D B,et al. Use of wood - based materials in beef bedded manure packs: 1. effect on ammonia, total reduced sulfide,and greenhouse gas concentrations[J]. Journal of environmental quality,2014,43(4):1187 - 1194.

[121]龚建军,何志平,朱砺,等. 全封闭式猪舍内环境参数计算理论基础[J]. 养猪,2015(4):83 - 88.

[122]ZHENG W,XIONG Y,GATES R S,et al. Air temperature,carbon dioxide,and ammonia assessment inside a commercial cage layer barn with manure - drying tunnels[J]. Poultry science,2020,99(8):3885 - 3896.

[123]丁露雨,鄂雷,李奇峰,等. 畜舍自然通风理论分析与通风量估算[J]. 农业工程学报,2020,36(15):189 - 201.

[124]SKERMAN A G, HEUBECK S, BATSTONE D J, et al. On - farm trials of practical options for hydrogen sulphide removal from piggery biogas[J]. Process safety and environmental protection,2018,117:675 - 683.

[125]牛晓科,罗景辉,刘欢,等. 基于温室供热设计的温室热量得失研究[J]. 北方园艺,2020(17):61 - 65.

[126]王美芝,刘继军,田见晖,等. 北京市猪舍节能改造的节能及保温效果[J]. 农业工程学报,2014,30(5):148 - 154.

[127]樊新颖,陈滨,张雪研,等. 基于灶炕采暖方式北方某农宅热传输特征与环境影响分析[J]. 建筑科学,2019,35(2):9 - 15.

[128]北京市规划委员会,北京市质量技术监督局. 居住建筑节能设计标准:DB 11/891—2012[S]. 北京:中国建筑工业出版社,2013.

[129]李琴,刘鹏,刘丹,等. 华北冬季密闭兔舍显热回收通风系统应用效果研究[J]. 农业工程学报,2019,35(10):140 - 147.

[130]闫亚鑫,雷勇刚,景胜蓝,等. 相变蓄热型 Trombe 墙冬季供热性能的测试分析[J]. 科学技术与工程,2019,19(26):232 - 238.

[131]MIRMANTO M,SYAHRUL S,SULISTYOWATI E D,et al. Effect of inlet temperature and ventilation on heat transfer rate and water content removal of red

chilies[J]. Journal of mechanical science and technology, 2017, 31(3): 1531-1537.

[132]NIZOVTSEV M I, BORODULIN V Y, LETUSHKO V N. Influence of condensation on the efficiency of regenerative heat exchanger for ventilation[J]. Applied thermal engineering, 2017, 111: 997-1007.

[133]王美芝,薛晓柳,刘继军,等. 不同节能改造方式猪舍的供暖能耗和经济性比较[J]. 农业工程学报,2018,34(13):218-224.

[134]蔡建程,鄂世举,蒋永华,等. 离心风机振动噪声及压力脉动实验研究[J]. 中国机械工程,2019,30(10):1188-1194,1206.

[135]BERRY T M, FADIJI T S, DEFRAEYE T, et al. The role of horticultural carton vent hole design on cooling efficiency and compression strength: a multi-parameter approach[J]. Postharvest biology and technology, 2017, 124: 62-74.

[136]DEHGHANNYA J, NGADI M, VIGNEAULT C. Mathematical modeling of airflow and heat transfer during forced convection cooling of produce considering various package vent areas[J]. Food control, 2011, 22(8): 1393-1399.

[137]苏勤,谌英敏,柏惠康,等. 基于计算流体力学的开孔均匀性对番茄预冷性能的影响[J]. 食品与发酵工业,2020,46(21):167-172.

[138]吴晨溶. 基于CFD的植物工厂作物冠层管道通风模拟与验证[D]. 北京: 中国农业科学院,2021.

[139]何叶从,黄腾进,刘怀灿,等. 隧道等截面通风系统均匀送风特性研究[J]. 地下空间与工程学报,2020,16(6):1841-1848.

[140]TONG L Q, GAO J, LUO Z W, et al. A novel flow-guide device for uniform exhaust in a central air exhaust ventilation system[J]. Building and environment, 2019, 149(1): 134-145.

[141]LIU X C, LIU X H, ZHANG T. Influence of air-conditioning systems on buoyancy driven air infiltration in large space buildings: a case study of a railway station[J]. Energy and buildings, 2020, 210: 109781.

[142]YANG T Y, RISKOWSKI G L, CHANG C Z. Effects of air relative humidity

and ventilation rate on particle concentrations within a reduced - scale room [J]. Indoor and built environment,2019,28(3):335 - 344.

[143]龚中良,郭华雄,陶宇超,等. 基于 Fluent 的均流孔板阻力特性数值模拟研究[J]. 液压与气动,2020(6):63 - 69.

[144]范孟亮. 通风空调管道系统中渐缩、渐扩管段的减阻优化[D]. 西安:西安建筑科技大学,2020.

[145]SCHMIDT F,ENGELKE T,BREIDENBACH A. Efficiency and pressure drop of air filters used in general ventilation systems[J]. Filtrieren und separieren, 2018,32(1):58 - 63.

[146]张师帅. CFD 技术原理与应用[M]. 武汉:华中科技大学出版社,2016.

[147]GENDEBIEN S,MARTENS J,PRIEELS L,et al. Designing an air - to - air heat exchanger dedicated to single room ventilation with heat recovery[J]. Building simulation,2018,11(1):103 - 113.

[148]符澄,赵波,徐大川,等. 板翅式及管翅式换热器气流湍流特性研究[J]. 实验流体力学,2019,33(6):22 - 27.

[149]NIZOVTSEV M I,BORODULIN V Y,LETUSHKO V N. Influence of condensation on the efficiency of regenerative heat exchanger for ventilation[J]. Applied thermal engineering,2017,111:997 - 1007.

[150]HU Y,HEISELBERG P K,JOHRA H,et al. Experimental and numerical study of a PCM solar air heat exchanger and its ventilation preheating effectiveness [J]. Renewable energy,2020,145:106 - 115.

[151]WEI H B,YANG D,GUO Y H,et al. Coupling of earth - to - air heat exchangers and buoyancy for energy - efficient ventilation of buildings considering dynamic thermal behavior and cooling/heating capacity[J]. Energy,2018,147: 587 - 602.

[152]吴晨溶,程瑞锋,方慧,等. 基于 CFD 的植物工厂管道通风模拟及优化[J]. 中国农业大学学报,2021,26(1):77 - 87.

[153]MOSSAD R. Numerical modelling of air temperature and velocity in a forced ventilation piggery[J]. Journal of thermal science,2000,9(3):211 - 216.

[154]赵荣义,范存养,薛殿华,等.空气调节[M].4版.北京:中国建筑工业出版社,2009.

[155]谷云庆,牟介刚,郑水华,等.射流孔排布对射流表面减阻性能的影响[J].农业机械学报,2014,45(10):340-346.

[156]JUANG C F,LAI M G,ZENG W T. Evolutionary fuzzy control and navigation for two wheeled robots cooperatively carrying an object in unknown environments[J]. IEEE transactions on cybernetics,2015,45(9):1731-1743.

[157]MING L,YING Y,LIANG L J,et al. Energy management strategy of a plug-in parallel hybrid electric vehicle using fuzzy control[J]. Energy procedia,2017,105:2660-2665.

[158]LI Y,SUN Z D,HAN L,et al. Fuzzy comprehensive evaluation method for energy management systems based on an internet of things[J]. IEEE access,2017,5(99):21312-21322.

[159]SHEN W Z,ZHANG S Y,YIN Y L,et al. Study on multi-variables decoupled fuzzy controller for confined pig house in northern China[J]. Journal of northeast agricultural university,2019,26(1):73-85.

[160]王瑜.基于WSN纵向通风猪舍温热环境监测及CFD模型的研究[D].武汉:华中农业大学,2020.

[161]汪开英.育成猪的体温与猪舍温湿度指标(THI)的相关性研究[J].浙江大学学报(农业与生命科学版),2003,29(6):675-678.

[162]高云,刁亚萍,林长光,等.机械通风楼房猪舍热环境及有害气体监测与分析[J].农业工程学报,2018,34(4):239-247.

[163]ZONG C,LI H,ZHANG G Q. Ammonia and greenhouse gas emissions from fattening pig house with two types of partial pit ventilation systems[J]. Agriculture,ecosystems and environment,2015,208:94-105.

[164]LESSER T,BRAUN C,WOLFRAM F,et al. A special double lumen tube for use in pigs is suitable for different lung ventilation conditions[J]. Research in veterinary science,2020,133:111-116.

[165]LIU S L,NI J Q,RADCLIFFE J S,et al. Mitigation of ammonia emissions from

pig production using reduced dietary crude protein with amino acid supplementation[J]. Bioresource technology,2017,233:200 - 208.

[166]CHOI H L,SONG J I,LEE J H,et al. Comparison of natural and forced ventilation systems in nursery pig houses[J]. Applied engineering in agriculture, 2010,26(6):1023 - 1033.

[167]吴志东.寒区冬季保育猪舍管道通风优化设计与验证研究[D].哈尔滨:东北农业大学,2021.